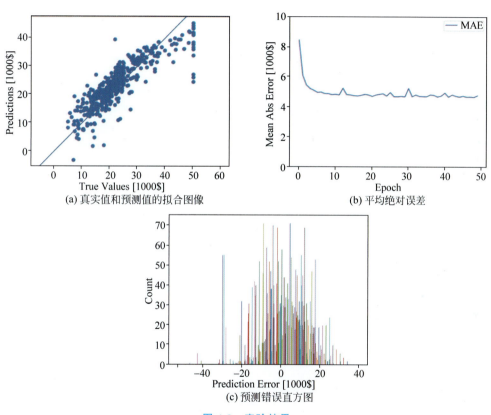

(a) 真实值和预测值的拟合图像

(b) 平均绝对误差

(c) 预测错误直方图

图 4-8　实验结果

国家级实验教学示范中心联席会
计算机学科组规划教材

神经网络与深度学习

微课视频版

尚文倩 编著

清华大学出版社
北京

内 容 简 介

本书从两大部分阐述了神经网络与深度学习的基本理论：一是神经网络；二是深度学习。系统地整理了神经网络与深度学习的知识体系，由浅入深地进行了详细讲解。全书共13章，第1章介绍神经网络的概念、发展历史、研究内容、应用领域以及神经网络与深度学习的关系。其后12章的内容分为两大部分：第一部分(第2～7章)阐述了6种典型的神经网络模型，即M-P模型、感知机模型、BP神经网络、Hopfield神经网络、玻耳兹曼机、自组织神经网络等。第二部分(第8～13章)阐述了深度学习的6种经典模型，即深度神经网络、深度置信网络、卷积神经网络、循环神经网络、生成式对抗网络、图神经网络等。详细介绍了它们的网络结构、学习算法、工作原理、应用实例及操作实践，使学生在全面掌握神经网络与深度学习相关知识的同时，提高动手能力，并提高应用神经网络与深度学习技术来解决实际问题的能力。每章后面附有习题，以供读者练习。

本书还增加了课程思政的内容，在介绍各种神经网络与深度学习模型的基本原理、具体应用场景以及实践运用的同时，引导学生明晰技术前沿发展，明确领域社会价值，树立远大职业理想，深刻认识个人专业对国家发展和社会建设以及历史进程的推动影响。培养学生精益求精的工匠精神、刻苦钻研的探索精神和团队协作的共赢精神，永不停顿地对未知领域进行探究，不仅有助于促进个人发展更有助于推动社会形成强大而持久的生产力和创造力。

本书可作为计算机科学与技术、智能科学与技术、人工智能、数据科学与大数据技术、自动化、机器人工程等专业的教材，也可供相关领域的研究人员和工程技术人员参考。

本书封面贴有清华大学出版社防伪标签，无标签者不得销售。
版权所有，侵权必究。举报：010-62782989，beiqinquan@tup.tsinghua.edu.cn。

图书在版编目(CIP)数据

神经网络与深度学习：微课视频版/尚文倩编著．—北京：清华大学出版社，2022.12(2025.1重印)
国家级实验教学示范中心联席会计算机学科组规划教材
ISBN 978-7-302-62183-6

Ⅰ. ①神… Ⅱ. ①尚… Ⅲ. ①人工神经网络—高等学校—教材 ②机器学习—高等学校—教材 Ⅳ. ①TP183 ②TP181

中国版本图书馆 CIP 数据核字(2022)第 214320 号

策划编辑：魏江江
责任编辑：王冰飞
封面设计：刘　键
责任校对：申晓焕
责任印制：宋　林

出版发行：清华大学出版社
  网　　址：https://www.tup.com.cn，https://www.wqxuetang.com
  地　　址：北京清华大学学研大厦 A 座　　邮　编：100084
  社 总 机：010-83470000　　　　　　　　邮　购：010-62786544
  投稿与读者服务：010-62776969，c-service@tup.tsinghua.edu.cn
  质量反馈：010-62772015，zhiliang@tup.tsinghua.edu.cn
  课件下载：https://www.tup.com.cn，010-83470236
印 装 者：三河市龙大印装有限公司
经　　销：全国新华书店
开　　本：185mm×260mm　　印　张：17.5　　彩　插：1　　字　数：429千字
版　　次：2022年12月第1版　　　　　　　　　　　　印　次：2025年1月第5次印刷
印　　数：4801～6800
定　　价：59.90元

产品编号：094645-01

序 言

爱默生说"人们喜欢猎奇,这就是科学的种子",我们目前仍处于科技的襁褓阶段,亘古通今人类追逐未知的脚步从未停止。人类通过工业革命完成了从手工业向机器工业的转型,通过零一编码进入了信息时代。自近代起,人脑的内部机理给无数科学家带来了无尽的遐想,人脑与机器的结合研究也在科研人员的孜孜不倦中滚滚向前,这或许将带来智能革命。人类一直在认识和改造外部世界中摸索,智能革命将会带来社会智慧化,这将在世界形成最大的智能共同体。

本书从两大部分阐述了神经网络与深度学习的基本理论:一是神经网络;二是深度学习。系统地整理了神经网络与深度学习的知识体系,由浅入深地进行了详细讲解。全书共13章,第1章介绍神经网络的概念、发展历史、研究内容、应用领域以及神经网络与深度学习的关系。其后12章的内容分为两大部分:第一部分(第2~7章)阐述了6种典型的神经网络模型,即M-P模型、感知机模型、BP神经网络、Hopfield神经网络、玻耳兹曼机、自组织神经网络等。第二部分(第8~13章)阐述了深度学习的6种经典模型,即深度神经网络、深度置信网络、卷积神经网络、循环神经网络、生成式对抗网络、图神经网络等。详细介绍了它们的网络结构、学习算法、工作原理、应用实例及操作实践,使学生在全面掌握神经网络与深度学习相关知识的同时,提高动手能力,并提高应用神经网络与深度学习技术来解决实际问题的能力。

本书还增加了课程思政的内容,在介绍各种神经网络与深度学习模型的基本原理、具体应用场景以及实践运用的同时,引导学生明晰技术前沿发展,明确领域社会价值,树立远大职业理想,深刻认识个人专业对国家发展和社会建设以及历史进程的推动影响。培养学生精益求精的工匠精神、刻苦钻研的探索精神和团队协作的共赢精神,永不停顿的对未知领域的探究,不仅有助于促进个人发展更有助于推动社会形成强大而持久的生产力和创造力。书稿终成,掩卷思量,饮水思源,在此表达衷心的感谢与感恩。本书是集体智慧的结晶,全书由尚文倩主编,宋国惠老师、王春华、徐琳、于再富、王萱、宋苗冉、宋康、柴佳昭、王琰、韩晶、宋文超等同学为本书的出版做出了重要贡献。同时也感谢中国传媒大学研究生教育教学改革精品教材项目对本书的资金支持！本书还借鉴了有关教材及互联网上的一些资料，也向这些文献的作者表达诚挚的谢意！

本书主要作为计算机及相关学科研究生和高年级本科生的课程教材，也可供相关领域的研究人员和工程技术人员参考。一本书如同一艘巨轮，驶向无尽的海洋，使人领悟知识的奥妙。由于神经网络发展迅速，书籍内容不可能做到完备，书中疏漏和不足在所难免，承望广大读者朋友批评指正。

作　者

2022 年 10 月于中国传媒大学

目 录

随书资源

第1章 绪论 ··········· 1
- 1.1 神经网络的概念 ··········· 2
- 1.2 神经网络的发展历史 ··········· 3
  - 1.2.1 启蒙时期 ··········· 3
  - 1.2.2 萧条时期 ··········· 4
  - 1.2.3 复兴时期 ··········· 5
  - 1.2.4 高潮时期 ··········· 5
- 1.3 神经网络的研究内容 ··········· 6
  - 1.3.1 神经元模型 ··········· 6
  - 1.3.2 神经网络的结构 ··········· 7
  - 1.3.3 神经网络与深度学习的学习算法 ··········· 8
- 1.4 神经网络的应用领域 ··········· 11
  - 1.4.1 自然语言处理 ··········· 11
  - 1.4.2 推荐系统 ··········· 12
  - 1.4.3 医学领域 ··········· 13
  - 1.4.4 网络空间安全 ··········· 13
  - 1.4.5 控制领域 ··········· 14
  - 1.4.6 交通领域 ··········· 14
  - 1.4.7 心理学领域 ··········· 14
- 1.5 神经网络与深度学习的关系 ··········· 14
- 1.6 习题 ··········· 15

第2章 神经网络基础 ··········· 16
- 2.1 生物神经系统 ··········· 17
  - 2.1.1 生物神经元的结构 ··········· 17
  - 2.1.2 生物神经元的功能 ··········· 18
  - 2.1.3 生物神经元和人工神经元的区别 ··········· 19

2.2 人工神经元模型 ··· 19
2.2.1 人工神经元的结构 ·· 19
2.2.2 激活函数 ··· 20
2.2.3 其他常用激活函数 ·· 23
2.3 M-P 神经元模型 ··· 25
2.3.1 基础 M-P 神经元模型 ·· 25
2.3.2 延时 M-P 模型 ··· 27
2.3.3 改进的 M-P 模型 ·· 27
2.4 神经网络的互连结构 ··· 28
2.5 神经网络的学习 ··· 29
2.5.1 神经网络的学习方式 ·· 30
2.5.2 神经网络的学习规则 ·· 30
2.6 本章实践 ··· 34
2.7 习题 ··· 37

第 3 章 感知机 ·· 38
3.1 感知机原理 ··· 39
3.1.1 单层感知机 ··· 39
3.1.2 多层感知机 ··· 39
3.2 感知机模型 ··· 40
3.3 感知机算法 ··· 40
3.3.1 随机梯度下降法 ··· 40
3.3.2 感知机学习算法 ··· 41
3.4 感知机改进算法 ··· 43
3.5 本章实践 ··· 45
3.6 习题 ··· 48

第 4 章 误差反向传播神经网络 ·· 50
4.1 BP 神经网络结构 ··· 51
4.2 BP 学习算法 ·· 53
4.2.1 BP 算法的过程 ·· 53
4.2.2 BP 神经网络的优化算法 ·· 55
4.3 BP 神经网络学习算法的改进与优化 ······································· 56
4.3.1 BP 神经网络的优点 ·· 57
4.3.2 BP 算法存在的问题 ·· 57
4.3.3 累积误差算法的 BP 神经网络 ······································ 58
4.3.4 Sigmoid 函数输出限幅的 BP 算法 ································ 59
4.3.5 增加动量项的 BP 算法 ·· 59
4.3.6 学习率自适应调整算法 ··· 60

4.4　BP 神经网络的应用 ………………………………………………… 61
4.5　本章实践 ……………………………………………………………… 62
4.6　习题 …………………………………………………………………… 67

第 5 章　Hopfield 神经网络 ………………………………………………… 68
5.1　Hopfield 神经网络概述 ……………………………………………… 69
5.2　离散型 Hopfield 神经网络 …………………………………………… 69
　　5.2.1　离散型 Hopfield 神经网络结构及工作方式 ………………… 69
　　5.2.2　离散型 Hopfield 神经网络的吸引子与能量函数 …………… 72
　　5.2.3　离散型 Hopfield 神经网络的连接权值设计 ………………… 76
　　5.2.4　离散型 Hopfield 神经网络的信息存储容量 ………………… 77
5.3　连续型 Hopfield 神经网络 …………………………………………… 78
　　5.3.1　连续型 Hopfield 神经网络的结构 …………………………… 79
　　5.3.2　连续型 Hopfield 神经网络的神经元 ………………………… 79
　　5.3.3　连续型 Hopfield 神经网络的能量函数 ……………………… 80
5.4　Hopfield 神经网络的应用 …………………………………………… 82
　　5.4.1　离散型 Hopfield 神经网络的应用 …………………………… 82
　　5.4.2　连续型 Hopfield 神经网络的应用 …………………………… 84
5.5　本章实践 ……………………………………………………………… 88
　　5.5.1　离散型 Hopfield 神经网络实践 ……………………………… 88
　　5.5.2　连续型 Hopfield 神经网络实践 ……………………………… 92
5.6　习题 …………………………………………………………………… 98

第 6 章　玻耳兹曼机 …………………………………………………………… 99
6.1　随机型神经网络概述 ………………………………………………… 100
6.2　玻耳兹曼机原理 ……………………………………………………… 100
　　6.2.1　玻耳兹曼机的网络结构 ……………………………………… 100
　　6.2.2　玻耳兹曼机的能量函数及玻耳兹曼分布 …………………… 102
　　6.2.3　玻耳兹曼机的运行规则 ……………………………………… 104
　　6.2.4　玻耳兹曼机的联想记忆 ……………………………………… 107
6.3　受限玻耳兹曼机原理 ………………………………………………… 111
　　6.3.1　受限玻耳兹曼机的网络结构 ………………………………… 111
　　6.3.2　受限玻耳兹曼机的能量函数 ………………………………… 112
　　6.3.3　受限玻耳兹曼机的运行规则 ………………………………… 113
　　6.3.4　受限玻耳兹曼机的应用 ……………………………………… 116
6.4　本章实践 ……………………………………………………………… 119
6.5　习题 …………………………………………………………………… 124

第 7 章 自组织神经网络 · 125

- 7.1 自组织神经网络概述 · 126
- 7.2 竞争学习 · 126
  - 7.2.1 竞争学习的概念 · 126
  - 7.2.2 竞争学习规则 · 127
- 7.3 自组织神经网络原理 · 132
  - 7.3.1 自组织神经网络的概念 · 132
  - 7.3.2 自组织神经网络的结构 · 133
  - 7.3.3 自组织神经网络的设计 · 134
  - 7.3.4 自组织神经网络的权值调整域 · 135
  - 7.3.5 自组织神经网络的运行原理与学习算法 · 136
  - 7.3.6 自组织神经网络应用实例 · 139
- 7.4 改进的自组织神经网络模型 · 140
  - 7.4.1 采用混合高斯模型的自组织神经网络 · 140
  - 7.4.2 动态自组织神经网络模型 · 141
- 7.5 本章实践 · 142
- 7.6 习题 · 146

第 8 章 深度神经网络 · 147

- 8.1 深度神经网络概述 · 148
- 8.2 深度神经网络的网络结构 · 148
  - 8.2.1 深度神经网络的基本结构 · 148
  - 8.2.2 深度神经网络的前向传播 · 149
  - 8.2.3 深度神经网络的反向传播 · 150
- 8.3 深度神经网络的优化 · 152
  - 8.3.1 损失函数的选择 · 152
  - 8.3.2 参数优化 · 153
  - 8.3.3 正则优化 · 157
- 8.4 深度神经网络的应用 · 159
- 8.5 本章实践 · 160
- 8.6 习题 · 163

第 9 章 深度置信网络 · 165

- 9.1 深度置信网络概述 · 166
- 9.2 深度置信网络的网络结构 · 166
  - 9.2.1 深度置信网络的基础结构 · 166
  - 9.2.2 DBN-DNN 的训练过程 · 167
- 9.3 改进的深度置信网络算法 · 171

9.4 深度置信网络的应用 ································ 174
9.5 本章实践 ····································· 175
9.6 习题 ······································· 179

第 10 章 卷积神经网络 ································ **180**
10.1 卷积神经网络概述 ································ 181
10.2 卷积神经网络基本部件 ····························· 182
10.2.1 输入层 ···································· 182
10.2.2 卷积层 ···································· 183
10.2.3 池化层 ···································· 184
10.2.4 激活层 ···································· 185
10.2.5 全连接层 ·································· 186
10.2.6 目标函数 ·································· 186
10.2.7 卷积神经网络的基本特征 ······················· 186
10.3 卷积神经网络的网络结构 ··························· 187
10.3.1 基本结构 ·································· 187
10.3.2 前向传播 ·································· 187
10.3.3 反向传播 ·································· 189
10.4 改进的卷积神经网络 ······························ 192
10.4.1 AlexNet 神经网络 ··························· 192
10.4.2 VGG-Nets 神经网络 ·························· 194
10.5 卷积神经网络的应用 ······························ 196
10.6 本章实践 ····································· 199
10.7 习题 ······································· 203

第 11 章 循环神经网络 ································ **204**
11.1 循环神经网络概述 ································ 205
11.2 循环神经网络的网络结构 ··························· 205
11.2.1 基本结构 ·································· 206
11.2.2 前向传播 ·································· 207
11.2.3 反向传播 ·································· 207
11.3 循环神经网络的优化算法 ··························· 208
11.3.1 门控算法 ·································· 208
11.3.2 深度算法 ·································· 211
11.4 循环神经网络的应用 ······························ 212
11.5 本章实践 ····································· 214
11.6 习题 ······································· 217

第12章 生成式对抗网络 219

- 12.1 生成式对抗网络概述 220
- 12.2 生成式对抗网络的结构 222
  - 12.2.1 生成式对抗网络的判别器 222
  - 12.2.2 生成式对抗网络的生成器 223
  - 12.2.3 生成式对抗网络的运行流程 224
- 12.3 改进的生成式对抗网络 224
  - 12.3.1 生成式对抗网络的优势与缺陷 225
  - 12.3.2 生成式对抗网络的问题分析及改进 225
- 12.4 生成式对抗网络的应用 228
- 12.5 本章实践 229
- 12.6 习题 237

第13章 图神经网络 239

- 13.1 图神经网络概述 240
- 13.2 图 240
  - 13.2.1 图的基本定义 240
  - 13.2.2 图的基本类型 241
  - 13.2.3 邻居和度 242
  - 13.2.4 子图与路径 242
- 13.3 图神经网络模型 243
  - 13.3.1 图卷积神经网络 244
  - 13.3.2 图注意力网络 249
  - 13.3.3 图自动编码器 251
  - 13.3.4 图生成网络 253
  - 13.3.5 递归图神经网络 254
- 13.4 GNN的应用 256
- 13.5 本章实践 259
- 13.6 习题 265

参考文献 266

第1章

绪 论

CHAPTER 1

  神经网络的研究最早可追溯到 1890 年 William James 发表的第一部详细论述人脑结构及功能的专著《心理学原理》(*The Principles of Psychology*),在此之后,科研人员在计算机技术及脑科学研究的基础上,提出了使用神经网络进行信息计算的理念。神经网络的概念一经提出,立即吸引了众多学者的目光,各个领域的专家也纷纷投入精力研究,神经网络领域涌现出了各种优秀的模型和方法。随着研究的深入,简单的神经网络结构已经满足不了日新月异的时代发展需求,因此神经网络的结构逐渐复杂,随之而来的困难和挑战接踵而至。但随着技术的不断进步,研究的不断深入,这些困难终将被战胜,并推动新的网络模型的产生。本书将根据神经网络的发展过程和模型复杂度层层推进,加以理论应用的辅助,带领读者走入一个新的世界。

1.1 神经网络的概念

神经网络又称人工神经网络(Artificial Neural Networks,ANN)是模拟生物神经网络进行信息处理的一种数学模型,是20世纪80年代以来人工智能领域兴起的研究热点。截至目前,关于神经网络的定义有多种说法。

(1) 美国神经网络学家Nielsen将神经网络定义为由多个简单的处理单元按照某种方式相互连接形成的计算机系统,该系统靠其对外部输入信息的动态响应来处理信息。

(2) 美国国防高级研究计划局(DARPA)将神经网络定义为一个由许多并行工作的简单处理单元组成的系统,其功能取决于网络的结构、连接强度以及各个单元的处理方式。

(3) 芬兰赫尔辛基大学神经网络专家Kohonen将神经网络定义为由具有适应性的简单单元组成的广泛并行互联网络。它的组织能够模仿生物神经系统对真实世界物体所做出的交互反应。

本书将神经网络归纳总结为一种基于脑科学的采用数学和物理方法进行研究的一种计算机或信息处理系统。它从信息处理角度对人脑神经元所组成的网络进行抽象,构建信息计算模型,根据不同的数学原理设计相应的连接方式构建不同的网络结构。

神经网络具有以下七个基本特征。

(1) 高度非线性及计算的非精确性。非线性关系是自然界中普遍存在的一种关系特性。基于脑科学设计的人工神经元在进行信息计算时会有激活或抑制两种状态,人工神经元的计算过程用数学模型进行抽象,可明确地表现出输入与输出之间的非线性关系。伴随非线性关系而来的是人工神经元计算的非精确性。神经元的非线性计算和计算的非精确性使其构成的神经网络具有更好的计算性能和容错性。

(2) 非局限性。神经网络通常由多个神经元连接而成,神经网络的输出是神经元之间相互连接、相互作用的结果,而不仅取决于单个神经元。神经网络的这种结构使其具有记忆能力及泛化能力。

(3) 非常定性。神经网络具有自组织、自学习和自适应能力,这使得神经网络可以从变化的输入信息中学习到信息的规律和特征,同时动态地对系统自身进行更新。神经网络通常采用迭代的过程表述系统的演化过程。

(4) 非凸性。神经网络的迭代过程通常由特定的函数进行约束。这种函数有多个极值,故神经网络具有多个较稳定的平衡态,这将导致神经网络演化的多样性。

(5) 固有的并行结构和并行处理特性。神经网络与人类的大脑类似,是由大量的简单处理单元相互连接构成的高度并行的非线性系统。它不但在结构上是并行的,而且在处理顺序上也是并行的。神经网络的计算功能分布在多层次的并行处理单元上,在同一层内的处理单元进行并行操作。神经网络并行且分层次的信息处理流程,使其具有远超传统串行计算模式的处理速度和效率。

(6) 通过训练进行学习。神经网络通过研究系统过去的数据记录进行训练。一个经过适当训练的神经网络具有归纳全部数据的能力。

(7) 硬件实现。神经网络不仅能够通过软件实现并行处理功能,还可借助硬件实现。近年来,一些专用于神经网络计算的超大规模集成电路等硬件已经问世。

1.2 神经网络的发展历史

神经网络是用来模拟人脑结构和智能的前沿研究领域,始于19世纪末期,其发展过程大致经历了启蒙、萧条、复兴和高潮四个时期。

1.2.1 启蒙时期

神经网络的启蒙时期是1890—1969年。在这一时期里,学者们提出了许多基础模型,为以后神经网络的发展和延伸打下了坚实的根基。该时期的主要贡献列举如下。

1890年,美国心理学家William James在发表的第一部详细论述人脑结构及功能的专著《心理学原理》中指出:一个神经细胞受到刺激激活后可以把刺激传播到另一个神经细胞,并且神经细胞激活是细胞所有输入叠加的结果。他提出的这一观点揭示了大脑处理信息的特点,为以后设计神经网络提供了理论基础。

1943年,美国心理学家McCulloch和数学家Pitts在《数学和生物物理学会刊》(*Bulletin of Mathematical Biophysics*)上发表了一篇神经网络方面的著名文章。他们在已知的神经细胞生物学基础上,从信息处理角度出发,采用数理模型的方法对神经细胞的动作进行研究,提出了形似神经元的数学模型,即M-P模型,这是感知机模型的基础。从此开创了神经网络科学理论的新时代。

1949年,心理学家Hebb在《行为组织:神经心理学理论》(*The Organization of Behavior: A Neuropsychological Theory*)一书中,根据神经可塑性的机制提出了突触连接强度可变的假说,即Hebb学习规则。假说认为学习过程最终发生在神经元之间的突触部位,突触的连接强度随突触前后神经元的活动而变化,而这种可变性是学习和记忆的基础。Hebb学习规则为机器学习奠定了基础,同时也被认为是一种典型的无监督学习规则。

1952年,英国生物学家Hodgkin和Huxley建立了著名的霍奇金-赫胥黎模型(长枪乌贼巨大轴索非线性动力学微分方程,即H-H方程)。这一模型可用来描述神经膜中发生的自激振荡、混沌及多重稳定性等现象,所以具有重大的理论与应用价值。

1954年,生物学家Eccles提出了真实突触的分流模型,这一模型通过突触的电生理实验得到证实,为神经网络模拟突触的功能提供了原型和生理学的证据。

1956年,Uttley发明了一种由处理单元组成的推理机,用于模拟行为及条件反射。20世纪70年代中期,他把该推理机用于自适应模式识别,并认为该模型能反映实际神经系统的工作原理。

1958年,Rosenblatt以M-P模型为基础,提出了著名的感知机(Perceptron)模型。感知机模型由简单的阈值型神经元组成,并且它的结构非常符合神经生理学对神经元的描述。这是一个具有连续可调权值矢量的M-P神经网络模型,经过训练可以达到对一定的输入矢量模式进行识别和分类的目的,初步具备了诸如学习性、并行处理、分布式存储等神经网络的一些基本特征。Rosenblatt提出的感知机模型包含了一些现代神经计算机的基本原理,从而在当时取得了神经网络方法和技术的重大突破,同时也为神经网络的发展奠定了基础。

1960年，电机工程师 Widrow 和 Hoff 提出了自适应性线性元件（adaptive linear element）和基于 Widrow-Hoff 学习规则（又称最小均方差算法）的神经网络训练方法，并将其应用于实际工程，成为第一个用于解决实际问题的神经网络，促进了神经网络的研究应用和发展。他们不仅设计了可以在计算机上仿真的神经网络，而且还用硬件电路实现了该设计，为超大规模集成电路实现神经网络计算机奠定了基础。

神经网络在初期能够对简单的形状（如三角形、四边形）进行分类，人们逐渐认识到神经网络可以应用到机器中，使其模拟人类的感觉、学习、记忆和识别等行为。但是，初期神经网络的结构缺陷制约了其发展。一方面，感知机中特征提取层的参数需要手工调整，这违背了其对于"智能"的要求。另一方面，单层结构限制了它的学习能力，很多函数都超出了它的学习范畴。

1.2.2 萧条时期

20 世纪 60 年代，随着神经网络领域研究的进一步加深，人们遇到了来自认知、实现和应用等多方面的窘境，使得一些人对神经网络产生了迷茫、困惑与失望。因此 1969—1982 年这一时期被称为神经网络发展的萧条时期。

1969 年，神经网络创始者团队成员 Minsky 和 Papert 出版了颇有影响力的书籍《感知机》(*Perceptron*)。在此书中，他们指出感知机的两大问题——无法处理异或等复杂问题和计算能力不足，无法解决非线性问题，而单层感知机所拥有的缺陷在多层感知机中仍然得不到克服。由于他们在学术界的地位和影响力，这一悲观的结论极大地阻碍了神经网络的发展，此后不久，几乎所有为神经网络研究提供的基金都逐步取消，很多专家也放弃了在该领域的研究工作，以至于在接下来的十年时间，神经网络的研究基本停滞不前。

除此之外，导致神经网络研究进入低潮期的另一个重要因素是自 20 世纪 70 年代以来，集成电路和微电子技术的迅猛发展，使传统的冯·诺依曼（Von Neumann）体系结构的计算机进入了发展的全盛时期。同时，基于符号处理的人工智能技术发展迅猛并取得了显著成就。数字计算机取得的成就掩盖了发展新型模拟计算机和神经网络技术的必要性与迫切性。

但幸运的是，即使处于神经网络研究的低潮期，仍然有一些学者继续坚持研究，他们取得的成果为神经网络研究的复兴奠定了基础。

1972 年，芬兰的 Kohonen 教授提出了自组织映射（Self-Organizing Map, SOM）理论并称这种神经网络结构为"联想存储器"（associative memory）。SOM 网络是一类无导师学习网络，主要用于模式识别、语音识别及分类。它采用一种"胜者为王"的竞争学习算法，与感知机有很大的不同，它的学习训练方式是无导师训练，这种学习训练方式往往是在不知道有哪些分类类型存在时，用作提取分类信息的一种训练。

1976 年，美国波士顿大学自适应系统中心的 Grossberg 教授和他的夫人 Carpenter 提出了著名的自适应共振理论（Adaptive Resonance Theory, ART）模型。Grossberg 提出，若在全部神经元结点中有一个神经元结点特别兴奋，那么该结点周围的所有结点将受到抑制，其学习过程具有自组织和自稳定的特征。其后的若干年，他们一起研究 ART 网络，并有 ART1、ART2 和 ART3 这 3 个 ART 系统的版本，ART1 网络只能处理二值的输入，ART2 比 ART1 复杂并且能处理连续型输入，ART3 网络纳入了生物神经元的生物电-化学反应机制,其机制更接近人脑的工作过程。

1980 年,日本的著名学者 Fukushima 模拟生物视觉系统提出了一种层级化的多层神经网络,即"新认知机"(neocognitron),用以处理手写字符识别和其他模式识别任务。新认知机是一种视觉模式识别模型,该模型的网络结构包含卷积层和池化层,使其具有类似人类的模式识别能力。

1.2.3　复兴时期

20 世纪 60 年代遇到的问题在 20 世纪 80 年代纷纷被攻克,1982—2006 年,神经网络发展势头逐渐恢复,这一时期被称为复兴时期。

1982 年,美国物理学家 Hopfield 提出了 Hopfield 神经网络。Hopfield 神经网络基于物理动力学中能量函数的思想,把网络作为一种动态系统并研究这种网络动态系统的稳定性。Hopfield 提出了将神经元作为一种动态系统分析并计算系统稳定性的计算方法。他提出的连续和离散的 Hopfield 神经网络模型,采用全互联型神经网络,尝试对非多项式复杂度的旅行商问题进行求解,获得当时最好结果,引起了巨大的反响,使人们重新认识到神经网络的作用,同时促使神经网络的研究再次进入了蓬勃发展的时期。

1985 年,Hinton 和 Sejnowski 借助统计物理学的概念和方法提出了一种随机神经网络模型——玻耳兹曼机(Boltzmann Machine,BM),首次提出了"隐单元"的概念,其运行和学习过程采用模拟退火算法,能够解决 Hopfield 网络出现的能量局部极小值问题。一年后他们又改进了模型,提出了受限玻耳兹曼机(Restricted Boltzmann Machine,RBM)。同年,Hinton 使用多个隐藏层来代替感知机中原先的单个特征层,并使用误差反向传播算法(Back-Propagation Algorithm,BP)来计算网络参数。

1986 年,在 Rumelhart 和 McCkekkand 主编的《并行分布式处理:微观结构的探索》(*Parallel Distributed Processing*:*Exploration in the Microstructures of Cognition*)一书中提出了并行分布式处理理论,对神经网络领域的研究起到了促进作用。书中提出的适用于多层神经网络结构的误差反向传播算法,解决了神经网络中权重调整的问题,证实了神经网络具有很强的运算能力。

1987 年,以国际神经网络学会为代表的国际学术会议的陆续召开,掀起了全世界范围内神经网络的研究热潮,神经网络成为多领域、多学科交叉、综合的前沿研究领域。

20 世纪 90 年代中期,统计学习理论开始受到越来越广泛的重视。由 Vapnik 等提出的支持向量机(Support Vector Machine,SVM)在线性不可分问题上,以全方位的优势击败了多层神经网络,迅速成为当时的主流方法。

1998 年,Yann LeCun 提出了用于字符识别的卷积神经网络 LeNet-5,将 BP 算法应用到这个神经网络结构的训练上,形成了当代卷积神经网络的雏形。

1.2.4　高潮时期

21 世纪,伴随硬件技术的进步,计算机的计算能力得到了巨大提升,神经网络的发展也进入了新的阶段。2006 年开始,神经网络进入了发展的高潮时期。

2006年，Hinton提出了通过"预训练"及"微调"等手段进行训练的深度置信网络，同时提出了深度学习的概念，大大地促进了神经网络技术的发展。

2012年，采用深层结构和dropout方法的卷积神经网络Alexnet，在ImageNet图像识别比赛中以大幅优势战胜SVM方法，夺得冠军，这标志着在某些任务中神经网络已经超过盛行多年的传统机器学习方法。

2013年，Graves证明，结合了长短期记忆(Long Short Terms Memory，LSTM)的递归神经网络(Recurrent Neural Network，RNN)比传统的递归神经网络在语音处理方面更有效。

2014年，Google将语言识别的精准度从2012年的84%提升到如今的98%，移动端安卓(Android)系统的语言识别正确率提高了25%。人脸识别方面，Google的人脸识别系统FaceNet在LFW(Labled Faces in the Wild)上达到了99.63%的准确率。

2015年，Microsoft采用深度神经网络的残差学习方法将Imagenet的分类错误率降低至3.57%，已低于同类试验中人眼识别的错误率5.1%。这种残差学习方法采用的神经网络已达到152层。

2016年，DeepMind使用拥有1920个CPU集群和280个GPU的深度学习围棋软件AlphaGo战胜了当时人类围棋冠军李世石。此后，神经网络又迎来了新的辉煌。

经过几十年的发展，神经网络的理论和技术日趋成熟，在越来越多的领域取得了重大成果。神经网络的发展史如图1-1所示。1958年，最早的神经网络——感知机诞生。20世纪80年代，Hopfield神经网络、BP神经网络和玻耳兹曼机先后诞生。21世纪后，神经网络发展突飞猛进，深度置信网络、卷积神经网络和递归神经网络先后出现，深度学习已成为人工智能领域最热门的研究方向。

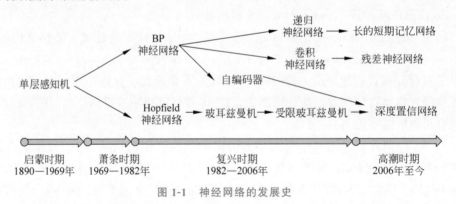

图1-1 神经网络的发展史

1.3 神经网络的研究内容

1.3.1 神经元模型

人类大脑由大量神经元构成，典型的生物神经元主要由树突、胞体、轴突和突触组成。人工神经元作为神经网络中最基本的元素，以生物神经元的结构为基础，根据功能将人工神经元划分为三部分：加权输入、组合处理和转移输出，其模型结构如图 1-2 所示。

图 1-2 中，$x_0, x_1, x_2, \cdots, x_n$ 是神经元模型的输入，相当于生物神经元的树突接收到的各种信号；$w_{0j}, w_{1j}, w_{2j}, \cdots, w_{nj}$ 是输入相对应的权值，表示每个输入信号的重要程度；$\sum x_i w_{ij}$ 是对输入数据进行权值相乘再求和处理；y_j 是该神经元模型的输出。通常输出之前需要加上一个转移函数 f 对 $\sum x_i w_{ij}$ 进行处理后才能得出最终的输出结果。在神经元模型中，最核心的就是转移函数，又称为非线性的激活函数。常用的激活函数有 Sigmoid、Tanh、ReLU、PReLU、TReLU 等。

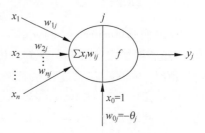

图 1-2　神经元模型结构

随着研究的深入和技术的进步，涌现出了许多优秀的神经元模型，其中最早被提出且影响广泛的人工神经元模型是 M-P 神经元模型，它将复杂的生物神经元活动建模为数学模型，效果明显。除此之外，经典的神经元模型还有 H-H 模型、IF 模型、Fitzhugh-Nagumo 模型、Izhikevich 模型以及 TrueNorth 模型。H-H 模型和 IF 模型多应用于神经网络电路中；TrueNorth 神经元的实现方式为神经元模型的电路设计提供了新的思路。

由于神经元模型具有非线性的特征，使得神经网络可以应用在现实世界的实际应用系统中，特别是应用系统的输入与输出都存在着复杂的非线性关系，例如，机器人控制、系统辨识和故障诊断等。

神经元模型不仅在仿生学、存储器设计、逻辑运算、信号处理等方面有重大应用，还对分析研究神经系统的动力学特性具有重要意义。神经网络由多个神经元模型根据某种组合策略组成。神经网络通过不同结构和组合策略，可以解决不同的实际问题。

1.3.2　神经网络的结构

神经网络的结构多种多样，按照其拓扑结构进行分类时，大致可以分为前馈网络和反馈网络等类别。

1. 前馈网络

前馈网络（feedforward network）一般指前馈神经网络或前馈型神经网络，其结构简单，易于实现，是实际应用中最常见的神经网络类型。前馈网络中的神经元分层排列。数据从输入层到输出层进行单向传播。网络的第 0 层是输入层，最后一层是输出层，中间的是隐藏层（也称隐含层或隐层）。每层中各个神经元接收前一层所有神经元的输出数据作为输入，并将处理后的数据输出到下一层。每个神经元输出的数据由当前的输入数据、网络权值和激活函数决定，该网络运行时没有任何反馈，可以用一个有向无环图表示。前馈网络分为单层和多层两种类型，如果有多个隐藏层，则称之为"深度"神经网络。这种神经网络实现了数据从输入空间到输出空间的变换，这种信息处理能力源于简单非线性函数的多次复合。前馈网络包括自适应线性神经网络、单层感知机、多层感知机、BP 网络等。

2. 反馈网络

反馈网络(recurrent network)，又称自联想记忆网络，输出不仅与当前输入和网络权值有关，还和网络之前的输入有关。其目的是设计一个可以储存平衡点的网络，使得给出网络初始值时，网络可以通过自运行最终收敛到这个设计的平衡点上。反馈网络主要包括Hopfield、Elman、CG、BSB、CHNN、DHNN等，它所具有的主要特性为以下两点：

(1) 网络系统具有若干个稳定状态。当网络从某一初始状态开始运行，网络系统总可以收敛到某一个稳定的平衡状态；

(2) 系统稳定的平衡状态可以通过设计网络的权值而被存储到网络中。

1.3.3 神经网络与深度学习的学习算法

1. M-P 模型

M-P 模型是由 McCulloch 和 Pitts 于 1943 年共同提出的神经元数学模型。M-P 模型不仅开创了神经网络研究的时代，还是大多数神经网络模型的基础。

关于 M-P 模型的详细内容请查阅第 2 章。

2. 感知机

感知机是由美国学者 Rosenblatt 于 1957 年提出来的一种典型的神经网络结构。感知机的主要特点是结构简单，对能解决的问题存在着收敛算法，并能从数学上严格证明，从而对神经网络研究起了重要的推动作用。

初学者在了解、学习感知机的网络结构之后，将会相对容易地理解神经网络和深度学习的思维逻辑和编程思想。

关于感知机模型的详细内容请查阅第 3 章。

3. BP 神经网络

误差逆传播(Backpropagation Error，BP)算法最早由 Werbos 于 1974 年提出。BP 神经网络是一种多层前馈神经网络，该网络的主要特点是信号前向传递，误差反向传播。在前向传播的过程中，输入信号从输入层经隐藏层处理，直至输出层。每一层的神经元状态只影响下一层神经元的状态。如果输出层得不到期望输出，则转入反向传播，根据预测误差调整网络权值和阈值，从而使 BP 神经网络预测输出不断逼近期望输出。

关于 BP 神经网络的详细内容请查阅第 4 章。

4. Hopfield 神经网络

Hopfield 神经网络是一种递归神经网络，由 Hopfield 于 1982 年提出。Hopfield 将物理学的相关思想(动力学)引入到神经网络的构造中，从而设计出了 Hopfield 神经网络。1987 年，他在 Hopfield 神经网络的基础上又研制出了神经网络芯片。

Hopfield 神经网络在 BP 网络基本结构的基础上，增加了一个承接层(隐藏层的一部分)作为一步延时算子，不仅使整个模型具有了记忆能力，还增强了网络的全局稳定性，使系统具有了适应时变特性的能力。与前馈型神经网络相比,计算能力的增强使它可以用来解决快速寻优问题。

Hopfield 神经网络分为两种,即离散型 Hopfield 神经网络(DHNN)和连续型 Hopfield 神经网络(CHNN)。

关于 Hopfield 神经网络的详细内容请查阅第 5 章。

5. 玻耳兹曼机

玻耳兹曼机是一种随机神经网络,由 Hinton 和 Sejnowski 于 1985 年提出。这种网络的神经元只有两种输出状态,即单极性二进制的 0 或 1。

玻耳兹曼机将一些神经元作为输入神经元,剩余的神经元作为隐藏层神经元。在整个神经网络更新过后,输入神经元成为输出神经元。初始神经元的连接权值随机生成,通过反向传播(Back-propagation)算法学习之后,可以获得一组相对合理的连接权值。

受限玻耳兹曼机是一种随机生成神经网络,它可以学习数据集特征的概率分布。虽然受限玻耳兹曼机是玻耳兹曼机的一种变体,但是在实际应用中使用最多的则是受限玻耳兹曼机。

与玻耳兹曼机相比,受限玻耳兹曼机不会在所有神经元之间随意地建立连接,而在不同的神经元群之间建立连接,因此任何输入神经元都不会与其他输入神经元相连,任何隐神经元也不会与其他隐神经元直接相连。

关于玻耳兹曼机与受限玻耳兹曼机的详细内容请查阅第 6 章。

6. 自组织神经网络

自组织神经网络是一类采用竞争学习机制的无监督学习模型。自组织神经网络不需要提供指导信号,就可以对外界未知环境(或样本空间)进行学习或模拟,并对自身的网络结构进行适当的调整。竞争学习机制以及自组织神经网络的代表模型有:ART 模型、SOM 模型、CPN 模型等。

自组织特征映射模型(SOM),又称为 Kohonen 网络。SOM 是一种聚类和高维可视化的无监督学习算法,它是通过模拟人脑对信号处理的特点而设计的一种神经网络。该模型由芬兰赫尔辛基大学教授 Kohonen 于 1981 年提出,现在已成为应用最广泛的自组织神经网络方法,其中的 WTA(Winner Takes All)竞争机制反映了自组织学习最根本的特征。

关于 SOM 模型的详细内容请查阅第 7 章,关于 ART 模型、CPN 模型的相关内容可以自行学习。

7. 深度神经网络

深度神经网络(Deep Neural Networks,DNN)可以理解为有很多隐藏层的神经网络,有时也叫作多层感知机(Multi-Layer Perceptron,MLP)。从结构上来说,DNN 和传统意义上的 NN(神经网络)并无太大区别,最大的不同是 DNN 的层数增多了,并解决了模型不可训练的问题。

DNN 最大的问题是只能看到预先设定长度的数据,对于语音和语言等前后相关的时序信号的表达能力非常有限,相关专家学者基于此提出了 RNN 模型,即递归神经网络。

关于 DNN 的详细内容请查阅第 8 章。

8. 深度置信网络

深度置信网络(Deep Belief Network,DBN)是一个概率生成模型,主要由多层受限玻耳兹曼机组成,既可以用于非监督学习,也可以用于监督学习。与传统的判别模型的神经网络相比,DBN 建立了一个观察数据和标签之间的联合分布。通过训练其神经元间的权重,可以让整个神经网络按照最大概率来生成训练数据。

DBN 是一种非常实用的学习算法,应用范围较广,扩展性也强,不仅可以使用 DBN 来识别特征、分类数据,还可以用它来生成数据。目前,DBN 主要用于手写识别、语音识别和图像处理等领域。

关于 DBN 的详细内容请查阅第 9 章。

9. 卷积神经网络

卷积神经网络(Convolutional Neural Networks,CNN)。主要用于处理图像数据,也可用于其他形式数据的处理,如语音数据。对于 CNN 来说,一个典型的应用就是给它输入一个图像,而后它会给出一个分类结果。

常见的 CNN 结构有：LeNet-5、AlexNet、ZFNet、VGGNet、ResNet、DenseNet 等。

关于 CNN 的详细内容请查阅第 10 章。

10. 循环神经网络

循环神经网络(Recurrent Neural Networks,RNN)是具有时间连接的前馈神经网络。在 RNN 中,它可以通过每层之间结点的连接结构来记忆之前的信息,并利用这些信息来影响后面结点的输出。与此同时,RNN 还可以充分挖掘序列数据中的时序信息以及语义信息,因此,在处理时序数据时,它比全连接神经网络和 CNN 具有更强的表示能力。目前,RNN 已广泛应用于语音识别、语言模型、机器翻译、时序分析等各个领域。

长短期记忆网络(Long Short-Term Memory,LSTM)是为了解决 RNN 长序列训练过程中的梯度爆炸和梯度消失问题而专门设计的循环神经网络的一种变体。LSTM 的核心是用来控制信息传递的门结构,门结构主要包含：输入门、输出门和遗忘门三部分。

关于 RNN 和 LSTM 的详细内容请查阅第 11 章。

11. 生成式对抗网络

生成式对抗网络(Generative Adversarial Networks,GAN)是一种深度学习模型,是近年来复杂分布上无监督学习最具前景的方法之一。GAN 主要由两部分组成：生成模型(generative model)和判别模型(discriminative model)。

生成模型：一种生成网络,负责生成数据,开始时接收一个随机噪声。

判别模型：一个判别网络,判断接收的图片是不是真实的图片。

GAN 的主要思想来自零和博弈的思想,GAN 的博弈过程可以描述为：生成器生成数据后交给判别器判断是真实数据的可能性,可能性越大得分越高,如果判别器给出的得分低,生成器就需要根据打分和真实数据获得的损失函数来更新权重,重新生成数据,以此循环直到判别器达到平衡状态,对真实样本和生成样本的打分都为 0.5,即判别器无法判断生成器生成的假数据。

原始 GAN 理论中,并不要求 G 和 D 都是神经网络,只需要能拟合相应生成和判别的函数即可。但在实际应用中一般均使用深度神经网络作为 G 和 D。一个优秀的 GAN 应用需要有良好的训练方法,否则可能由于神经网络模型的自由性而导致输出不理想。

关于 GAN 的详细内容请查阅第 12 章。

12. 图神经网络

图神经网络(Graph Neural Networks,GNN)的概念由 Gori 等于 2005 年首先提出,并由 Scarselli 等于 2009 年进一步阐明。近年来,随着非欧氏空间的图数据增多,人们对深度学习方法在图数据上的扩展越来越感兴趣。在深度学习的成功推动下,研究人员借鉴了卷积神经网络、循环神经网络和深度自动编码器的思想,定义和设计了用于处理图数据的神经网络结构,由此衍生出一个新的研究热点——图神经网络。

目前,图神经网络在社交网络、知识图谱、推荐系统甚至生命科学等各个领域得到了越来越广泛的应用。

GNN 主要分为图卷积神经网络(Graph Convolution Networks,GCN)、图注意力神经网络(Graph Attention Networks,GAT)、图自编码器(Graph Auto-Encoders,GAE)、图生成神经网络(Graph Generative Networks,GGN)和图时空神经网络(Graph Spatial-temporal Networks,GSN)五类。

图卷积神经网络是近年来逐渐流行的一种神经网络结构。不同于只能用于网格结构数据的传统网络模型 LSTM 和 CNN,图卷积神经网络能够处理具有广义拓扑图结构的数据,并深入发掘其特征和规律,例如,PageRank 引用网络、社交网络、通信网络、蛋白质分子结构等一系列具有空间拓扑图结构的不规则数据。

关于 GNN 和 GCN 的详细内容请查阅第 13 章,关于图神经网络的其余几种网络,感兴趣的读者可以查阅相关资料。

1.4 神经网络的应用领域

神经网络是过去十年中最具影响力的技术之一,它不仅是深度学习算法的基本组成部分,还是人工智能的前沿。在日常生活中,使用神经网络的应用场景有很多,例如在线翻译、刷脸支付和语音识别等。

目前,神经网络已经被广泛地应用到了很多领域,比如自然语言处理、工业推荐、医学、网络空间安全等众多领域。

1.4.1 自然语言处理

神经网络在自然语言处理中可以应用于多跳阅读、命名实体识别、关系抽取以及智能问答系统等方面。

1. 多跳阅读(Multi-hop Reading Comprehension)

多跳阅读是指神经网络从大量的语料中进行多链条推理,这种开放式的阅读理解让神经网络可以回答比较复杂的问题。

2. 命名实体识别(Named Entity Recognition)

命名实体识别又称作"专名识别",指识别文本中具有特定意义的实体,主要包括人名、地名、机构名、专有名词等。简单讲,就是识别自然文本中的实体指称的边界和类别。

3. 关系抽取(Relation Extraction)

信息抽取旨在从大规模非结构或半结构的自然语言文本中抽取结构化信息。关系抽取是其重要的子任务之一,主要目的是从文本中识别实体并抽取实体之间的语义关系。

4. 智能问答系统(Intelligent Question Answering System)

智能问答系统基于大量语料数据建立模型、实现与人类对话、解决相应的问题,它综合了自然语言处理、机器学习等多方面知识领域。常见的问答系统应用有手机语音助手、在线智能客服等。一个设计得当的问答系统可以为用户定制专属的"助手",减轻人工负担,并能在必要时及时转到人工服务通道,使得用户有良好的产品体验。

1.4.2 推荐系统

推荐是机器学习在互联网中的重要应用。互联网业务中,推荐的场景特别多,比如新闻推荐、电商推荐、广告推荐等。这里介绍三种图神经网络赋能工业推荐的方法。

1. 可解释性推荐

可解释性推荐指的是推荐系统不仅能给出准确的推荐结果,而且能给出推荐的依据。例如,在电影推荐的场景里,如果一位用户关注了另一位用户,那么可以将被关注用户看过的电影,推荐给关注他的人。

2. 基于社交网络的推荐

基于用户之间的关系,也可以进行准确地推荐。用户的行为会受到社交网络中其他人的影响,例如,用户 A 的朋友是体育迷,经常发布关于体育赛事、体育明星等信息,用户 A 很可能也会去了解相关体育主题的资讯。目前有许多的电商平台,像京东、蘑菇街、小红书等都在尝试做基于社交的推荐。

3. 基于知识图谱的推荐

要推荐的商品、内容或者产品,依据既有的属性或者业务经验,可以得到它们之间很多的关联信息,这些关联信息就是知识图谱。知识图谱可以非常自然地将已有的用户和商品网络融入一张包含更加丰富信息的图中。无论是社交网络推荐,还是知识图谱,其本质都是将额外的信息补充到图中。图神经网络不仅能聚合关系网络中复杂的结构信息,还能囊括丰富的属性信息，这就是图神经网络强大的原因。

1.4.3 医学领域

1. 信号处理

在信号处理方面，比起传统的滤波技术，神经网络在生物医学信号检测与处理中的优势主要集中在对脑电信号的分析、听觉诱发电位信号的提取、肌电和胃肠电等信号的识别、心电信号的压缩等方面。

神经网络的自学习以及自适应能力可以满足不同环境下对波形进行分类的需求。实际上，许多医学上关注的生理信号与患者的其他生理指标有比较强的耦合关系。以脑电信号为例，患者眨动眼睛所引发的眼电信号会对脑电信号产生严重的干扰，使用神经网络进行特征提取，将眼电信号产生的噪声直接排除，可以提高医生判断的准确率。

大部分医学检测设备都是以连续波形的方式输出数据，这些波形是诊断的依据。神经网络是由大量的简单处理单元连接而成的自适应动力学系统，具有并行性、分布式存储、自适应、自组织学习等特点，可以用来解决生物医学信号分析处理中采用常规方法难以解决或无法解决的问题。

2. 医学影像的处理

由于神经网络通过大量的训练后，它自身能够"记忆"并"分析"所输入的信息并且得出一个合理的预测结果。基于这项特征，神经网络在医学影像的筛查和辅助诊断领域得到了广泛的运用。近年来，随着卷积神经网络的出现以及不断优化，神经网络在图像处理、数据降维等方面大放异彩。例如，已经有相关人员用模糊神经网络分析肝超声图像；有专家学者用神经网络测定颅内双超声，诊断大脑是否动脉痉挛；也有相关学者采用特征映射神经网络进行图像分割。

3. 专家系统

传统的专家系统把专家的经验和知识以规则的形式存储在计算机中，建立知识库，用逻辑推理的方式进行医疗诊断。但在实际应用中，数据库规模的增大，将导致知识量"爆炸"，在知识获取途径中也存在"瓶颈"问题，致使工作效率很低。以非线性并行处理为基础的神经网络为专家系统的研究指明了新的发展方向，解决了专家系统的以上问题，并提高了知识的推理、自组织、自学习能力。

1.4.4 网络空间安全

将用户输入的文本作为密码是当今主要的安全认证形式，但这种形式非常容易受到攻击。而使用现有的手段来评估密码强度的方法，即通过建模进行对抗性密码猜测是不适宜的，对于实时的客户端密码检查来说，要么不准确，要么数量级太大、速度太慢。可以通过使用神经网络模拟文本密码来抵抗猜测攻击，通过上下文无关文法和马尔可夫模型等神经网络模型，实现比以前更加准确和实用的密码检查。

1.4.5 控制领域

神经网络由于其独特的模型结构和固有的非线性模拟能力、高度的自适应和容错特性等突出特征,在控制系统中获得了广泛的应用。神经网络在各类控制器框架结构的基础上,加入了非线性自适应学习机制,从而使控制器具有更好的性能。基本的控制结构有监督控制、直接逆模控制、模型参考控制、内模控制、预测控制、最优决策控制等。

1.4.6 交通领域

近年来,人们对神经网络在交通运输系统中的应用开始了深入的研究。交通运输问题是高度非线性的,可获得的数据通常是大量的、复杂的。用神经网络处理相关问题有巨大的优越性,其应用范围涉及汽车驾驶员行为的模拟、参数估计、路面维护、车辆检测与分类、交通模式分析、货物运营管理、交通流量预测、运输策略与经济、交通环保、空中运输、船舶的自动导航及船只的辨认、地铁运营及交通控制等领域,取得了很好的效果。

1.4.7 心理学领域

神经网络模型自形成开始,就与心理学有着密不可分的关系。神经网络抽象于神经元的信息处理功能,神经网络的训练则反映了感觉、记忆、学习等认知过程。人们不断地研究、变化神经网络的结构模型和学习规则,从不同角度探讨着神经网络的认知功能,为神经网络在心理学的研究奠定了坚实的基础。近年来,神经网络模型已经成为探讨社会认知、记忆、学习等高级心理过程机制不可或缺的工具。神经网络模型还可以对脑损伤病人的认知缺陷进行研究,同时对传统的认知定位机制提出了挑战。

1.5 神经网络与深度学习的关系

深度学习的概念由 Hinton 等于 2006 年提出,发源于神经网络的研究。深度学习在继承传统的神经网络基础上做出了许多改进,以解决神经网络无法处理的问题。

研究深度学习的动机在于它可以模仿人脑的机制来解释数据,例如图像、声音和文本等。最著名的就是卷积神经网络(CNN),它解决了传统的神经网络参数太多、很难训练的问题。CNN 采用"局部感受野"和"权值共享"的概念对模型进行改进,不仅大幅度减少了网络参数的数量,最终还获得了良好的分类效果。

深度学习采用了与神经网络相似的分层结构,由输入层、隐藏层(多层)、输出层组成,只有相邻层结点之间有连接,同一层以及跨层结点之间相互无连接。其中,每一层都可以看作是一个逻辑回归模型。

一般来说,典型的深度学习模型是指具有"多隐藏层"的神经网络,这里的"多隐藏层"代表有三个以上隐藏层,深度学习模型通常有八、九层,甚至更多隐藏层。伴随着隐藏层数量的增加,不仅相应的神经元连接权值、阈值等参数增加了不少,而且深度学习模型可以自动提取很多复杂的特征,从而提升模型分类或预测的准确性。

深度学习的兴起主要有以下三个原因:

(1) 数据量的增大。由于深度学习的网络结构可以非常复杂,所以其输入数据量越大,深度学习模型效果越好。

(2) 神经网络算法本身的演进。如 ReLU 激活函数的出现,其相比于 Sigmoid 具有更快的收敛速度,使得训练速度更快,从而更适于实际应用。

(3) 算力的提升。主要包括硬件的提升和网络传输速度的提升等。

1.6 习题

1. (单选)京东、蘑菇街、小红书这类电商平台做的是什么类型的图神经网络赋能推荐的方法?( )
   A. 可解释性推荐　　　　　　　　B. 基于社交网络的推荐
   C. 基于知识图谱的推荐　　　　　D. 基于会话的推荐
2. (多选)图神经网络在自然语言处理中的应用包括( )。
   A. 文本分类　　　　　　　　　　B. 关系抽取
   C. 多跳推理　　　　　　　　　　D. 命名实体识别
3. 简述什么是神经网络。
4. 神经网络的基本特征有哪些?
5. 请用思维导图简单描述神经网络的进化史。
6. 感知机神经网络存在的主要缺陷是什么?
7. 前馈网络和反馈网络是神经网络中较为经典的两种类型,请介绍反馈网络的主要特点,并举出几例具体的反馈网络(写出网络名称即可)。
8. 请列举五种神经网络算法并做简单介绍。
9. 将神经网络应用在传统的医学专家系统上有哪些优势?
10. 神经网络控制系统的结构有哪几种?

第 2 章

神经网络基础

CHAPTER 2

生物神经网络是生物体的重要组成部分,它为生物的思考和行动做出了重要贡献。在生物体内,神经元的突触是用于信息传递的。此时,我们可以联想一下,计算机中的信息该如何传递呢?怎样才能使计算机拥有像人一样的学习能力呢?基于对生物神经网络的研究发现,计算机可以引入多个虚拟突触以实现多维度的信息传递,最终形成了包含输入层、隐藏层、输出层、权值、阈值、激活函数等部分的神经网络。通过诸多学者的研究,现在的神经网络与深度学习模型正在蓬勃发展、日渐复杂,神经网络从最简单的感知机模型发展到了如今的卷积神经网络、对抗生成网络等。但万变不离其宗,大部分神经网络和深度学习模型都有 M-P 模型的影子。现在,就让我们从 M-P 模型开始学习,一起进入神奇的神经网络大门吧!

2.1 生物神经系统

神经网络是受生物大脑启发而构成的一类信息处理系统,要了解神经网络,首先要了解生物神经系统。

生物学研究显示,大脑是由约 10^{11} 个生物神经元组成的一个庞大的网络系统。神经元是大脑的基本组成单位,也是大脑进行信息处理的基础。一个神经元可能有几千、甚至几万个突触与其他神经元连接,每个突触都可以与其他神经元进行沟通、传递电信号,以达到信息传递的目的。由此可见,大脑的神经系统是一个非常复杂的系统。换句话说,没有神经元,就没有复杂的大脑神经系统。

2.1.1 生物神经元的结构

我们先从生物神经系统的基本单元——神经元开始研究。

神经元是一种高度分化的细胞,它具备感受刺激与传递神经冲动的功能,是人脑神经系统基本的组成单元,它主要由细胞体与突起组成,其结构如图 2-1 所示。

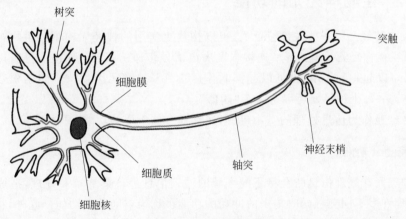

图 2-1 神经元结构

细胞体是神经元的新陈代谢与营养存储之处,直径在 $5\sim150\mu m$,不同的神经元细胞体可以有星形、锥形等各种形状。胞体的结构与其他普通细胞类似,也是由细胞核、细胞质、细胞膜组成。细胞体充当"CPU"的角色,执行重要的非线性处理步骤,然后轴突将信号传递给其他神经元。

神经元突起则是神经元细胞特有的结构,根据形态与功能可以被分为轴突与树突两种。

轴突是神经元细胞突起的一种。每个神经元只有一个轴突,一般由细胞体发出。通常来说,轴突与树突相比要显得更细、光滑且直径基本一致,轴突分支较少且通常为与树突构成直角的侧支。轴突表面包绕一层薄膜,称为轴膜。而处在轴膜内的轴浆,含有线粒体、微丝和维管束等。神经递质能够在轴浆的运输下抵达神经末端,从而进行神经冲动的传递。

树突则是细胞体延伸部分的分支,它起到"输入设备"的作用,该输入设备从其他神经元收集信号并将其传输到细胞体。树突在接收到其他神经元的神经递质后,通过细胞膜的选择透过作用,能够使得这个神经元细胞内外产生电位差。

此外,在神经元间传递神经冲动还需要一个特殊的结构——突触。突触由突触前膜、突触间隙和突触后膜三部分构成,是神经元之间的接触点,也是借助神经递质传递信息的结构,如图 2-2 所示。信号通过一个小的间隙突触在两个神经元之间传递,当一个神经元通过突触发送信号时,通常将发送信号的神经元称为突触前神经元,将接收信号的神经元称为突触后神经元。

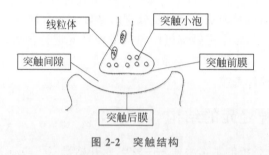

图 2-2 突触结构

突触分为兴奋性突触与抑制性突触,分别对应使下一个神经元兴奋与抑制。

2.1.2 生物神经元的功能

了解生物神经元的一些关键特征后,可以构建更实用的神经元模型。生物神经元的六个基本特征为:神经元及其连接;连接强度决定信号传递的强弱;连接强度可以随训练而改变;信号可以起刺激作用,也可以起抑制作用;一个神经元接收信号的累积效果决定该神经元的状态;每个神经元可以有一个"阈值"。

生物神经元作为信息处理的基本单元,还存在一些重要的功能,具体如下。

1. 时空整合功能

一个神经元在处理信息时会将不同来源的输入信息进行累加求和处理,造成膜电位变化,这种处理许多不同突触同时传来的冲动的功能被称为空间整合功能。此外,神经元还可以对同一突触不同时间传来的信息进行整合处理,也就是时间整合功能。这两种功能结合之后,神经元就拥有了时空整合功能。

2. 兴奋与抑制状态

生物神经元通常情况下处在两种状态:兴奋状态与抑制状态。传入的冲动在时空整合后,若细胞膜电位升高,超过动作电位阈值时,则称神经元进入兴奋状态;若传入的冲动在时空整合后膜电位下降,低于动作电位阈值时,则称神经元进入抑制状态。只有在兴奋状态下,神经元才会产生神经冲动。这种兴奋-抑制的状态基本符合"1-0"律。

3. 脉冲与电位转换

生物神经元之间进行信息传递时,需要经过连续电位信号和脉冲信号的转换过程,这种过程是一种以神经介质的传递为表现的数模转换过程。

4. 神经纤维传导速度

神经纤维上神经冲动的传播速度会受到神经纤维的粗细程度、髓鞘的有无等多种因素的影响。例如在具有髓鞘的情况下,神经纤维上信息传播速度可以达到100m/s以上,然而若在没有髓鞘的情况下,其速度可能降为个位数的级别。

5. 突触时延和不应期

从脉冲信号到达突触前膜,再到突触后膜电位发生变化,时间上共有 0.2~1ms 的延迟,这被称为突触时延,也叫突触延迟。这段延迟是化学递质分泌、向突触间隙扩散、到达突触后膜并在突触后膜发生作用的时间总和。突触可以接受和传递神经冲动,在突触的处理方式中存在一种机制——不应期,在不应期之中,突触不会对神经冲动作任何响应。

6. 学习、遗忘和疲劳

由于生物神经元存在可塑性,突触的传递作用可以随着外界影响而强化、削弱或饱和,所以可以达到学习、遗忘、疲劳的效果。

2.1.3 生物神经元和人工神经元的区别

本质上,神经网络是一个基于生物神经网络结构设计的依靠数学方法进行优化和更新的数学模型,而生物神经网络是通过电信号和化学信号进行传输和反馈的生物结构。

2.2 人工神经元模型

从信息处理的角度分析,神经网络是模拟脑神经系统的功能建立的抽象简化模型,该网络由大量处理单元经广泛连接形成。

神经网络从两个方面模拟大脑:首先,神经网络从外界环境中学习获取知识;其次,内部神经元的连接强度,即突触权值,用于存储获取的知识。

2.2.1 人工神经元的结构

神经细胞(生物神经元)是构成生物神经系统的基本单元,相应地,我们把神经网络最基本的处理单元称作人工神经元。

神经网络是以人工神经元为结点,用带有权值的弧连接起来,用于模拟生物神经网络的结构和功能的有向图。人工神经元通过有向弧和有向弧的权值模拟生物神经元之间的信息传递。人工神经元结构如图2-3所示。

对于某个神经元来说,其主要功能如下:①接收输入信号,并确定其权重;②对得到的信号进行累加求和以确定组合效果;③计算输出信号。

正如生物神经元有众多用于接收来自其他神经冲动的树突一样,人工神经元的输入也可以由许多信号组

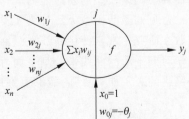

图 2-3 人工神经元结构

成。假设输入为 $x_i(i=1,2,\cdots,n)$，则神经元 j 的输入向量如式(2-1)所示。

$$\boldsymbol{X}_j = (x_1, x_2, \cdots, x_n)^{\mathrm{T}} \tag{2-1}$$

在式(2-1)中，$x_i(i=1,2,\cdots,n)$ 表示该神经元 j 的第 i 个输入，n 表示神经元的输入个数。

有向弧权值记为 $w_{ij}(i=1,2,\cdots,n)$，表示第 i 个处理单元与本处理单元 j 的连接权重。输入信号的加权向量如式(2-2)所示。

$$\boldsymbol{W}_j = (w_{1j}, w_{2j}, \cdots, w_{nj})^{\mathrm{T}} \tag{2-2}$$

在生物神经元中，只有当膜电位超过动作电位时才会引起神经冲动，类似地，人工神经元的输出也需要设置一定的阈值。设神经元 j 的阈值为 θ_j，可以用 $x_0=1$ 的固定偏置输入结点表示阈值结点，将连接强度设置为 $w_{0j}=-\theta_j$，则本处理单元(人工神经元)的输入加权和如式(2-3)所示。

$$s_j = \sum_{i=0}^{n} x_i w_{ij} = \sum_{i=1}^{n} x_i w_{ij} - \theta_j \tag{2-3}$$

处理单元的输出只能有一个，如式(2-4)所示。

$$y_j = f(s_j) \tag{2-4}$$

其中，f 称为转移函数或激活函数。人工神经元的输入加权和 s_j 要经过 f 处理，才能最终得到神经元的输出。

如果将 x_0 和 w_{0j} 分别加入到输入向量和加权向量中，则式(2-1)和式(2-2)可以写成式(2-5)和式(2-6)的形式：

$$\boldsymbol{X}_j = (x_0, x_1, x_2, \cdots, x_n)^{\mathrm{T}} \tag{2-5}$$

$$\boldsymbol{W}_j = (w_{0j}, w_{1j}, w_{2j}, \cdots, w_{nj})^{\mathrm{T}} \tag{2-6}$$

则神经元的输出如式(2-7)所示。

$$y_j = f(\boldsymbol{W}_j^{\mathrm{T}} \boldsymbol{X}_j) \tag{2-7}$$

神经网络的主要工作是建立模型和确定权值。神经网络相当重要的能力之一是能从环境中进行学习，这种能力是通过不断调整神经元的权值和阈值来实现的，根据实际输出和期望输出之间的误差进行权值的修正，直到网络的输出误差达到预期的结果，网络训练结束。

2.2.2 激活函数

激活函数指激活神经元的特征可以通过一个非线性函数保留和映射出来。激活函数可以用来解决非线性问题。激活函数的基本作用包括：①控制输入对输出的激活作用；②对输入、输出进行函数转换；③遇见无限域的输入并变换成指定的有界输出。激活函数可以提高神经网络模型的表达能力。

常见的激活函数大致分为 4 类：线性函数、阈值函数、概率型函数和非线性函数。激活函数在研究中常常使用非线性激活函数，这是因为加入非线性激活函数后，神经网络就有可能学习到平滑的曲线来分割平面，而不是用复杂的线性组合逼近平滑曲线来分割平面，使神经网络的表示能力更强，能够更好地拟合目标函数。

1. 线性函数

线性函数是最简单的激活函数，如图 2-4(a)所示，由于线性函数的值域范围不利于计算,故在实际的神经网络中不经常使用。其数学表达式如式(2-8)所示。

$$\begin{cases} y = f(s) = ks \\ s = \sum_{i=0}^{n} w_i x_i \end{cases} \tag{2-8}$$

其中,x_i 表示输入值;w_i 表示权值;s 为输入数据和对应权值的乘积和;y 为输出值;k 是常数,表示直线的斜率。

当为线性函数设定一个值域范围时,就会变成非线性分段函数,如图 2-4(b)所示,其数学表达式如式(2-9)所示。

$$y = f(s) = \begin{cases} -T, & s \leqslant -T \\ ks, & |s| < T \\ T, & s \geqslant T \end{cases} \tag{2-9}$$

其中,$\pm T$ 表示该神经元的最大、最小输出,称为饱和值。

2. 阈值函数

与线性函数相比,阈值函数更常用。常见的阈值函数有阶跃函数 step(·)和符号函数 sgn(·),如图 2-4(c)和图 2-4(d)所示。

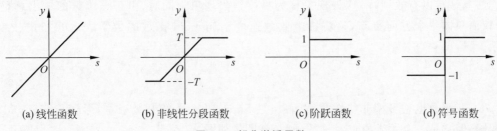

(a) 线性函数　　　　(b) 非线性分段函数　　　　(c) 阶跃函数　　　　(d) 符号函数

图 2-4　部分激活函数

阶跃函数的表达式如式(2-10)所示。

$$y = f(s) = \begin{cases} 0, & s \leqslant 0 \\ 1, & s > 0 \end{cases} \tag{2-10}$$

阶跃函数特点:它将连续型的输入值映射为离散型的输出值"0"或"1",但是由于函数本身不连续、不光滑,因此在现代的神经网络中不常使用。

符号函数的表达式如式(2-11)所示。

$$y = f(s) = \begin{cases} -1, & s \leqslant 0 \\ 1, & s > 0 \end{cases} \tag{2-11}$$

符号函数特点:符号函数与阶跃函数相似,只是其值域由"0"或"1"变为"-1"或"1"。

3. 概率型函数

神经元的输入和输出之间关系的不确定性可以由概率型函数表示,输出值为 0 或 1 的概率通过随机函数描述。设神经元输出为 1 的概率如式(2-12)所示。

$$P(1) = \frac{1}{1 + e^{-x/T}} \tag{2-12}$$

其中，T 为温度参数。采用该函数的神经元模型也称为热力学模型。

例如：在 Boltzmann 机中 t 时刻神经元 j 的状态 x_i 为 1，设此时的网络能量为 E_{x1}；在 $t+1$ 时刻神经元的 j 的状态 x_i 为 0，此时的网络能量为 E_{x2}，那么：

$$\Delta E = E_{x2} - E_{x1} = s_j \tag{2-13}$$

将式(2-13)代入式(2-12)，可得：

$$p(x_i = 1) = \frac{1}{1 + e^{-\Delta E / T}} \tag{2-14}$$

4. 非线性函数

非线性函数是一种十分重要的激活函数，又称为 S 型函数，最常见的有 Sigmoid 函数和 Tanh 函数。

Sigmoid 函数在深度学习的早期被广泛用作深度神经网络的激活函数。该函数的输出是有界的，为 (0,1)，其图像如图 2-5 所示。虽然 Sigmoid 函数性质与神经科学中的神经元突触相一致，且该函数的导数易于获得，但由于其缺点较为明显，目前很少使用。

从 Sigmoid 函数图像来看，该函数具有软饱和特性。也就是说，当输入非常大或非常小时，图像的斜率趋于零。当函数的导数接近零时，传递给下一层网络的梯度变得很小，这将使网络参数难以有效训练，这种现象称为梯度消失现象。同时，由于该函数的输出总是正的，权值只向一个方向更新，这将影响收敛速度。Sigmoid 函数的数学表达式如式(2-15)所示。

$$y = f(s) = \frac{1}{1 + e^{-ks}} \tag{2-15}$$

Tanh 函数也是 S 型非线性激活函数，是 Sigmoid 函数的升级版本，形状与 Sigmoid 函数相同，但它是一个关于原点对称的函数，其图像如图 2-6 所示。

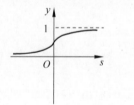

图 2-5 Sigmoid 函数

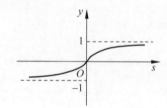

图 2-6 Tanh 函数

它的输出在 [−1,1]，在神经网络中经常选用该函数作为激活函数，Tanh 函数不会和 Sigmoid 函数一样权值只朝单方向更新，因此可以削弱对应的软饱和特性，有更好的容错性。该函数收敛速度比 Sigmoid 函数快，但也存在梯度消失问题。Tanh 函数的数学表达式如式(2-16)所示。

$$y = f(s) = \frac{e^s - e^{-s}}{e^s + e^{-s}} \tag{2-16}$$

随着神经网络的发展，还涌现出了许多优秀的激活函数，它们的出现为解决发展中遇到的一系列问题提供了便利。

2.2.3 其他常用激活函数

1. ReLU

目前,深层神经网络中常用的激活函数是修正线性单元(Rectified Linear Unit,ReLU),使用 ReLU 函数的神经网络模型更近似于生物神经激活模型。ReLU 是一个分段函数,如图 2-7 所示。

当输入值小于 0 时,ReLU 函数的输出为 0;当输入值大于等于 0 时,ReLU 函数的输出值等于输入值。ReLU 函数直接将某些数据强制输出为 0 的方法,在一定程度上可以产生中等程度稀疏特性。它与 Sigmoid 和 Tanh 函数相比,计算速度更快、收敛速度更快。同时,ReLU 在 x 轴正向是不饱和的,避免了 S 型函数存在的梯度消失问题。

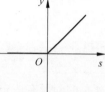

图 2-7 ReLU 函数

ReLU 函数在信号响应方面有着良好的性能,但它也存在着一些缺点,如当输入为负时,ReLU 函数的导数总是为零,这导致当梯度较大的神经元通过 ReLU 函数时,对应权重无法更新,很可能出现神经元坏死现象,影响最终的识别结果。ReLU 函数的数学表达式如式(2-17)所示。

$$y = f(s) = \max(0, s) = \begin{cases} 0, & s \leqslant 0 \\ s, & s > 0 \end{cases} \quad (2\text{-}17)$$

学者们在 ReLU 函数基础上提出了一些改进的函数。常见的改进函数主要有 Softplus、指数线性单元(Exponential Linear Unit,ELU)、LReLU(Leaky ReLU)、参数化修正线性单元(Parametric ReLU,PReLU)和随机修正线性单元(Randomize ReLU,RReLU)等。

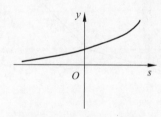

图 2-8 Softplus 函数

2. Softplus

Softplus 函数类似于光滑的 ReLU 函数,如图 2-8 所示。Softplus 函数相对于 ReLU 函数保留了更多负值,降低了神经元死亡的可能性,但也加大了计算量。Softplus 函数的数学表达式如式(2-18)所示。

$$y = f(s) = \ln(1 + e^s) \quad (2\text{-}18)$$

3. ELU

ELU 函数融合了 Sigmoid 函数和 ReLU 函数,具有左侧软饱性。其变化曲线如图 2-9 所示。

其定义如式(2-19)所示。

$$y = f(s) = \begin{cases} \alpha(\exp(s) - 1), & s \leqslant 0 \\ s, & s > 0 \end{cases} \quad (2\text{-}19)$$

其中,α 是一个能够调整的参数,当 ELU 函数的输

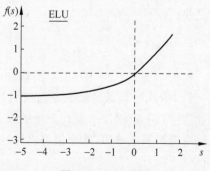

图 2-9 ELU 函数

入小于零时,它控制着函数在何时饱和。函数左右两侧功能不同,左侧软饱和能够让 ELU 函数面对输入变化或噪声时鲁棒性更明显,而右侧线性部分使得 ELU 函数能够缓解梯度消失的问题。与 Sigmoid 函数和 ReLU 函数相比,ELU 函数的收敛速度更快,是因为它的输出均值更接近 0。

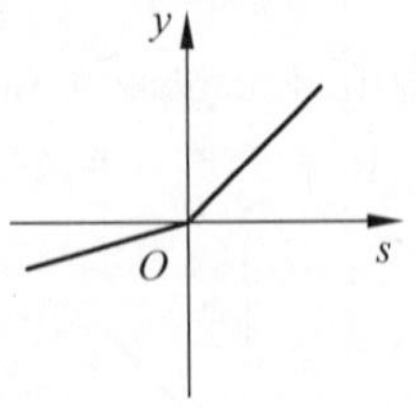

4. LReLU

LReLU 函数是由 ReLU 函数变化而来,变化曲线如图 2-10 所示。

图 2-10 LReLU 函数

当函数的输入小于 0 时,函数的输出不再恒为 0,对应不同的负值有相应的变化,降低了 ReLU 函数的稀疏性,对 ReLU 函数导致神经元死亡的问题有一定的缓解。其非线性程度没有 ReLU 函数强大,是因为它有负数的输出。其表达式如式(2-20)所示。我们一般设置这个系数为较小的值,如 0.01,保证在输入为负值时有微弱的输出。

$$y = f(s) = \begin{cases} \alpha s, & s \leqslant 0 \\ s, & s > 0 \end{cases} \tag{2-20}$$

5. PReLU

PReLU 函数是由 ReLU 函数和 LReLU 函数改进而来,变化曲线如图 2-11 所示。该函数具有非饱和性,其表达式如式(2-21)所示。

$$y = f(s) = \begin{cases} \alpha s, & s \leqslant 0 \\ s, & s > 0 \end{cases} \tag{2-21}$$

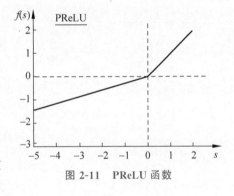

图 2-11 PReLU 函数

相比 LReLU 函数,PReLU 函数在 $s<0$ 时的斜率是根据数据来定的,而非预先定义的,一般 α 初始值取 0.25。

虽然 PReLU 函数比 ReLU 函数和 ELU 函数多引入了参数,但是不会出现过拟合,同时表现出更好的性能。因为 PReLU 函数的输出均值更接近 0,使得随机梯度下降(Stochastic Gradient Descent,SGD)与自然梯度(natural gradient)更接近,所以它比 ReLU 函数收敛速度更快。

6. RReLU

从数学特征上看,RReLU 函数和 PReLU 函数图像相同,两者高度相似,如图 2-11 所示。但 RReLU 函数的参数是随机的,所以 RReLU 函数是一种非确定性激活函数,这种随机性能够在一定程度上起到正则效果。而 PReLU 函数中的 α 与数据相关,是一个在给定范围内随机抽取的值,这个值可以通过实验确定,这是它们的不同之处。

7. MPELU

MPELU 函数将分段线性与 ELU 函数统一到了一起,图像如图 2-12 所示。其定义如式(2-22)所示。

$$y = f(s) = \begin{cases} \alpha(e^{\beta s} - 1), & s \leqslant 0 \\ s, & s > 0 \end{cases} \quad (2\text{-}22)$$

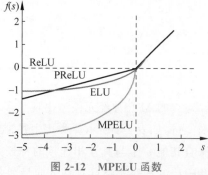

图 2-12 MPELU 函数

α 和 β 可以使用正则。α,β 取值为 1 时,MPELU 函数退化为 ELU 函数;β 取值很小时,MPELU 函数近似为 PReLU 函数;当 α 为 0 时,MPELU 函数与 ReLU 函数等价。

MPELU 函数同时具备 ReLU 函数、PReLU 函数和 ELU 函数的优点,所以它的推广能力最强。它拥有 ELU 函数的收敛性质,能够在不需要批归一化的情况下让多层网络收敛。

8. Maxout

ReLU 函数经过推广可得到 Maxout 函数,其发生饱和是一个零测集事件(measure zero event)。定义如式(2-23)所示。

$$y = f(s) = \max(w_1^T s + b_1, w_2^T s + b_2, \cdots, w_n^T s + b_n) \quad (2\text{-}23)$$

Maxout 函数能够拟合任意凸函数,其原理在视觉处理领域存在已久。Maxout 函数通过增加参数和计算量,既缓解了梯度消失问题,又规避了 ReLU 函数神经元死亡的缺点。

随着深度学习领域研究的深入,涌现出了各种形式的激活函数,各个激活函数都有其自身的特点,在实际应用过程中,如何选取合适的激活函数,尚未有统一的标准,需要根据实际实验情况进行考量。一般来说,在实验过程中可先使用不需要引入其他参数的激活函数,如 ELU 函数、ReLU 函数等;然后可以考虑使用拥有学习能力的函数,如 PReLU 函数等。

2.3 M-P 神经元模型

从 20 世纪 40 年代开始,研究者基于生物神经元的研究,提出了大量人工神经元模型。在众多模型中,人工神经元数学模型是大多数模型的基础,它的提出者是美国心理学家 McCulloch 和数学家 Pitts,通常将这个模型称为 M-P 神经元模型(简称 M-P 模型)。M-P 模型是一种以单个生物神经元的结构和工作原理为依据构建的抽象模型。

2.3.1 基础 M-P 神经元模型

M-P 模型由三部分组成,即加权求和、线性动态系统和非线性函数映射。为了使建模更加简单,便于形式化的表达和理解,可以先忽略时间整合和不应期等复杂因素,把神经元的突触时延和强度当作常数,建立 M-P 模型,其结构如图 2-13 所示。

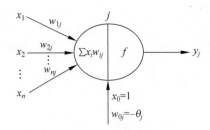

图 2-13　M-P 模型结构

建立的 M-P 神经元模型出现了多个变量,可以通过对比生物神经元的特性来理解模型以及变量,如表 2-1 所示。类比生物神经元在传递信号的过程中,一个神经元细胞势必会获得来自其他 n 个与其互相连接的神经元细胞的刺激,因此对于模型中 n 个与第 j 个神经元互相连接的神经元结点 i,输入向量如式(2-24)所示。

$$\boldsymbol{X}_j = (x_1, x_2, \cdots, x_n) \tag{2-24}$$

其中,$x_i(i=1,2,3,\cdots,n)$ 表示输入神经元的状态,其取值均为 0 或 1,0 表示神经元的抑制状态输入,1 表示兴奋状态输入。

表 2-1　生物神经元模型与人工构造的 MP 模型的对比

生物神经元	神经元	输入信号	权值	输出	总和	膜电位	阈值
M-P 模型	j	x_i	w_{ij}	y_j	$\sum$	$\sum_{i=1}^{n} w_{ij} x_i(t)$	$-\theta_j$

从结点 i 到神经元 j 的加权向量对应了输入神经元的每一个结点 i 对神经元 j 的刺激程度,如式(2-25)所示。

$$\boldsymbol{W}_j = (w_{1j}, w_{2j}, \cdots, w_{nj}) \tag{2-25}$$

其中,$w_{ij}(i=1,2,3,\cdots,n)$ 表示输入神经元结点 i 与神经元结点 j 之间的连接权值。

若神经元结点 j 的阈值为 $-\theta_j$,则神经元结点 j 输入的加权和结点 s_j,如式(2-26)所示。

$$s_j = \sum_{i=1}^{n} x_i w_{ij} - \theta_j \tag{2-26}$$

在 M-P 模型中,各个神经元输出的状态均为抑制状态或兴奋状态,用数学符号表示就是 0 或 1,所采用的转移函数为阶跃函数,因此神经元结点 j 输出状态可以表示为式(2-27)。

$$y_j = f(s_j) = f\left(\sum_{i=1}^{n} x_i w_{ij} - \theta_j\right) = \begin{cases} 1, & s_j > 0 \\ 0, & s_j \leqslant 0 \end{cases} \tag{2-27}$$

M-P 模型的另一种形式,令 $w_{0j} = -\theta_j$,$x_0 = 1$,则 M-P 神经元模型可以表示为式(2-28)。

$$y_j = f(s_j) = f\left(\sum_{i=0}^{n} x_i w_{ij}\right) = \begin{cases} 1, & s_j > 0 \\ 0, & s_j \leqslant 0 \end{cases} \tag{2-28}$$

2.3.2 延时 M-P 模型

生物神经元在传递信号时,由于输入与输出之间的突触延搁会造成一定的延时,因此在设计模型时要将突触时延纳入考虑范围时,令 τ_{ij} 为神经元结点 i 到神经元结点 j 的突触时延,故对基础 M-P 模型进行改进如式(2-29)所示。

$$y_j(t) = f(s_j) = f\left(\sum_{i=1}^{n} x_i w_{ij}(t - \tau_{ij}) - \theta_j\right)$$

$$= \begin{cases} 1, & \sum_{i=1}^{n} x_i w_{ij}(t - \tau_{ij}) > \theta_j \\ 0, & \sum_{i=1}^{n} x_i w_{ij}(t - \tau_{ij}) \leqslant \theta_j \end{cases} \quad (2\text{-}29)$$

神经元的工作节奏取决于突触时延,加入突触时延 τ_{ij} 后,所有的神经元具有了相同的、恒定的工作节奏。

如果神经元之间的突触时延 τ_{ij} 为常数,那么神经元之间的连接权值也为常数,如式(2-30)所示。

$$w_{ij} = \begin{cases} 1, & x_i \text{ 为兴奋型输入} \\ 0, & x_i \text{ 为抑制型输入} \end{cases} \quad (2\text{-}30)$$

2.3.3 改进的 M-P 模型

除了突触时延之外,生物神经元还有不应期(refractory period)这一特性。不应期是指在生物对某一刺激发生反应后,在一定时间内,即使再给予刺激,也不发生反应。一般称此期间为不应期。在一次兴奋后出现兴奋性消失或降低的有序变化,分为绝对不应期与相对不应期。绝对不应期是指可兴奋组织在接受第一个有效刺激而兴奋后的一个较短时期内,兴奋性下降至零,先前的阈强度成为无限大,无论再用多么强大的刺激都不能再产生兴奋,即在这一时期内施加的第二个有效刺激归于无效,这一段时期称为绝对不应期(absolute refractory period)。相对不应期是指可兴奋细胞在受到刺激产生兴奋,在绝对不应期之后,细胞的兴奋性较低,阈刺激不能引起兴奋,但较强的刺激可引起其兴奋,产生低于正常的动作电位,这一时期称为相对不应期(relative refractory period)。

改进后的延时 M-P 模型参考了生物神经元不应期和时间整合的运行机制,如式(2-31)所示。

$$y_j(t) = f\left(\sum_{j=1}^{n} x_j w_{jj}(t - k\tau_{jj}) + \sum_{i=1}^{n} x_i w_{ij}(t - k\tau_{ij}) - \theta_j\right) \quad (2\text{-}31)$$

其中,$\sum_{i=1}^{n} x_i w_{ij}(t - k\tau_{ij})$,$(k=1,2,3,\cdots,n)$ 表示对过去的所有输入进行时间整合,w_{ij} 随着 k 的变化而变化,并且

$$w_{ij}(k) \triangleq \begin{cases} > 0, & \text{兴奋型突触} \\ \leqslant 0, & \text{抑制型突触} \end{cases} \quad (2\text{-}32)$$

式(2-31)式中的 $w_{jj}(k)$ 表示神经元内的反馈连接权值

$$w_{jj}(k) = \begin{cases} -\alpha, & \theta_j = \infty, & \text{绝对不应期} \\ -h(k), & \beta < \theta_j < \infty, & \text{相对不应期} \\ 0, & \theta_j \leqslant \beta, & \text{反应期} \end{cases} \quad (2\text{-}33)$$

其中,α 为正数;$h(k)$ 为单调递减的指数函数。

改进的 M-P 模型与延时 M-P 模型的主要区别在于改进的 M-P 模型反映了生物神经元的结构可塑性,即其中的连接权值 $w_{jj}(k)$ 可以增大或减小。

2.4 神经网络的互连结构

神经网络无法凭借单个神经元完成对大量复杂信息的处理。神经元相互连接构成了一个庞大的网络,通过各个神经元间互相传递信息完成了对于庞大信息的存储与处理功能。神经网络若想要具备类似于人脑处理的功能,需要将神经元按照某种处理规则连接为一个网络,完成学习与识别工作。

神经网络的互连模式主要有前向网络结构、层次反馈网络结构、层内互连前向网络结构和有反馈的互连非层次结构。

(1) 前向网络结构:又称无反馈的层内无互连层次结构,其结构如图 2-14 所示。

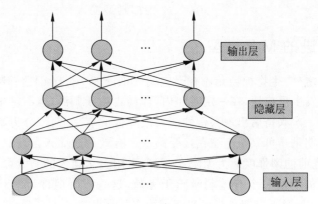

图 2-14 前向网络结构

前向网络将神经元分成数层,每一层神经元只接受来自前一层神经元的信息,并且神经元之间没有反馈,输入模式经过若干层逐次处理之后得到输出层结果。

在这种结构中,输入层与输出层被称为可见层,而中间各层则被称为隐藏层。其中,输入层不具备计算能力,仅用于数据的输入。隐藏层神经元的作用是处理信息,接收并处理上一层神经元输入的多个信息,但每个神经元只有一个输出值。输出层则用于输出最终计算得到的信息处理结果。

(2) 层次反馈网络结构:又称为有反馈的层内无互连层次结构,其结构如图 2-15 所示。

输入层与输出层之间有连接是层次反馈网络结构与前向网络结构主要区别。在这种结构中,输入层不仅拥有计算能力,还能够根据输出层的结果反馈来调节输入层的输入。

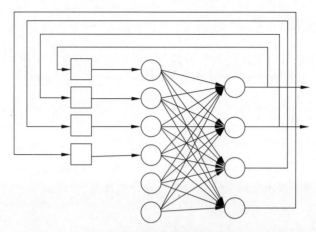

图 2-15　层次反馈网络结构

（3）层内互连前向网络结构：又称为无反馈的层内互连层次结构，其结构如图 2-16 所示。

层内互连前向网络将层内神经元之间相互连接后，可以实现同一层神经元之间横向抑制或兴奋的机制。这种结构不仅可以限制在一层中，同时激活的神经元的个数，还可以将一层中的神经元进行分组，从而使得这些神经元可以作为一个组进行整体处理。

（4）有反馈的互连非层次结构：其结构如图 2-17 所示。

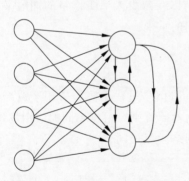
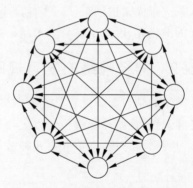

图 2-16　层内互连前向网络结构　　　图 2-17　有反馈的互连非层次结构

有反馈的互连非层次结构中不存在层次关系，任何两个神经元之间都可能存在连接。当有信息输入时，数据便会在各个神经元之间进行反复传递，使整个神经网络处于动态处理的过程。当网络对数据进行若干次处理之后，网络可能会进入平衡状态、振荡状态或其他状态。

2.5　神经网络的学习

神经网络模型仅依靠拓扑结构并不能直接进行应用，想要发挥神经网络模型的性能，则需要有一套完整的学习规则与之配合。本节将介绍神经网络模型的一个非常重要的特性，即"学习能力"。

2.5.1 神经网络的学习方式

神经网络的特点是可以从环境中学习并对自身进行迭代更新。神经网络的学习方式一般可以归结为三类：有监督学习(有导师学习)、无监督学习(无导师学习)和半监督学习。

1. 有监督学习

有监督学习也称作有导师学习，指利用有标签的样本作为训练集训练得到一个最优的模型，该模型拥有将所有的输入映射为相应输出的能力。有监督学习是学习已知分类的有标签样本的特征，实现对无标记、未分类的样本进行贴标签、分类。

2. 无监督学习

与有监督学习相反，无监督学习是利用无标签的数据集进行建模，无监督学习需要自行学习无标签数据的特征，在无法预知样本类别的前提下设计样本分类器。无监督学习通常有两种方法：一种是基于概率密度的方法；另一种是基于样本相似度的方法。

3. 半监督学习

半监督学习(Semi-Supervised Learning,SSL)是模式识别和机器学习领域研究的重点问题，是监督学习与无监督学习相结合的一种学习方法。半监督学习同时使用未标记和已标记数据来进行模式识别工作。当使用半监督学习时，在减少人工工作量的同时又能够带来比较高的准确性，因此半监督学习越来越受到人们的重视。

2.5.2 神经网络的学习规则

神经网络的学习训练过程是不断调整连接权值的过程，过程中隐含着用于改变连接权值的方法和规则，这些改变权值的方法和规则就称为学习规则。根据不同的应用场景，采用相应的学习规则和算法，本节介绍几种常见的神经网络学习规则。

1. Hebb 学习规则

1949 年，心理学家 Hebb 对神经元之间连接强度的变化规则进行了分析，并基于此提出了著名的 Hebb 学习规则。Hebb 认为，如果两个神经元在同一时刻被激活，则它们之间的联系应该被强化。Hebb 学习规则如式(2-34)所示。

$$w_{ij}(n+1) - w_{ij}(n) = \alpha x_i(n) y_j(n) \tag{2-34}$$

其中，$w_{ij}(n+1)$ 和 $w_{ij}(n)$ 分别表示第 $n+1$ 次调整后和调整前神经元 i 到神经元 j 之间的连接权值；α 是学习速率；$x_i(n)$ 和 $y_j(n)$ 为结点 i 在 n 时刻的输入和结点 j 在 n 时刻的输出。

Hebb 规则属于无监督学习算法的范畴，其主要思想是根据两个神经元的激活状态来调整其连接强度，从而模拟简单神经活动。Hebb 学习规则与"条件反射"机理一致，并且已经得到了神经细胞学说的证实。目前，Hebb 学习规则仍在各种神经网络模型中起着重要的作用。

2. 误差修正型学习规则

误差修正型学习规则是一种有监督的学习方法,根据实际输出和期望输出的误差修正网络连接权值,对网络误差进行约束,将其控制在可接受的范围内,最终达到预期的结果。

误差修正法权值的调整与网络的输出误差有关,它包括δ学习规则、Widrow-Hoff学习规则、感知机学习规则和误差反向传播的BP(Back Propagation)学习规则。

1) δ学习规则

1986年,McClelland和Rumelhart在学习训练中引入了δ学习规则,δ学习规则也可以称为连续感知机学习规则。δ学习规则用来解决在输入输出已知的情况下神经元连接权值的学习问题,该算法通过不断调整连接权值的方式使神经元的实际输出和期望输出达到一致,其学习式如(2-35)所示。

$$e = (d_j - y_j)y'_j = [d_j - f(W_j^T X)]f'(W_j^T X) \tag{2-35}$$

显然,$f'(W_j^T X)$是转移函数的导数,所以δ规则要求转移函数可导。

为了调整神经元i到神经元j之间的连接权值w_{ij},定义神经元j的期望输出与实际输出之间的平方误差如式(2-36)所示。

$$E = \frac{1}{2}(d_j - y_j)^2 = \frac{1}{2}[d_j - f(W_j^T X)]^2 \tag{2-36}$$

由此可得误差梯度为

$$\nabla E = -(d_j - y_j)f'(W_j^T X)X \tag{2-37}$$

想要令误差E最小,W_j应该与误差的负梯度成正比,∇E为误差梯度,权值调整计算如式(2-38)所示。

$$\Delta W_j = -\alpha \nabla E = \alpha (d_j - y_j)f'(W_j^T X)X \tag{2-38}$$

分量调整计算如式(2-39)所示。

$$w_{ij}(n+1) - w_{ij}(n) = \alpha x_i(n)(d_j - y_j)f'(W_j^T X) \tag{2-39}$$

其中,α为学习速率,$\alpha > 0$。

从直观上来说,δ学习规则是当神经元i的实际输出比期望输出大时,减小与已激活神经元的连接权重,同时增加与已抑制神经元的连接权重;当神经元i的实际输出比期望输出小时,增加与已激活神经元的连接权重,同时减小与已抑制神经元的连接权重。通过这样的调节过程,神经元会将输入和输出之间的正确映射关系存储在权值中,从而具备了对数据的表示能力。

2) Widrow-Hoff学习规则

1962年,Widrow-Hoff学习规则由Widrow和Hoff提出,也称为最小均方差(Least Mean Square,LMS)学习规则,是因为它使神经元的期望输出与实际输出之间的平方差最小。

LMS学习规则的学习信号如式(2-40)所示。

$$e = d_j - y_j = d_j - W_j^T X \tag{2-40}$$

调整神经元i到神经元j之间的连接权值w_{ij}的方法如式(2-41)所示。

$$w_{ij}(n+1) - w_{ij}(n) = \alpha x_i(n)[d_j - f(W_j^T X)] \tag{2-41}$$

实际上,若$y_j = f(W_j^T X) = W_j^T X$,则有$f'(W_j^T X) = 1$,因此LMS学习规则也可以被看

作 δ 学习规则的一种特殊情况。

3) 感知机学习规则

美国学者 Rosenblatt 于 1958 年定义了一个具有单层计算单元的神经网络结构——感知机,感知机的学习规则也称为离散感知机学习规则。

感知机学习规则规定,学习信号等于神经元的期望输出与实际输出之差,如式(2-42)所示。

$$e = d_j - y_j \tag{2-42}$$

其中,d_j 为期望输出;y_j 为实际输出,$y_j = f(W_j^T X)$;$f(\cdot)$ 为阈值型函数。

权值调整如式(2-43)所示。

$$w_{ij}(n+1) - w_{ij}(n) = \alpha x_i(n)[d_j - f(W_j^T X)] \tag{2-43}$$

其中,$w_{ij}(n)$ 表示第 $n+1$ 次调整前神经元 i 到神经元 j 之间的连接权值;$w_{ij}(n+1)$ 表示第 $n+1$ 次调整后神经元 i 到神经元 j 之间的连接权值;α 为学习速率,$\alpha>0$;x_i 为结点 i 的输出,它是提供给结点 j 的输入之一。

感知机是二分类的线性判别模型,感知机学习规则只适用于二进制神经元,初始权值可取任意值。

3. 相关学习规则

相关学习规则仅根据相互连接的神经元的激活水平调整连接权值,被广泛应用在能够实现自联想记忆的神经网络模型中。

相关学习规则规定学习信号如式(2-44)所示。

$$e = d_j \tag{2-44}$$

其中,e 为学习信号;d_j 是神经元 j 的期望输出。

权值调整如式(2-45)所示。

$$w_{ij}(n+1) - w_{ij}(n) = \alpha x_i(n) d_j \tag{2-45}$$

其中,α 为学习速率,$\alpha>0$;x_i 为结点 i 的输出,是提供给结点 j 的输入之一。相关规则表明,当 d_j 是 x_i 的期望输出时,相应的权值增量与两者的乘积成正比。相关学习规则是有监督学习,且权值初始化为零。

4. 随机学习规则

采用随机学习规则的随机型神经网络的学习训练过程中,随机改变一个连接权值,之后计算该权值改变后的神经网络的能量,并按照下列规则来决定是否接受对该连接权值的调整。

(1) 若神经网络的能量降低,则接受对此连接权值的调整;

(2) 若神经网络的能量没有降低,则根据一个预先选定的概率分布(如高斯分布等)来判断是否接受对此连接权值的调整;

(3) 若该连接权值导致的变化高于这一概率分布,则接受对此连接权值的调整;若该连接权值导致的变化低于这一概率分布,则拒绝对此连接权值的调整。

如果(3)中接受了对连接权值的调整,虽然可能会暂时降低网络的性能,但从总体上看,却可能避免网络陷入局部极小点而到达全局最小点。

5. 内星和外星学习规则

神经网络中有两类常见结点：内星结点和外星结点，其特点如图 2-18 和图 2-19 所示。

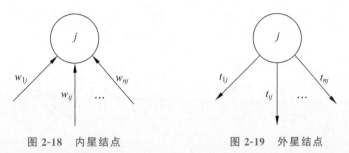

图 2-18　内星结点　　　　　　图 2-19　外星结点

图 2-18 内星结点只接收输入加权信号，对应的权值向量称为内星权向量；图 2-19 中的外星结点只发出输出加权信号，对应的权值向量称为外星权向量。

内星学习规则规定内星结点的输出是输入向量 X 与内星权向量 W 的点积。该点积反映了 X 与 W 的相似程度，其权值调整方法如式(2-46)所示。

$$\Delta w_{ij}(n) = w_{ij}(n+1) - w_{ij}(n) = \eta [x_i(n) - w_{ij}(n)] \tag{2-46}$$

其中，η 为学习率。

外星学习规则属于有导师学习，其目的是生成一个期望的输出模式 Y。设对应的外星权向量用 T 表示，其权值调整方法如式(2-47)所示。

$$\Delta t_{ij}(n) = t_{ij}(n+1) - t_{ij}(n) = \eta [y_i(n) - t_{ij}(n)] \tag{2-47}$$

其中，η 为学习率。

6. 胜者为王学习规则

胜者为王学习规则是一种竞争学习规则，用于无监督学习，一般选取网络中的某一层作为竞争层，竞争层的所有 m 个神经元对一个特定的输入 X 都有输出响应，响应值最大的神经元为在竞争中获胜的神经元，该神经元被激活，故称为 Winner Takes All。

此算法可分为三步：

(1) 向量归一化。将当前输入模式向量 X 和竞争层中各神经元对应的内星权向量 $W_j (j=1,2,\cdots,m)$ 全部进行归一化处理，如式(2-48)所示。

$$\hat{X} = \frac{X}{\|X\|} = \left[\frac{x_1}{\sqrt{\sum_{j=1}^{n} x_j^2}}, \frac{x_2}{\sqrt{\sum_{j=1}^{n} x_j^2}}, \cdots, \frac{x_n}{\sqrt{\sum_{j=1}^{n} x_j^2}} \right]^T \tag{2-48}$$

(2) 寻找获胜神经元。当网络得到一个输入模式向量时，竞争层的所有神经元对应的内星权向量均与其进行相似性比较，并将最相似的内星权向量判为竞争获胜神经元。

以欧氏距离度量方法计算相似性，如式(2-49)和式(2-50)所示。

$$\|\hat{X} - \hat{W}_{j^*}\| = \min_{j \in \{1,2,\cdots,m\}} \{\|\hat{X} - \hat{W}_j\|\} \tag{2-49}$$

$$\| \hat{X} - \hat{W}_j \| = \sqrt{(\hat{X} - \hat{W}_j)^{\mathrm{T}}(\hat{X} - \hat{W}_j)} = \sqrt{\hat{X}^{\mathrm{T}}\hat{X} - 2\hat{W}_j^{\mathrm{T}}\hat{X} + \hat{W}_j^{\mathrm{T}}\hat{W}_j^{\mathrm{T}}}$$
$$= \sqrt{2(1 - W_j^{\mathrm{T}}\hat{X})} \tag{2-50}$$

从式(2-49)可以看出,要使两单位向量的欧氏距离最小,需要使两向量的点积最大,如式(2-51)所示。

$$\hat{W}_{j^*}^{\mathrm{T}}\hat{X} = \max_{j \in \{1,2,\cdots,m\}}(\hat{W}_j^{\mathrm{T}}\hat{X}) \tag{2-51}$$

其中,$\hat{W}_{j^*}^{\mathrm{T}}\hat{X}$ 为竞争层神经元的净输入。

(3) 网络输出与权值调整。规定胜者为1,败者为0,如式(2-52)和式(2-53)所示。

$$O_j(t+1) = \begin{cases} 1, & j = j^* \\ 0, & j \neq j^* \end{cases} \tag{2-52}$$

$$\begin{cases} W_{j^*}(t+1) = \hat{W}_{j^*}(t) + \Delta W_{j^*} = \hat{W}_{j^*}(t) + \alpha(\hat{X} - \hat{W}_{j^*}), & j = j^* \\ W_j(t+1) = \hat{W}_j(t), & j \neq j^* \end{cases} \tag{2-53}$$

步骤(3)完成后回到步骤(1)继续训练,直到学习率衰减到0。

2.6 本章实践

前面介绍了 M-P 神经元模型的结构和原理,本节主要利用 M-P 模型具体实现与门。

与门是实现逻辑"乘"运算的电路,有两个或两个以上输入端,一个输出端。只有当所有输入端都是高电平(逻辑"1")时,该电路输出才是高电平,否则输出为低电平(逻辑"0")。输入与门的数学逻辑表达式为:$Y = A \cdot B$,对应的真值表如表 2-2 所示。

表 2-2 与门的真值表

输入 A	输入 B	输出 Y
0	0	0
0	1	0
1	0	0
1	1	1

M-P 模型是模拟生物神经元结构和工作原理,将输入进行加权求和然后再经过阶跃函数的运算,加权和大于阈值 h 就输出 1,否则输出 0。

M-P 模型可以实现与、或、非逻辑运算,这里只介绍逻辑与的实现,其他可自己动手实现。可以用式(2-54)实现与门($w_1 = 1, w_2 = 1, h = 1.5$)。

$$y = f(x_1 + x_2 - 1.5) \tag{2-54}$$

其具体实现及主要代码如下,详细代码参见随书资源。

(1) 定义输入输出数据及指定参数。

```
# 定义输入数据,有4种输入情况
x = np.array([[0, 0], [0, 1], [1, 0], [1, 1]])
```

```python
# 输出期望值
d = np.array([0, 0, 0, 1])
# 指定参数权值 w、阈值 h,w1 = 1, w2 = 1, h = 1.5
w = np.array([[1, 1]])
h = 1.5
```

(2) 将输入数据进行加权和操作,并通过阶跃函数的运算(式(2-27))得出结果。

```python
# 定义阶跃函数
def step(a):
    if a > 0:
        return 1
    else:
        return 0
k = 0
for index in range(len(x)):
    y = step(np.dot(w, np.array(x[index]).T) - h)
    if y == d[index]:           # 只有四次结果全都正确才认为实现了与门
        k = k + 1
    print("输入:" + str(x[index]) + " 实际输出:" + str(y) + " 期望输出:" + str(d[index]))
```

(3) 绘图。通过得出的结果,可以找到一条分界线,相当于将结果进行分类。这条分界线根据激活函数来画出来的,由于这里使用的是阶跃函数,所以分界点为加权和 $s=0$。又根据式(2-25)得出该程序中加权和 $s=w_1 \times x_1 + w_2 \times x_2 - h$,则得到 $x_2 = (h - w_1 \times x_1) \div w_2$,从而绘出分界线。

```python
# 绘图显示点和分界线
def draw(p, q, a):
    x1 = np.arange(0, 2, 0.1)
    x2 = (a - p * x1) / (q)
    # 绘制散点
    plt.scatter(1, 1, color = 'red')
    plt.scatter(0, 0, color = 'blue')
    plt.scatter(0, 1, color = 'blue')
    plt.scatter(1, 0, color = 'blue')
    # 绘制直线
    plt.plot(x1, x2)
    plt.xlabel("x1")
    plt.ylabel("x2")
    plt.show() # 显示坐标图
if k == 4:
    # 打印指定 w,h 的值
    print("权值 w=" + str(w) + " 阈值 h=" + str(h).split('.')[0] + '.' +
        str(h).split('.')[1][:2])
    w1 = float(str(w).split(' ')[0][2:])
    w2 = float(str(w).split(' ')[1][0])
    # 实现公式
    print("与门: y = f(" + str(w1) + " * x1 + " + str(w2) + " * x2 - " + str(h) + ")")
    # 绘图
```

```
    draw(w1, w2, h)
else:
    print("参数不正确,无法实现与门,需要进一步调整")
```

综上,程序的流程图如图 2-20 所示。

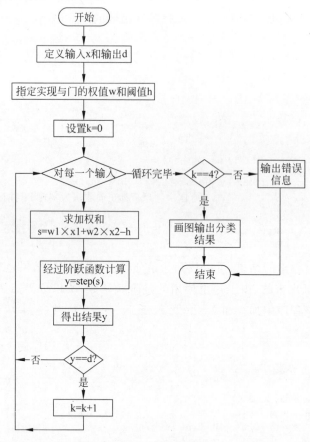

图 2-20　程序流程图

图 2-21 为实现与门后对结果的分类情况,图 2-22 为运行程序后的输出结果。

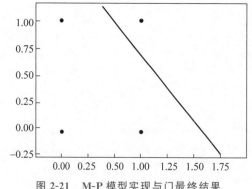

图 2-21　M-P 模型实现与门最终结果

图 2-22　程序运行结果

M-P 模型是神经网络的起源,是模拟生物神经元的结构和工作原理的最简单模型,所以也有很多的不足:

(1) 它仅有逻辑运算的功能;
(2) 参数权值 w、阈值 h 只能靠人为设置,没有可以学习的训练算法;
(3) 不能解决线性不可分的问题;
(4) 激活函数为阶跃函数,限制了它的能力,只能进行分类。

M-P 模型实现的功能很有限,所以一般也不常使用,但 M-P 模型是构成复杂神经网络模型或深度学习模型的基础。

2.7 习题

1. 以下神经网络学习规则中,学习方式是无导师的(无监督的)是( )。
   A. Hebb 学习规则   B. Widrow-Hoff 学习规则?( )
   C. 相关学习规则   D. δ 学习规则
2. (多选)误差修正学习规则包括了哪几种学习规则?( )
   A. δ 学习规则   B. 竞争学习规则
   C. Widrow-Hoff 学习规则   D. 感知机学习规则
3. 请简述生物神经元的功能。
4. 在人工神经元的形式化描述中如何体现生物神经元的信息处理特征?
5. 请列举人工神经元与生物神经元在功能上相似的每对构成部分,并简单说明人工神经元该部分的功能。
6. 请简述至少三种激活函数,并说出它们的表达式和特点。
7. M-P 模型由哪几部分组成?
8. M-P 模型改进的方式都有什么?
9. 神经网络有几种互连结构?每种结构的作用和它们之间的区别是什么?
10. 神经网络的学习方式中,监督学习和无监督学习的区别是什么?试举例说明。
11. 试对比神经网络不同学习规则的权值调整方案和学习方式。
12. 利用 M-P 模型实现或门。

第 3 章

感 知 机

CHAPTER 3

生物神经元对信息的传递与处理是通过各个神经元之间突触的兴奋或抑制作用实现的。根据这一事实,美国学者 Rosenblatt 于 1957 年提出了一种具有单层计算单元的神经网络,称为感知机(perceptron)。该模型是神经网络与支持向量机(Support Vector Machine,SVM)的基础,不仅如此,深度学习的很多模型也是以感知机模型为基础。感知机是神经网络与深度学习的重要模型之一,具有结构简单、运算和收敛速度较快、实用性强等特点。

3.1 感知机原理

感知机是基于层内无反馈无互联的层次结构所构建的线性二分类模型,属于有监督的学习算法,根据隐藏层的情况可将其分为单层感知机和多层感知机。

3.1.1 单层感知机

单层感知机(Single-Layer Perceptron,SLP)仅有输入层和输出层,结构如图 3-1 所示。最早的单层感知机模型只有一个输出结点,它相当于一个单独的神经元,其功能是对输入的数据进行正确的分类,即通过输入和输出正确的模式对样本进行学习后,使模型可以对输入数据进行 0、1 分类。首先,将训练数据输入到单层感知机中,然后单层感知机利用已有的模型调整参数并计算出结果,最后输出结果。单层感知机是层内无反馈无互连的层次结构,即输入层结点只与输出层结点进行全连接。单层感知机通过评估输出结果与期望值之间的误差,对输入层与输出层的连接权值进行调整,以获得一个最佳模型。

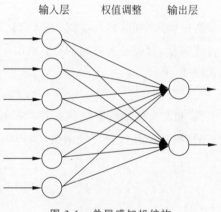

图 3-1 单层感知机结构

由于单层感知机只有一层功能神经元,其学习能力极其有限,所以单层感知机模型只能解决线性可分问题,而无法解决更加复杂的线性不可分问题,具有局限性。为了解决复杂的线性不可分问题,学者们又提出了多层感知机模型,随着感知机模型发展日益成熟,这一模型在很多领域都有广泛的应用。

3.1.2 多层感知机

多层感知机(Multi-Layer Perceptron,MLP)由单层感知机推广而来,其模型至少有三层。第一层为输入层,最后一层为输出层,中间层为隐藏层,隐藏层的数量根据实际需要进行调整。

图 3-2 多层感知机结构

如图 3-2 所示,这是一个多层感知机结构的经典模型,由输入层、输出层和一层隐藏层构成。输入层的各神经元没有信息处理能力,只是将输入数据进行输出。输入层和隐藏层之间全连接,隐藏层将经过激活函数变换的结果作为输出。假设输入信息用向量 X 表示,则隐藏层的输出就是 $f(W_1 X + b_1)$,其中,W_1 为连接权值向量(或连接系数向量),b_1 是偏置量(即前面章节所提到的阈值,在神经网络里常称为偏置量),函数 f 可以是 Sigmoid 函数、Tanh 函数以及其他常用的激活函数。

由此可见,一个多层感知机中,其重点在于各层之间的连接权值以及偏置量。连接权值W_1和偏置量b_1的取值将直接影响整个感知机模型的分类效果。通常,在训练模型之前,需要初始化所有参数,然后进行循环迭代地训练,通过不断地调整连接权值和偏置量,直到满足某个条件为止(比如误差足够小、迭代次数足够多等)。

多层感知机的基本特征:①网络中每个神经元包含一个可微的非线性激活函数;②网络的输入层和输出层之间包含一个或多个隐藏层;③网络展示出高度的连接性,连接强度是由突触权值决定的。

3.2 感知机模型

假设输入空间(特征空间)是$X \subseteq R^n$,输出空间是$Y \subseteq \{+1,-1\}$。输入$x \subseteq X$表示实例的特征向量,对应输入空间的点;输出$y \subseteq Y$表示实例的类别。输入空间到输出空间的函数如式(3-1)所示。

$$f(x) = \text{sign}(w \cdot x + b) \tag{3-1}$$

其中,w和b为感知机的模型参数;w为连接权值或权值向量;b为偏置量;$w \cdot x$表示w和x的内积;sign()是符号函数,如式(3-2)所示。

$$\text{sign}(x) = \begin{cases} -1, & x < 0 \\ 0, & x = 0 \\ 1, & x > 0 \end{cases} \tag{3-2}$$

也可以采用Sigmoid()等其他转移函数。

感知机是一种线性分类模型,属于判别模型。感知机模型的假设空间是定义在特征空间中的所有线性分类模型或者线性分类器,即函数集合,如式(3-3)所示。

$$\{f \mid f(x) = w \cdot x + b\} \tag{3-3}$$

3.3 感知机算法

在单层感知机模型中可以调整输入层和输出层之间的连接权值,在多层感知机模型中输入层至隐藏层之间的连接权值固定不变,只能调整隐藏层和输出层之间的连接权值。无论哪种模型,连接权值的调整都是按照感知机学习算法进行的。感知机学习算法是基于随机梯度下降法来对损失函数进行最优化的算法,有原始形式和对偶形式。

3.3.1 随机梯度下降法

随机梯度下降法(Stochastic Gradient Descent,SGD)是优化神经网络的基础迭代算法之一,其思想是:在随机、小批量的子集上计算出的梯度,近似于在整个数据集上计算出的真实梯度。SGD每一步用小批量样本迭代更新权重,如式(3-4)和式(3-5)所示。

$$w_{t+1} = w_t + \Delta w_t \tag{3-4}$$

$$\Delta w_t = -\eta \nabla_w E(w_t) \tag{3-5}$$

其中,η 是算法的学习率;$E(w_t)$ 是第 t 次迭代权重 w_t 的损失函数;$\nabla_w E(w_t)$ 为权重 w 在 t 时刻关于损失函数的一阶梯度,简记为 g_t;w_{t+1} 为 $t+1$ 时刻的权重值;w_t 为 t 时刻的权重值;Δw 为梯度算子,即每次迭代权重的更新部分。

随机梯度下降法的训练速度较快,每次迭代的计算量较小,但是训练速度较快会牺牲一部分准确度,并且最终的计算结果并不一定是最优解,整个过程的实现相对复杂,迭代次数也较多。

3.3.2 感知机学习算法

感知机学习算法是对以下最优化问题的算法。给定一个训练数据集,如式(3-6)所示。

$$T = \{(\boldsymbol{x}_1, \boldsymbol{y}_1), (\boldsymbol{x}_2, \boldsymbol{y}_2), \cdots, (\boldsymbol{x}_N, \boldsymbol{y}_N)\} \tag{3-6}$$

其中,$\boldsymbol{x}_i \in X \subseteq \mathbf{R}^N, \boldsymbol{y}_i \in Y \subseteq \{-1, +1\}, i = 1, 2, \cdots, N$,求参数 w、b,使其为式(3-7)中损失函数极小化问题的解:

$$\min_{w,b} L(w,b) = -\sum_{x_i \in M} y_i (w \cdot x_i + b) \tag{3-7}$$

其中,M 为误分类点的集合。

感知机学习算法是采用随机梯度下降法进行误分类驱动。首先,任意选取一个超平面 $w_0 x + b_0 = 0$,然后用梯度下降法不断地极小化损失函数,见式(3-7)。极小化过程中不是一次性使 M 中所有的误分类点的梯度下降,而是每次随机选取一个误分类点使其梯度下降。

假设误分类点集合 M 是固定的,那么损失函数 $L(w,b)$ 的梯度由式(3-8)和式(3-9)给出。

$$\nabla_w L(w,b) = -\sum_{x_i \in M} y_i x_i \tag{3-8}$$

$$\nabla_b L(w,b) = -\sum_{x_i \in M} y_i \tag{3-9}$$

随机选取一个误分类点 (x_i, y_i),对 w、b 进行更新,更新规则如式(3-10)和式(3-11)所示。

$$w \leftarrow w + \eta y_i x_i \tag{3-10}$$

$$b \leftarrow b + \eta y_i \tag{3-11}$$

其中,η 是步长($0 < \eta \leqslant 1$),又称为学习率(learning rate)。算法多次迭代的目标是使损失函数 $L(w,b)$ 不断减小,直到为 0 或小于设定值。

综上所述,得到如下算法:

算法 1(感知机学习算法的原始形式)

输入:训练数据集 $T = \{(\boldsymbol{x}_1, \boldsymbol{y}_1), (\boldsymbol{x}_2, \boldsymbol{y}_2), \cdots, (\boldsymbol{x}_N, \boldsymbol{y}_N)\}$,其中,$\boldsymbol{x}_i \in X \subseteq \mathbf{R}^N$;$y_i \in Y \subseteq \{-1, +1\}$;$i = 1, 2, \cdots, N$;学习率 $\eta (0 < \eta \leqslant 1)$。

输出:w, b;感知机模型 $f(x) = \text{sign}(w \cdot x + b)$。

训练过程如下:

(1) 设置初值 w_0、b_0;
(2) 在训练集中随机选取样本点 (x_i, y_i);
(3) 如果 $y_i(w \cdot x_i + b) \leqslant 0$,表示为误分类,则更新参数:

$$w \leftarrow w + \eta y_i x \tag{3-12}$$

$$b \leftarrow b + \eta y_i \tag{3-13}$$

(4) 转至步骤(2),直至训练集中没有误分类点。

从直观的角度分析:当一个实例点被误分类,即位于分离超平面 $S:w \cdot x+b$ 的错误一侧时,则调整 w,b 的值,使分离超平面向该误分类点的一侧移动,以减少该误分类点与超平面间的距离 $\frac{1}{\|w\|}|w \cdot x_i + b|$,直至误分类点被划分到正确的一侧。

算法 2(感知机学习算法的对偶形式)

对偶形式的思想:设一共有 N 个样本,对于每一个在更新过程中被使用了 n_i 次的样本 (x_i, y_i),即在所有的学习循环次数中,有 n_i 次中将该样本作为了误分类点,故用它去更新参数。

原始形式 $w \leftarrow w + \eta y_i x_i$ 和 $b \leftarrow b + \eta y_i$ 就可以写成式(3-14)和式(3-15)。

$$w = \sum_{i=1}^{N} n_i \eta y_i x_i = \sum_{i=1}^{N} \alpha_i y_i x_i \tag{3-14}$$

$$b = \sum_{i=1}^{N} n_i \eta y_i = \sum_{i=1}^{N} \alpha_i y_i \tag{3-15}$$

其中,$\alpha_i = n_i \eta, \alpha_i \geqslant 0; i=1,2,3,\cdots,N; n_i$ 代表对第 i 个样本的学习次数;当 $\eta=1$ 时,表示第 i 个实例点由于误分类进行的更新次数,更新次数越多意味着该样本距离超平面越近,越难以分类。感知机模型如式(3-16)所示。

$$f(x) = \text{sign}(w \cdot x + b) = \text{sign}\left(\sum_{j=1}^{N} \alpha_j y_j x_j \cdot x + b\right) \tag{3-16}$$

输入:训练数据集 $T = \{(\boldsymbol{x}_1, \boldsymbol{y}_1), (\boldsymbol{x}_2, \boldsymbol{y}_2), \cdots, (\boldsymbol{x}_N, \boldsymbol{y}_N)\}$,其中,$\boldsymbol{x}_i \in X \subseteq \mathbf{R}^N$; $y_i \in Y \subseteq \{-1, +1\}$; $i=1,2,\cdots,N$;学习率 $\eta(0 < \eta \leqslant 1)$;

输出:$\boldsymbol{\alpha}$、b;感知机模型 $f(x) = \text{sign}\left(\sum_{j=1}^{N} \boldsymbol{\alpha}_j \boldsymbol{y}_j \boldsymbol{x}_j \cdot \boldsymbol{x} + b\right)$;其中 $\boldsymbol{\alpha} = (\alpha_1, \alpha_2, \cdots, \boldsymbol{\alpha}_N)^{\text{T}}$。训练过程如下:

(1) 初始化 $\boldsymbol{\alpha} = 0, b = 0$;
(2) 在数据集中选取数据 $(\boldsymbol{x}_i, \boldsymbol{y}_i)$;
(3) 判断是不是误分类点 $\boldsymbol{y}_i \left(\sum_{j=1}^{N} \boldsymbol{\alpha}_j \boldsymbol{y}_j \boldsymbol{x}_j \cdot \boldsymbol{x} + b \right) \leqslant 0$,如果是,即发生误判,则对 $\boldsymbol{a}_i$、

b_i 进行更新,如式(3-17)和式(3-18)所示。

$$a_i \leftarrow a_i + \eta \tag{3-17}$$

$$b_i \leftarrow b_i + \eta y_i \tag{3-18}$$

(4) 重复步骤(2),直到所有点都被正确分类。

从对偶形式的计算式可以看到,样本之间的计算是 $x_i \cdot x_j$,其余计算是 N 维向量的矩阵,其中 N 是样本个数。因此对偶形式适用于样本个数比特征空间的维数小的情况。

从以上推导可以看出,感知机学习算法的原始形式和对偶形式在本质上一样,但从具体的计算过程来看,感知机学习算法的对偶形式的数据点仅以向量内积的形式出现。

3.4 感知机改进算法

感知机自身结构的限制使得感知机在处理一些问题时存在缺陷。对感知机进一步研究后,学者们提出了以下几种改进的感知机算法。

1. 口袋算法

原始的感知机算法只能对线性可分的问题进行处理,而在处理线性不可分的问题时,则会发生算法无法停止的震荡现象。在实际工作中许多学者设计出各种规则使算法终止(例如设置最大迭代次数、学习步长骤减等),但是最终解的性质是不确定的。

为了应对这些问题,Gallant 在感知机算法的迭代过程中引入一个口袋权向量来存放正确运行次数最多的感知机权向量,其目标是找到一个最优解,并称这一感知机的改进算法为口袋算法(pocket algorithm)。在口袋算法中,需要遵循两条规则:

(1) 样本必须随机选取;
(2) 需要进行一些检查以防结果劣化。

口袋算法在处理过程中采用了贪心的近似处理,添加了一个用于存放正确运行次数最多的感知机权重与阈值的口袋权向量 W,若在一次训练中得到的结果 W_f 较 W 更好,则用 W_f 取代 W,否则保留 W。采用口袋算法的感知机模型在处理含有噪声的数据时表现良好。

2. 核感知机算法

处理非线性分类问题的另一种方法是基于核函数的非线性感知机算法,也被称为核感知机(kernel perceptron)算法。由于当一个问题在当前维度不可分时,在更高维度的空间将有一定的概率被分开。因此,可以将模式向量映射到一个高维向量空间,在该空间中进行感知机处理,在这个运算期间仅使用两个向量的内积计算,最后用核函数代替内积计算,从而可以进行非线性处理。在核感知机算法中,基于核的非线性决策函数如式(3-19)所示。

$$f^{\varphi}(x) = \sum_{i=1}^{I} a_i y_i (x_i, x) + \beta \tag{3-19}$$

核感知机的迭代公式则如式(3-20)所示。

$$\begin{cases} a_i \leftarrow a_i + k(x_i, x_j) y_i y_j \\ \beta \leftarrow \beta + y_j \end{cases} \tag{3-20}$$

其中,满足 $f^{\varphi}(x)y_j \leqslant 0$ 时才进行迭代; $i=1,2,\cdots,n$; $k(x_i,x_j)$ 是满足 Mercer 条件的核函数。

只要满足 Mercer 条件的核函数,就可以用其来构造非线性感知机。Mercer 条件是指:对于任意的对称函数 $K(x,x')$,它是某个特征空间中的内积运算的充要条件是,对于任意的 $\varphi \neq 0$ 且 $\int \varphi^2(x)\mathrm{d}x < \infty$,则有:

$$\iint K(x,x')\varphi(x)\varphi(x')\mathrm{d}x\mathrm{d}x' > 0 \tag{3-21}$$

目前常用的核函数有线性核、多项式核、高斯核等。虽然核感知机对于复杂分类处理有较好的效果,但是在不可分问题处理上仍存在无法确定终止条件、终止时解的性质不确定等问题。为此国内外许多学者对于核感知机进一步改进,提出基于核函数的非线性口袋算法,即核口袋算法。核口袋算法主要利用口袋算法的思想,在核感知机算法中加入适当的检查,来改善核感知机的性能。

3. 表决感知机算法

Rosenblatt 和 Frank 在 1957 年提出的表决感知机(也称投票感知机,voted perceptron)充分利用具有大分界面的线性可分数据加快运算的速度。该方法的实现原理是假设特征向量为 $\boldsymbol{X}$,$\boldsymbol{X}$ 的标签 y 的取值范围为 $\{-1,1\}$。该算法会在开始时设定一个预测向量 $\boldsymbol{v}=0$,作为以后预测新的特征向量 $\boldsymbol{X}$ 的标签。即 $y'=\mathrm{sign}(\boldsymbol{v}\cdot\boldsymbol{x})$。如果预测值 y' 不等于真实值 y,则更新预测向量 $\boldsymbol{v}$,即 $\boldsymbol{v}=\boldsymbol{v}+y\boldsymbol{x}$。如果 y 与 y' 相同,则 $\boldsymbol{v}$ 不变。这个过程将会反复进行。

4. 蜂群感知机算法

在感知机算法的基础上,有学者利用人工蜂群算法的特性提出了一种蜂群感知机算法(bee colony perception),其目的是要解决感知机算法在计算过程中寻找的分离超平面不唯一的问题。蜂群优化算法最终得到的分离超平面的分类效果优于传统的感知机。

感知机是从训练数据集学习分离超平面,把训练数据集分为正类和负类。但学习得到的分离超平面不唯一,原因是感知机迭代算法与初始迭代点的选取和迭代终止条件有关,使得感知机的泛化能力较差。将蜂群智能算法引入感知机的学习算法中,构建了感知机的迭代损失函数,其反映的是误分类点的个数。如式(3-22)所示。

$$\begin{cases} L(\hat{\omega}) = \sum_{x_i \in M} \dfrac{1}{2}[\mathrm{sign}(-y_i(\hat{\omega}\cdot\hat{x}_i))+1] \\ -1 \leqslant \hat{\omega} \leqslant 1 \end{cases} \tag{3-22}$$

为了与蜂群算法吻合,将迭代损失函数取为蜂群算法的适应度函数,蜂群算法优化感知机分离超平面的过程就是最大化适应度函数的过程。如式(3-23)所示。

$$\max \mathrm{fit}(\hat{\omega}) = -\sum_{x_i \in M} \dfrac{1}{2}[\mathrm{sign}(-y_i(\hat{\omega}\cdot\hat{x}_i))+1] \tag{3-23}$$

蜂群感知机具体步骤流程如下:

(1) 初始化蜂群感知机模型中的控制参数,随机生成食物源的初始值。设置蜂群规模、循环次数、最大迭代步数、当前迭代步数、算法跳出循环标准等。

(2) 计算每个食物源的适应度函数值,记录最大适应度所对应的食物源、记录最优解。

(3) 采蜜蜂根据搜索更新法则(局部搜索、启发式搜索等)更新食物源,并计算相应的适应度函数值。如果新食物源的适应度函数值大于原食物源,则用新食物源代替原食物源,否则不变。

(4) 观察蜂根据采蜜蜂所提供的信息,根据轮盘赌法则更新被选中的食物源。

(5) 更新最大适应度所对应的食物源和最优解。

(6) 确定侦察蜂。若经过有限的循环次数 L 之后,某食物源没有得到更新,则放弃该食物源,同时该食物源所对应的采蜜蜂转变为侦察蜂,产生新的食物源。

(7) 若食物源更新的当前迭代步数小于跳出循环的标准,并且小于最大迭代步数,则当前迭代步数加1,返回(2);否则,跳出循环,保存全局最优解,停止算法运行。

此外,还有一些学者提出了平均感知机(Averaged Perceptron,AP)、信任权学习算法(confidence weighted)、被动主动算法(passive aggressive)等,对感知机的振荡现象、分类准确性等问题进行了研究与改进。

3.5 本章实践

微课视频

只有一层功能神经元的单层感知机模型学习能力有限,无法解决线性不可分的问题,为了弥补此局限,学者们又提出了多层感知机模型。本节主要利用多层感知机模型实现异或门。

异或门是数字逻辑中实现逻辑异或的逻辑门。有多个输入端、一个输出端,多输入异或门可由两输入异或门构成。若两个输入的电平相异,则输出为高电平1;若两个输入的电平相同,则输出为低电平。异或门的逻辑表达式为 $Y=A \oplus B$($\oplus$ 为"异或"运算符),对应的真值表如表 3-1 所示。

表 3-1 异或门的真值表

输入 A	输入 B	输出 Y
0	0	0
0	1	1
1	0	1
1	1	0

异或门可以通过或门、与非门、与门的简单组合而实现,如图 3-3 所示。

对于或门、与非门、与门这三种简单的逻辑电路均可通过结构相同的单层感知机实现,如图 3-4 所示,三个门电路之间只是权重 w_1、w_2 和偏置 b 的取值不同。

综上,异或门可通过如图 3-5 所示的二层感知机实现。

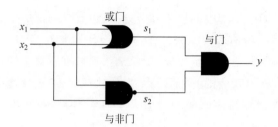

图 3-3 由或门、与非门、与门搭建异或门电路

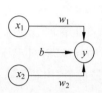

图 3-4 单层感知机实现或门、与非门、与门

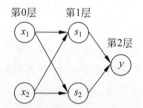

图 3-5 二层感知机实现异或门

其具体实现及主要代码如下。

1. 定义输入输出数据及指定参数

```
# 定义输入数据,有 4 种输入情况
x = np.array([[0, 0], [0, 1], [1, 0], [1, 1]])
# 定义输出数据的期望值
d = np.array([0, 1, 1, 0])
```

2. 分别定义或函数、与非函数、与函数

```
# 定义或函数,其中权重 w1 = 0.5,w2 = 0.5,偏置 b = -0.2
def OR(x1, x2):
    x = np.array([x1, x2])
    w = np.array([0.5, 0.5])
    b = -0.2
    tmp = np.sum(w * x) + b
    if tmp <= 0:
        return 0
    else:
        return 1

# 定义与非函数,其中权重 w1 = -0.5,w2 = -0.5,偏置 b = 0.7
def NAND(x1, x2):
    x = np.array([x1, x2])
    w = np.array([-0.5, -0.5])
    b = 0.7
    tmp = np.sum(w * x) + b
    if tmp <= 0:
```

```
        return 0
    else:
        return 1

# 定义与函数,其中权重 w1 = 0.5,w2 = 0.5,b = -0.7
def AND(x1, x2):
    x = np.array([x1, x2])
    w = np.array([0.5, 0.5])
    b = -0.7
    tmp = np.sum(w * x) + b
    if tmp <= 0:
        return 0
    else:
        return 1
```

3. 定义异或函数

```
# 定义异或函数
def EOR(x1, x2):
    s1 = OR(x1, x2)        # 第一层的 s1 由或函数得到
    s2 = NAND(x1, x2)      # 第一层的 s2 由与非函数得到
    y = AND(s1, s2)        # 异或函数的最终输出由 s1 和 s2 的与得到
    return y
```

4. 输出结果

```
k = 0
# 输出结果
print("二层感知机实现异或门")
for index in range(len(x)):
    y = EOR(x[index][0], x[index][1])
    if y == d[index]:
        k = k + 1
    print("输入:" + str(x[index]) + " 实际输出:" + str(y) + " 期望输出:" + str(d[index]))
if k != 4:
    print("参数不正确,无法实现异或门,需要进一步调整")
```

最终程序运行结果如图 3-6 所示。

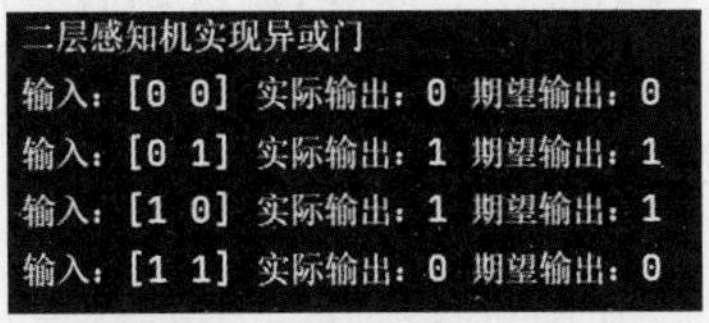

```
二层感知机实现异或门
输入:[0 0] 实际输出: 0 期望输出: 0
输入:[0 1] 实际输出: 1 期望输出: 1
输入:[1 0] 实际输出: 1 期望输出: 1
输入:[1 1] 实际输出: 0 期望输出: 0
```

图 3-6　程序运行结果

综上，程序的流程图如图 3-7 所示。

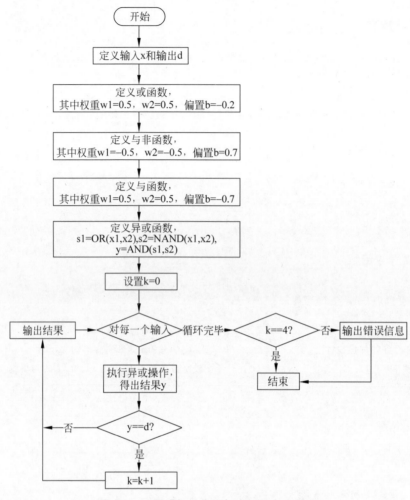

图 3-7 二层感知机实现与或门程序流程图

3.6 习题

1. 感知机模型主要用来解决什么问题？为什么会有单层感知机和多层感知机的区分呢？
2. 请简述感知机为什么不能处理异或问题。
3. 请根据感知机原始形式与对偶形式内容，说说两者之间的差异。
4. 感知机模型的局限性有哪些？应如何解决？
5. 请简述一种感知机改进算法。
6. 正样本点是 $x_1=(3,3)^T, x_2=(4,3)^T$，负样本点是 $x_3=(1,1)^T$，试用感知机学习算法对偶形式求感知机模型，试用代码实现感知机算法的对偶形式。
7. 有 4 类 8 个输入模式，分别表示如下：

类别 1：$X^1=(1,1)^T, X^2=(1,2)^T$
类别 2：$X^3=(2,-1)^T, X^4=(2,0)^T$
类别 3：$X^5=(-1,2)^T, X^6=(-2,1)^T$
类别 4：$X^7=(-1,-1)^T, X^8=(-2,-2)^T$

设计一个感知机模型求解此问题，并设定学习训练速率 $\alpha=1$，初始连接权值和阈值分别为 $\boldsymbol{W}=\begin{pmatrix}1&0\\0&1\end{pmatrix}, \boldsymbol{\theta}=\begin{pmatrix}-1\\-1\end{pmatrix}$，根据感知机学习算法训练该感知机。

第 4 章

误差反向传播神经网络

CHAPTER 4

1986 年，Rumelhart、Hinton 和 Williams 发表了著名的文章《通过误差反向传播进行表示学习》（*Learning Representations by Back-propagating Errors*），实现了 Minsky 对于多层神经网络的设想，并在《并行分布式处理：微小结构认知探索》（*Parallel Distributed Processing：Explorations in the Microstructure of Cognition*）中详细介绍并分析了误差反向传播算法（Error Back Propagation，BP），以此为结点进入了 BP 算法时代。

BP 神经网络是具有无反馈、层内无互连多层结构的神经网络。这种神经网络通过引入非线性连续变换函数，使得 BP 算法可以对网络进行迭代更新，因此网络具备了学习能力。以下将对 BP 神经网络进行详细的介绍。

4.1 BP 神经网络结构

BP 神经网络由输入层、一个或多个隐藏层、输出层组成。输入层负责接收数据，输出层负责输出数据，后一层的神经元接收经过激活函数处理过的前一层神经元传递的数据。常用的激活函数包括 Sigmoid 函数、ReLU 函数等。

BP 神经网络的输入层神经元个数与输入数据的维数相同，输出层神经元个数与需要拟合的数据特征维数相同，隐藏层神经元个数与层数需要设计者根据实际需求来设定。在深度学习出现之前，BP 神经网络的隐藏层层数通常为一层，即构成经典的三层 BP 神经网络，其网络结构如图 4-1 所示。

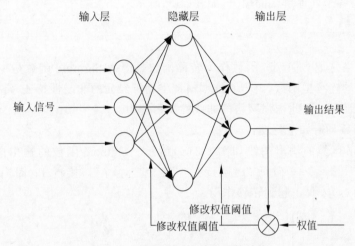

图 4-1 三层前馈 BP 神经网络结构

BP 神经网络是一种采用有监督学习方法进行训练的网络模型，神经网络通过 BP 算法，将预测值和标准值之间的误差从输出层到输入层反向逐层传播，在传播过程中，对各层神经元的连接权值和阈值进行更新，神经网络通过迭代"正向计算预测值-反向传播预测值和真实值的误差"这一过程，使误差逐渐收敛到可接受范围内，BP 神经网络达到学习目标，训练过程也随之结束。

神经元是 BP 神经网络最基本的处理单元，其结构如图 4-2 所示。

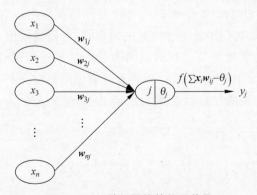

图 4-2 BP 神经网络的处理单元

其中，L1 层的 n 个处理单元与 L2 层的 p 个处理单元全连接，连接权值矩阵为 $\boldsymbol{W} = \{w_{ij}\}$；$i = 1, 2, \cdots, n$；$j = 1, 2, \cdots, p$；L1 层的 n 个处理单元的输出构成了 L2 层各个处理单元的输入 $\boldsymbol{X} = (\boldsymbol{x}_1, \boldsymbol{x}_2, \cdots, \boldsymbol{x}_i, \cdots, \boldsymbol{x}_n)^{\mathrm{T}}$；L2 层各个处理单元的阈值为 θ_j；$j = 1, 2, \cdots, p$；因此，L2 层各个处理单元接收的输入加权和，如式(4-1)所示。

$$s_j = \sum_{i=1}^{n} \boldsymbol{x}_i \boldsymbol{w}_{ij} - \theta_j, \quad j = 1, 2, \cdots, p \tag{4-1}$$

L2 层各个处理单元的输出由激活函数（也称转移函数）决定，BP 神经网络采用的激活函数通常是 Sigmoid 函数，如式(4-2)所示。

$$S(x) = \frac{1}{1 + \mathrm{e}^{-x}} \tag{4-2}$$

因此，L2 层各个处理单元的输出，如式(4-3)所示。

$$y_j = f(s_j) = \frac{1}{1 + \mathrm{e}^{-s_j}} \tag{4-3}$$

BP 神经网络选取 Sigmoid 函数作为转移函数是因为 Sigmoid 函数是一个输出范围为 (0,1) 且为 S 型的连续型函数，由于其能够模拟生物神经元的非线性特征，常被选取作为 BP 神经网络的激活函数，以此增强网络的非线性映射能力。

Sigmoid 函数具有如下特性：

（1）Sigmoid 函数的输出曲线如图 4-3(a)所示。Sigmoid 函数的输出曲线两端平坦，中间变化剧烈。当 $s < -5$ 时，$f(s)$ 接近 0；当 $s > 5$ 时，$f(s)$ 接近 1；而当 s 在 0 附近时 $(-5 \leqslant x \leqslant 5)$，$f(s)$ 才真正起到转移作用。

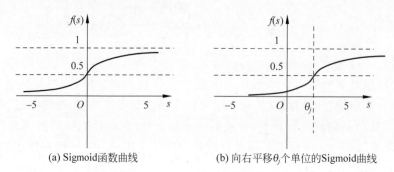

(a) Sigmoid 函数曲线　　(b) 向右平移 θ_j 个单位的 Sigmoid 曲线

图 4-3　Sigmoid 函数图示

（2）L2 层的神经元通过阈值 θ_j 模拟生物神经元的动作电位对输出进行调整。在 BP 神经网络进行迭代更新的过程中各个神经元的阈值 θ_j 与连接权值一起进行更新。神经元阈值 θ_j 在激活函数上的表现是使函数的输出曲线沿 x 轴进行平移，如图 4-3(b)所示，以 Sigmoid 函数为例，展示了神经元阈值 θ_j 对神经元输出的影响。

（3）Sigmoid 函数的一阶导数如式(4-4)所示

$$f'(x) = \frac{-1}{(1 + \mathrm{e}^{-x})^2} \mathrm{e}^{-x}(-1) = \frac{1}{1 + \mathrm{e}^{-x}} \frac{\mathrm{e}^{-x}}{1 + \mathrm{e}^{-x}} = f(x)[1 - f(x)] \tag{4-4}$$

$f(x)$ 与其一阶导数 $f'(x)$ 的对应输出曲线如图 4-4 所示。函数中间梯度大，越趋近于两端梯度越小，且处处可导。

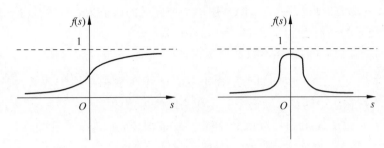

图 4-4　Sigmoid 函数及其导数

Sigmoid 函数作为激活函数的优点：函数输出范围有限，数据在传递的过程中不容易发散；函数求导较为容易。Sigmoid 函数作为激活函数的缺点：函数存在软饱和现象，即输入过大或过小时函数梯度变化不明显。

4.2　BP 学习算法

BP 神经网络的学习过程由信息前向计算（预测）与误差反向传播（误差回传）两个过程组成，BP 神经网络的核心是 BP 算法，其思想为：通过对连接权值求偏导的方式将预测值和标准值之间的误差逐层传递给神经元，并且更新各层神经元之间的连接权值。

4.2.1　BP 算法的过程

下面以经典的三层 BP 神经网络为例，介绍标准 BP 算法。

在图 4-5 中，输入向量为 $\boldsymbol{X}=(x_1,x_2,\cdots,x_n)^\mathrm{T}$，$n$ 为输入层神经元个数，与输入向量对应的标签向量为 $\boldsymbol{Y}=(y_1,y_2,\cdots,y_m)^\mathrm{T}$，$m$ 为输出层神经元个数，隐藏层净输入向量为 $\boldsymbol{S}=(s_1,s_2,\cdots,s_p)^\mathrm{T}$，输出向量为 $\boldsymbol{B}=(b_1,b_2,\cdots,b_p)^\mathrm{T}$，$p$ 为隐藏层神经元个数，输出层净输入向量为 $\boldsymbol{L}=(l_1,l_2,\cdots,l_m)^\mathrm{T}$，输出层实际输出向量为 $\boldsymbol{C}=(c_1,c_2,\cdots,c_m)^\mathrm{T}$，输入层到隐藏层的权值矩阵为 $\boldsymbol{W}=\{w_{ij}\}(i=1,2,\cdots,n,j=1,2,\cdots,p)$，隐藏层到输出层的权值矩阵为 $\boldsymbol{V}=$

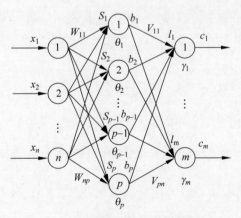

图 4-5　经典的三层 BP 神经网络

$\{v_{jt}\}(j=1,2,\cdots,p,t=1,2,\cdots,m)$,隐藏层单个神经元的阈值为 $\theta=\{\theta_j\}(j=1,2,\cdots,p)$,输出层单个神经元的阈值为 $\gamma=\{\gamma_t\}(t=1,2,\cdots,m)$。

BP算法的步骤如下(假设样本数据个数为: $k=1,2,\cdots,q$):

(1) 随机选取[−1,+1]的值赋值给连接权值 **W**、**V** 及阈值 θ、γ,对参数进行初始化。

(2) 从样本数据集中随机选取一个样本作为网络模型的输入。

(3) 使用输入向量 **X** 和连接权值 **W** 计算隐藏层神经元的净输入和输出。

隐藏层单个神经元的净输入如式(4-5)所示。

$$s_j = \sum_{i=1}^{n} w_{ij}x_i - \theta_j, \quad j=1,2,\cdots,n \tag{4-5}$$

隐藏层单个神经元的输出如式(4-6)所示。

$$b_j = f(s_j), \quad j=1,2,\cdots,p \tag{4-6}$$

其中,j 表示隐藏层第 j 个神经元;$f(\cdot)$ 为激活函数。

(4) 使用隐藏层的输出计算输出层神经元的净输入和实际输出。

输出层单个神经元的净输入如式(4-7)所示。

$$l_t = \sum_{j=1}^{p} v_{jt}b_j - \gamma_t, \quad t=1,2,\cdots,m \tag{4-7}$$

输出层单个神经元的实际输出如式(4-8)所示。

$$c_t = f(l_t), \quad t=1,2,\cdots,m \tag{4-8}$$

其中,t 表示输出层第 t 个神经元;$f(\cdot)$ 为激活函数。

(5) 使用预测输出 **Y**,计算输出层神经元的校正误差 d_t。

单个神经元的计算误差如式(4-9)所示。

$$\text{loss}_t = \frac{1}{2}(y_t - c_t)^2, \quad t=1,2,\cdots,m \tag{4-9}$$

单个神经元的计算误差对连接权值求偏导,得到单个神经元的校正误差,校正误差如式(4-10)所示。

$$d_t = (y_t - c_t)c_t', \quad t=1,2,\cdots,m \tag{4-10}$$

其中,$(y_t - c_t)$ 表示输出层预测输出与实际输出的差值;d_t 表示梯度。

(6) 使用步骤(5)中求得的校正误差 d_t 和激活函数的导数计算隐藏层神经元的校正误差 e_j。

隐藏层单个神经元的校正误差如式(4-11)所示。

$$e_j = \left[\sum_{t=1}^{m} v_{jt}d_t\right]f'(s_j), \quad j=1,2,\cdots,p \tag{4-11}$$

(7) 假设 $\alpha(0<\alpha<1)$ 为学习速率,修正输出层至隐藏层的连接权值 V 和隐藏层神经元的阈值 γ,如式(4-12)所示。

$$\begin{aligned}\Delta v_{jt} &= \alpha b_j d_t, \quad j=1,2,\cdots,p, \quad t=1,2,\cdots,m \\ \Delta \gamma_t &= \alpha d_t, \quad t=1,2,\cdots,m\end{aligned} \tag{4-12}$$

(8) 假设 $\beta(0<\beta<1)$ 为学习速率，修正输入层至隐藏层的连接权值 W 和隐藏层神经元的阈值 θ。如式(4-13)所示。

$$\Delta w_{ij} = \beta X_i e_j, \quad i=1,2,\cdots,n, \quad j=1,2,\cdots,p$$
$$\Delta \theta_j = \beta e_j, \quad j=1,2,\cdots,p \tag{4-13}$$

(9) 从剩余样本中随机选取一个样本作为网络模型的输入，重复步骤(3)至(8)，直至模型将所有样本学习结束。

(10) 判断网络全局误差 E 是否满足精度要求，即 $E \leqslant \varepsilon$，如果 E 满足要求训练结束；否则更新网络学习次数，即网络学习次数加1。

网络全局误差 E 如式(4-14)所示。

$$E = \frac{1}{2q} \sum_{k=1}^{q} \sum_{t=1}^{m} (y_t - c_t)^2 \tag{4-14}$$

(11) 判断网络模型学习次数是否小于规定的次数，如果小于，则返回到步骤(2)；否则模型训练结束。

以上的学习步骤中，(3)至(4)属于"输入正向传播过程"，(5)至(8)为"误差反向传播过程"，(9)完成"学习训练"，(10)至(11)为模型收敛过程。

4.2.2 BP 神经网络的优化算法

经典的 BP 算法使用梯度下降(Gradient Descent，GD)法对网络参数进行优化。梯度下降法的原理如下。

梯度下降法是一种最优化算法。许多优化算法都是以梯度下降法为基础进行改进和修正得到的。梯度下降法以负梯度方向为搜索方向，当求解结果越接近目标值时，它的步长越小，前进越慢，如图 4-6 所示。梯度下降法的计算过程是沿梯度下降的方向求解极小值或者沿梯度上升方向求解极大值。

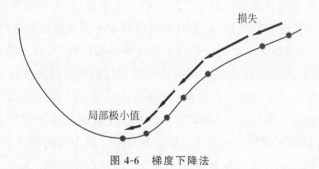

图 4-6 梯度下降法

梯度下降法的原理如下。

由数学原理可知，梯度方向为函数值增加最快的方向，那么梯度的反方向为函数值减少最快的方向。网络模型学习的目标是使误差函数 E 最小，因此选择梯度的反方向为下降方向更新连接权值和阈值，其过程如图 4-6 所示。由此可知 BP 神经网络中采用梯度下降法对权值进行更新的三要素为初始值、下降方向和步长。梯度下降法中的步长也称为学习率，学习率的选择影响模型效果,也就是说学习率过小,模型收敛速度慢;学习率过大,容易错过极值点,出现振荡现象。

以输出层的第 t 个神经元为例介绍误差函数使用梯度下降法学习的过程如下:

第 k 个样本的误差函数如式(4-15)所示。

$$E_k = \frac{1}{2}\sum_{t=1}^{m}(y_t - c_t)^2, \quad t=1,2,\cdots,m \tag{4-15}$$

隐藏层与输出层直接的连接权值 v_{jt} 的调整如式(4-16)所示。

$$\Delta v_{jt} = -\alpha \frac{\partial E_k}{\partial v_{jt}}, \quad j=1,2,\cdots,p, \quad t=1,2,\cdots,m \tag{4-16}$$

其中,负号表示梯度的反方向;α 表示学习率。

为了使 E_k 随着连接权值 v_{jt} 的调整沿着梯度方向下降,采用链式求导法如式(4-17)~式(4-19)所示。

$$\frac{\partial E_k}{\partial c_t} = -(y_t - c_t), \quad t=1,2,\cdots,m \tag{4-17}$$

$$\frac{\partial c_t}{\partial v_{jt}} = \frac{\partial c_t}{\partial l_t}\frac{\partial l_t}{\partial v_{jt}} = c'_t b_j, \quad j=1,2,\cdots,p, \quad t=1,2,\cdots,m \tag{4-18}$$

$$\Delta v_{jt} = -\alpha\frac{\partial E_k}{\partial v_{jt}} = -\alpha\frac{\partial E_k}{\partial c_t}\frac{\partial c_t}{\partial v_{jt}} = \alpha(y_t-c_t)c'_t b_j = \alpha d_t b_j, \quad j=1,2,\cdots,p, \quad t=1,2,\cdots,m$$

$$\tag{4-19}$$

其中,d_t 表示输出层单个神经元的校正误差;b_j 表示隐藏层的输出。

连接权值 w_{ij} 更新过程同理,如式(4-20)所示。

$$\Delta w_{ij} = -\beta e_j x_i, \quad (i=1,2,\cdots,n; j=1,2,\cdots,p) \tag{4-20}$$

其中,e_j 表示隐藏层单个神经元校正误差;x_i 表示样本输入。

使用样本训练模型的目的是令输出值近似等于实际值,输出值与实际值的误差越小表示网络模型拟合的效果越好。但是,初始时输出值和实际值并非近似相等,因此需要一个学习的过程。BP 神经网络模型学习的过程就是在反向传播过程中,使用梯度下降法迭代优化连接权值和阈值,找到误差函数 E 最小时对应的连接权值和阈值的过程。

梯度下降法的优点:每一步迭代简单,对初始点要求少。梯度下降法的缺点:由于梯度下降法对每一步都进行最优迭代,因此整体的收敛下降速度不一定是最快的。常见的梯度下降法包括批量梯度下降法(Batch Gradient Descent,BGD)、随机梯度下降法(Stochastic Gradient Descent,SGD)、小批量梯度下降法(Mini-Batch Gradient Descent,MBGD)等。

4.3 BP 神经网络学习算法的改进与优化

BP 神经网络作为被广泛应用的一种神经网络模型,它具备神经网络普遍的优点,但也存在一些缺陷。学者们针对 BP 神经网络的不足做出了相应的改进。

4.3.1　BP 神经网络的优点

1. 非线性映射能力

在训练 BP 神经网络模型时,只要输入足够多的有标签数据,神经网络就能够通过不断地训练来调整权值,从而获得输入与输出数据之间的非线性映射关系。

2. 容错能力强

采用大量的数据对 BP 神经网络进行训练,可以使神经网络学习到样本群体的统计特性,使得与群体有较大差异的个别样本在训练过程中不会对神经网络的参数产生较大的影响。

3. 泛化能力

训练好的 BP 神经网络以连接权值的形式将输入数据与输出之间的非线性映射关系存储在网络中,在其正常工作时,对于训练时未出现过的样本也能根据映射关系输出对应的结果。泛化能力的好坏是衡量一个模型优劣的重要指标。

4.3.2　BP 算法存在的问题

(1) 局部极值问题。从数学的角度看,BP 算法要解决的是复杂非线性化问题,但传统 BP 算法采用局部搜索的方式使神经网络的权值沿着局部改善的方向进行优化,容易使神经网络陷入局部极值点,导致神经网络达不到预期的训练结果。

(2) BP 神经网络对网络连接权值的初始化情况非常敏感,使用不同的权值初始化神经网络,会使 BP 神经网络收敛于不同的局部极小点,导致神经网络训练结果不稳定、收敛速度慢。

(3) 经典的 BP 算法采用梯度下降法对模型进行优化,由于训练样本之间存在样本偏差使得模型在训练过程中会出现"锯齿形"的现象;经典 BP 算法采用 Sigmoid 函数作为激活函数,使得神经元的输出接近 0 或 1 时必然会出现梯度饱和的现象,此时模型训练几乎停顿;BP 神经网络采用不同的学习率对模型的收敛速度有较大的影响,当学习率过小时模型收敛速度变慢,当学习率过大时模型收敛曲线会震荡。

BP 神经网络的隐藏层及神经元数量的选取缺乏理论指导,一般根据实际应用场景及经验选定。网络的结构对神经网络的判别能力及泛化能力有直接的影响,因此选取合适的网络结构至关重要。

(4) BP 神经网络预测能力和训练能力矛盾的问题。预测能力也称泛化能力或者推广能力,训练能力也称逼近能力或者学习能力。一般情况下,BP 神经网络训练能力差时,预测能力也差,并且一定程度上,预测能力会随着训练能力的提高而提高。但这种趋势一般存在一个极限,当达到此极限时,随着训练能力的提高,预测能力反而会下降,即出现"过拟合"现象。这是网络模型学习过多的样本细节所导致的结果,学习出的模型已不能反映样本内含的规律,所以如何把握好学习的度,解决网络预测能力和训练能力之间的矛盾问题也是 BP 神经网络的重要研究内容。

(5) BP 神经网络样本依赖性问题。由于 BP 神经网络通过训练数据进行有监督学习，算法本身并不具备联想能力，不能学习到训练样本之外的特征，训练数据集的质量对 BP 神经网络在应用过程中的判别能力有直接的影响。

(6) "喜新厌旧"。BP 神经网络的学习和记忆具有不稳定性。当一个训练完毕的 BP 神经网络用于新的学习任务时，由于神经网络对训练样本具有依赖性，因此已经学习完毕的网络连接权值会被破坏，导致已经学习到的非线性映射关系消失。例如一个已经训练好的识别"猫"和"狗"图像的 BP 神经网络，用"牛"和"羊"的训练样本重新训练时，神经网络会丢失对"猫"和"狗"图像的判别能力，为了避免这一现象，必须将原有训练数据和新训练数据一起提供给 BP 神经网络进行重新训练，这与人类大脑稳定的记忆有明显的区别。

(7) 梯度消失和梯度爆炸。在神经网络的反向传播过程中，接近输出层的隐藏层梯度正常，因此权值更新正常，但梯度向前传递过程中会不断减小，导致越靠近输入层的隐藏层权值更新缓慢或停滞，这种现象称为梯度消失。梯度消失导致神经网络的隐藏层相当于一个对所有的输入做函数映射的映射层，这时深度神经网络的学习等价于只有后几层的隐藏层在学习，很难达到深度神经网络预计的效果。

当初始化权值过大，大到乘以激活函数的导数后的结果都大于 1，随着迭代的进行，越靠近输入层的隐藏层变化越快，就会导致神经网络靠近输入层的权值越来越大，这种现象称为梯度爆炸。梯度爆炸是一种与梯度消失相反的情况，当进行反向传播时，梯度从后往前传，梯度不断增大，导致权值更新过大且不稳定，致使神经网络在最优点之间波动。

针对 BP 神经网络存在的这些问题，目前已有许多学者对其进行了研究，并提出了一些改进算法。

4.3.3 累积误差算法的 BP 神经网络

标准 BP 算法又被称为标准误差逆向传播算法，使用标准 BP 算法的神经网络各层连接权值的调整与每一次的期望输出和实际输出的均方差相关，即每一个训练样本对都对应着一次权值的校正。每一个样本对的误差值计算如式(4-21)所示。

$$E^k = \frac{1}{2} \sum_{t=1}^{q} (y_t - c_t)^2 \qquad (4-21)$$

其中，y_t 为期望输出值；c_t 为实际输出值。标准 BP 算法的更新规则基于单个样本对的误差值，这使得连接权值的调整过于频繁，不同训练样本对之间的调整效果可能会相互抵消，因此标准 BP 算法并不属于全局意义上的梯度下降。

累计 BP 算法又被称为累计误差校正算法，它的基本思想是首先对 q 个训练样本对的一般误差求和，再利用求和得到的网络全局误差对神经网络各层的连接权值进行调整。求和计算如式(4-22)所示。

$$E = \sum_{k=1}^{q} E^k \qquad (4-22)$$

累计 BP 算法与标准 BP 算法相比，优点是降低了更新频率，缩短了学习时间，适用于训练样本集相对较小的情况，缺点是容易将各个样本对的误差平均化，在某些情况下引起网络的振荡。

4.3.4　Sigmoid 函数输出限幅的 BP 算法

标准 BP 算法采用 Sigmoid 函数作为激活函数,将神经元的输入映射到(0,1)之间,由 Sigmoid 函数导数的图像(图 4-4)可知,函数的非线性映射对于输入值的敏感程度不同,当输入接近 0 时,函数的梯度变化较大;当输入过大或过小时,函数的梯度几乎为 0。神经网络中神经元 j 的输出 v_j 与神经元 i 之间的连接权值 w_{ij} 直接相关,如式(4-23)所示。当神经元 j 的输出 v_j 接近 0 或 1 时,连接权值的校正量 Δw_{ij} 几乎为 0,此时连接权值得不到有效更新。连接权值的更新过程如式(4-24)所示。

$$v_j = \sigma\left(\sum_{i=1}^{n} w_{ij} x_i\right) \tag{4-23}$$

$$w_{ij} \leftarrow w_{ij} + \Delta w_{ij} \tag{4-24}$$

为了缓解 Sigmoid 函数梯度饱和的问题,改进的算法对 Sigmoid 函数增加了上界和下界,当函数的输出值小于 0.01 时函数的实际输出为 0.01,当函数的输出值大于 0.99 时,函数的实际输出为 0.99。改进后神经元的输出如式(4-25)所示。

$$y = \begin{cases} 0.01, & \sigma\left(\sum_{i=1}^{n} w_{ij} x_i\right) < 0.01 \\ \sigma\left(\sum_{i=1}^{n} w_{ij} x_i\right), & 0.01 \leqslant \sigma\left(\sum_{i=1}^{n} w_{ij} x_i\right) \leqslant 0.99 \\ 0.99, & \sigma\left(\sum_{i=1}^{n} w_{ij} x_i\right) > 0.99 \end{cases} \tag{4-25}$$

改进后的神经网络更新神经元的连接权值时,如果神经元的输入使激活函数的输出小于 0.01 或大于 0.99,则神经元按 0.01 或 0.99 的梯度更新连接的权值。

4.3.5　增加动量项的 BP 算法

标准的 BP 算法中,学习速率的取值对训练效果有着重要的影响:学习速率设置过大,收敛速度较快,训练过程容易产生振荡。此外,标准 BP 算法在调整权值时只考虑本次的误差梯度下降方向,而不具备对前一次梯度下降方向的记忆性,这样也会降低收敛速度。为了解决这一问题,1986 年,Rumelhart 等提出附加动量项的权值调节方法,在标准的 BP 算法中引入了"动量项",带有动量项的权值调整如式(4-26)所示。

$$\Delta w_{ij}(n) = -\beta \frac{\partial E}{\partial w_{ij}} + \eta \Delta w_{ij}(n-1) \tag{4-26}$$

其中,η 为动量因子;$\eta \Delta w_{ij}(n-1)$ 为动量项;$0 < \eta < 1$;$-\beta$ 使调节尽快脱离饱和区。其作用分析如下:

当顺序加入训练样本时,公式可以写成变量 t 的时间序列,因此式(4-26)可以看作 Δw_{ij} 的一阶差分方程,对 Δw_{ij} 求解,如式(4-27)所示。

$$\Delta w_{ij}(n) = -\eta \sum_{t=0}^{n} \eta^{n-1} \frac{\partial E(t)}{\partial w_{ij}(t)} \tag{4-27}$$

当本次 $\frac{\partial E(t)}{\partial w_{ij}(t)}$ 与前一次同符号时，加权求和后值增大，使 $\Delta w_{ij}(n)$ 较大，从而在稳定调节时增加了 w 的调节速度；当本次 $\frac{\partial E(t)}{\partial w_{ij}(t)}$ 与前一次符号相反时，说明发生振荡，此时指数加权和的结果可以使 $\Delta w_{ij}(n)$ 减小，起到稳定的作用。

在式(4-26)中，为了计算简单，动量因子设为常量，会导致动量项在每次调整权值时所起的作用没有差异。为了使动量项的作用随着学习的过程而变化，可以将动量因子 η 替换为 $\eta(n)$，修改后的公式如式(4-28)所示。

$$\Delta w_{ij}(n) = -\beta \frac{\partial E}{\partial w_{ij}} + \eta(n)\Delta w_{ij}(n-1) \tag{4-28}$$

这样，动量项在实际学习过程中所起的作用将会逐渐改变，权值的调节也将会逐渐沿着平均方向变化。

增加了动量项的 BP 算法，其收敛速度将会得到一定的提高，其不足之处在于动量因子需要通过多次实验确定，过大的动量因子可能会削弱权值校正的效果，对收敛过程产生负作用。

4.3.6 学习率自适应调整算法

从 BP 算法的计算流程可知，预测值与真实值之间的误差经过反向传播对神经元之间的连接权值进行修订时，学习率是影响连接权值变化的关键变量，学习率的选取直接影响神经网络的收敛速度和收敛效果。如果学习率选取过小，神经网络收敛速度会变慢，如果学习率选取过大会使得神经网络波动。为高效且合理地选取神经网络的学习率，同时避免人工手动调整学习速率引入的额外误差，学者设计了学习率自适应调整算法，该算法可根据数据集的实际表现自适应地调整学习率。

自适应调整学习率的调整依据是，修正后的网络权值是否有效减小神经网络预测值与真实值之间的误差。随着神经网络的迭代，如果误差逐渐减小说明权值的修订方向正确，此时可以适当增大学习率。如果随着神经网络的迭代误差逐渐增大且超过了设定的阈值，说明误差修正方向错误，此时应该减少学习率。学习率自适应调整算法的表达式如式(4-29)所示。

$$\eta(n) = \begin{cases} a\eta(n-1), & E(n) < E(n-1) \\ \eta(n-1), & E(n-1) \leqslant E(n) \leqslant cE(n-1) \\ b\eta(n-1), & E(n) > cE(n-1) \end{cases} \tag{4-29}$$

其中，$\eta(n)$ 表示第 n 次迭代时权值更新的学习率；$E(n)$ 表示第 n 次迭代时神经网络预测值与真实值之间的误差；a、b、c 是都是常数，a 表示学习率增长因子，推荐取值范围分别是(1,2)；b 表示学习率减弱因子，推荐取值范围是(0,1)；c 表示误差修订阈值，推荐取值范围是(1,1.1)。

使用学习率自适应调整算法的 BP 算法可以避免因学习率值过大而引起的振荡问题，减少网络权值调整的时间成本和迭代次数，提高模型的收敛速度和算法的可靠性。

4.4 BP 神经网络的应用

BP 神经网络作为研究最多的神经网络模型之一，其应用领域不断扩展。迄今为止，BP 算法已经在工程、医学、交通、教育、经济等领域发挥了重要作用，成为目前应用最为广泛的神经网络学习算法。绝大多数的神经网络模型也是基于 BP 算法及其变化形式进行创新。本节将详细介绍 BP 算法的应用场景。

1. 工程领域

在土木工程领域，钢框架结构易遭受强震、暴风、台风的侵袭，加上钢框架结构自身的腐蚀、劳损，极易发生钢架结构的损伤，严重时甚至会导致整个结构的破坏。而 BP 神经网络具有高度的非线性、强大的学习能力、良好的容错性、鲁棒性等特点，因此将 BP 神经网络应用于结构的损伤定位和损伤诊断可以提高损伤识别过程中的反演速度和正确率，提高损伤检测的正确率。

类似地，在电气工程领域，BP 神经网络被用于对变压器的故障进行诊断。由于直接利用 BP 神经网络会在网络较深时遇到性能瓶颈，为提高诊断性能，一些研究对 BP 神经网络进行了改进，例如引入残差的概念，通过在 BP 神经网络中堆叠多个残差网络模块，将传统 BP 神经网络的恒等映射学习转化为残差学习。有研究将 BP 算法与仿生算法进行结合，借助仿生算法的全局搜索能力对 BP 网络赋予初始权值和阈值。

2. 医疗领域

BP 神经网络在医疗领域也有着重要应用。由于疾病产生的原因复杂多样，临床医生并不能对大量的样本病例进行良好地挖掘和分析，将 BP 算法应用于医学诊断可以有效利用病例信息，辅助医护人员加深对疾病的致病因素和疾病影响的把握，提高临床诊断水平和疾病的诊断效率。1989 年，BP 网络被应用于进行急性心肌梗死的诊断，这也是最早将神经网络应用于临床疾病诊断的案例。随后神经网络也被用于诊断呼吸衰竭、痴呆、精神病等疾病，均取得了良好的诊断结果。除了疾病诊断之外，BP 神经网络还被应用于影像学分析、医学信号检测等方面，逐步成为医学发展中的重要一环。

3. 交通领域

BP 神经网络主要应用于对实时动态交通流量的预测，在建设智能化交通、提高交通运输效率方面具有重要意义。由于交通流量预测需要考虑经济发展水平、人口增长、居民收入等宏观因素，以及货物运输量、旅客周转量等微观因素，而早期预测模型考虑的因素大多较为简单，因此将 BP 网络及其变化形式应用于预测便显示出独特的优越性。

4. 教育领域

在教育领域，科学评价一门课程的课堂教学质量和网络课程建设质量是一项复杂的工作。在目前的课堂评价体系之中，繁杂的客观指标和基于主观的因素也会干扰对课堂质量的评价。而 BP 神经网络在处理非线性系统的复杂问题中有着一定优势，将 BP 神经网络运用在课堂教学质量评价上,让训练好的神经网络模拟专家的身份进行评价处理,可以大幅减轻教务系统的负担。将 BP 网络与其他证据理论进行结合,进一步融合证据理论与神经网络的优势,提供更加精准、有效的课堂质量评估。

5. 经济领域

在经济领域中,使用 BP 网络建立经济模型可以对经济发展的前景做出测定,效果好于单独使用传统分析工具。将 BP 神经网络与其他回归预测模型进行结合,可以对股票未来的涨跌变化更加精准地预测,从而达到分散风险、提高投资收益的目的。将 BP 神经网络应用于房地产市场能够对房价进行的精准预测,得到降低房地产投资风险,规范房地产市场,具有良好的效果。

4.5 本章实践

本实验利用 BP 神经网络预测房价,采用波士顿房价(Boston house price)数据集,数据集说明如下:此数据源于美国某经济学杂志,用于分析研究波士顿房价,共包含 506 行、14 列。数据集中的每一行对应于影响波士顿某一城镇房价的各种数据,比如犯罪率、当地房产税率等。预测目标为 MEDV(自住房屋房价中位数,也就是均价),如图 4-7 所示。数据集部分标签说明如表 4-1 所示。

	CRIM	ZN	INDUS	CHAS	NOX	RM	AGE	DIS	RAD	TAX	PTRATIO	B	LSTAT	MEDV
2	0.00632	18.00	2.310	0	0.5380	6.5750	65.20	4.0900	1	296.0	15.30	396.90	4.98	24.00
3	0.02731	0.00	7.070	0	0.4690	6.4210	78.90	4.9671	2	242.0	17.80	396.90	9.14	21.60
4	0.02729	0.00	7.070	0	0.4690	7.1850	61.10	4.9671	2	242.0	17.80	392.83	4.03	34.70
5	0.03237	0.00	2.180	0	0.4580	6.9980	45.80	6.0622	3	222.0	18.70	394.63	2.94	33.40

图 4-7 数据集实例

表 4-1 数据集部分标签说明

CRIM:城镇人均犯罪率	ZN:住宅用地占比	INDUS:城镇非住宅地占比	CHAS:虚拟回归分析变量
NOX:环保指数	RM:每栋住宅的房间数	DIS:距离五个波士顿就业中心的加权距离	RAD:距离高速公路的便利指数

基于 Python 的实验过程如下。

1. 初始化数据集

```
# 数据集预处理
data_X = []
data_Y = []
with open('boston_house_prices.csv') as f:
    for line in f.readlines():
        line = line.split(',')
        data_X.append(line[:-1])
        data_Y.append(line[-1:])

# 转换为 nparray
```

```python
data_X = np.array(data_X, dtype = 'float32')
data_Y = np.array(data_Y, dtype = 'float32')
```

2. 数据归一化与分割数据集

```python
# 归一化
for i in range(data_X.shape[1]):
    _min = np.min(data_X[:, i])          # 每一列的最小值
    _max = np.max(data_X[:, i])          # 每一列的最大值
    data_X[:, i] = (data_X[:, i] - _min) / (_max - _min)    # 归一化到0～1

# # 分割训练集、测试集
X_train, X_test, y_train, y_test = train_test_split(
    data_X,                    # 被划分的样本特征集
    data_Y,                    # 被划分的样本标签
    test_size = 0.5,           # 测试集占比
    random_state = 0)          # 随机数种子,在需要重复试验时,保证得到一组一样
                               # 的随机数
```

3. 定义训练次数和批次

```python
# 定义每个批次大小
batch_size = 1
# 计算总批次的次数,以便迭代
n_batch = X_train.shape[0] // batch_size
# 训练次数
# max_step = 10000
```

4. 定义模型参数

```python
def variable_summaries(var):
    with tf.name_scope("summaries"):
        mean = tf.reduce_mean(var)
        tf.summary.scalar("mean", mean)                      # 均值
        with tf.name_scope("stddev"):
            stddev = tf.sqrt(tf.reduce_mean(tf.square(var - mean)))
        tf.summary.scalar("stddev", stddev)                  # 标准差
        tf.summary.scalar("max", tf.reduce_max(var))         # 最大值
        tf.summary.scalar("min", tf.reduce_min(var))         # 最小值
        tf.summary.histogram("histogram", var)               # 直方图
```

5. 定义命名空间

```python
# 定义一个命名空间
with tf.name_scope("input"):
    # 定义两个占位变量
```

```
x = tf.placeholder(tf.float32, [None, 13], name = "x - input")
y = tf.placeholder(tf.float32, [None, 1], name = "y - input")
# 设置参数设置 DROPOUT 参数
arg_dropout = tf.placeholder(tf.float32)
```

6. 定义神经网络

第一层神经网络如下。

```
with tf.name_scope("layer"):
    # 第一层网络
    with tf.name_scope('weight_1'):
        weight_1 = tf.Variable(tf.truncated_normal([13, 50], stddev = 0.1), name = 'weight_1')
        variable_summaries(weight_1)
    with tf.name_scope('bias_1'):
        bias_1 = tf.Variable(tf.zeros([50]) + 0.1, name = 'bias_1')
        variable_summaries(bias_1)
    with tf.name_scope('L_1_dropout'):
        L_1 = tf.nn.tanh(tf.matmul(x, weight_1) + bias_1)
        L_1_dropout = tf.nn.dropout(L_1, arg_dropout)
```

同理可以定义多层神经网络,最后一层神经网络如下。

```
with tf.name_scope("output"):
    # 创建最后一层神经网络
    with tf.name_scope('weight'):
        weight = tf.Variable(tf.truncated_normal([50, 1], stddev = 0.1), name = 'weight')
        variable_summaries(weight)
    with tf.name_scope('bias'):
        bias = tf.Variable(tf.zeros([1]) + 0.1, name = 'bias')
        variable_summaries(bias)
    with tf.name_scope('prediction'):
        prediction = tf.matmul(L_3_dropout, weight) + bias
```

7. 定义 Adam 梯度下降最小损失

```
with tf.name_scope("loss"):
    # 方法一: 二次代价函数
    loss = tf.reduce_mean(tf.square(prediction - y))
    # 方法二: 交叉熵
    # loss = tf.reduce_mean(tf.nn.softmax_cross_entropy_with_logits(labels = y, logits = prediction))
    tf.summary.scalar("loss", loss)
# adam 梯度下降方式最小化代价函数
```

```
train = tf.train.AdamOptimizer(1e - 4).minimize(loss)
# 合并所有的 summary 标量
merged = tf.summary.merge_all()
```

8. 模型的训练

```
# 训练
def get_Batch(image, label, batch_size, now_batch, total_batch):
    if now_batch < total_batch:
        x_batch = image[now_batch * batch_size:(now_batch + 1) * batch_size]
        y_batch = label[now_batch * batch_size:(now_batch + 1) * batch_size]
    else:
        x_batch = image[now_batch * batch_size:]
        y_batch = label[now_batch * batch_size:]
    return x_batch, y_batch

with tf.Session() as sess:
    saver = tf.train.Saver()
    sess.run(tf.global_variables_initializer())
    write = tf.summary.FileWriter("logs/", sess.graph)
    for epoch in range(max_step):
        train_loss_list = []
        for batch in range(n_batch):
            batch_xs, batch_ys = get_Batch(X_train, y_train, 1, batch, n_batch)
            summary, _, train_loss = sess.run([merged, train, loss], feed_dict = {x: batch_xs, y: batch_ys, arg_dropout: 0.5})
            train_loss_list.append(train_loss)
        write.add_summary(summary, epoch)
        if epoch % 100 == 0:
            print('epoch ' + str(epoch) + ' train_loss ' + str(np.mean(train_loss_list)))
```

9. 模型测试

```
for batch1 in range(n_batch):
    batch_xss, batch_yss = get_Batch(X_test, y_test, 1, batch1, n_batch)
    test_pre, test_loss = sess.run([prediction, loss], feed_dict = {x: batch_xss, y: batch_yss, arg_dropout: 1.0})
    test_loss_list.append(test_loss)
    true.append(batch_yss[0][0])
    pre.append(test_pre[0][0])
print('test_loss ' + str(np.mean(test_loss_list)))
```

实验结果如图 4-8 所示。
综上,程序的流程图如图 4-9 所示。

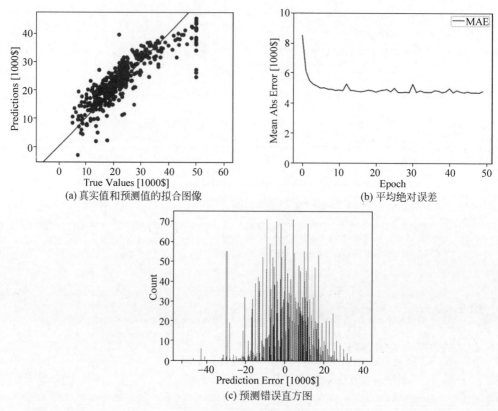

(a) 真实值和预测值的拟合图像
(b) 平均绝对误差
(c) 预测错误直方图

图 4-8 实验结果（见彩插）

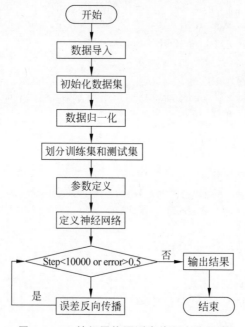

图 4-9 BP 神经网络预测房价程序流程图

4.6 习题

1. 感知机算法和 BP 算法有什么联系和区别？
2. 在实际应用中为什么会选择 Tanh 函数代替 Sigmoid 函数作为转移函数？
3. 简要概述反向传播算法的特性。
4. 学习率应该如何确定？
5. 写出一种带动量项的权值调整公式，并简述 BP 算法中添加动量项的好处。
6. 在 BP 神经网络改进时，我们提到了动量项的增加和自适应学习率的调整，后来也出现了自适应学习率动量梯度下降法，请简述其原理。
7. 标准的 BP 算法内在的缺陷有哪些？
8. 试用 BP 算法训练一个单隐藏层网络，并编程实现在"西瓜数据集 3.0"上预测"是否为好瓜"的应用，如表 4-2 所示。

表 4-2 西瓜数据集 3.0

编号	色泽	根蒂	敲声	纹理	脐部	触感	密度	含糖率	好瓜
1	青绿	蜷缩	浊响	清晰	凹陷	硬滑	0.697	0.460	是
2	乌黑	蜷缩	沉闷	清晰	凹陷	硬滑	0.774	0.376	是
3	乌黑	蜷缩	浊响	清晰	凹陷	硬滑	0.634	0.264	是
4	青绿	蜷缩	沉闷	清晰	凹陷	硬滑	0.608	0.318	是
5	浅白	蜷缩	浊响	清晰	凹陷	硬滑	0.556	0.215	是
6	青绿	稍蜷	浊响	清晰	稍凹	软粘	0.403	0.237	是
7	乌黑	稍蜷	浊响	稍糊	稍凹	软粘	0.481	0.149	是
8	乌黑	稍蜷	浊响	清晰	稍凹	硬滑	0.437	0.211	是
9	乌黑	稍蜷	沉闷	稍糊	稍凹	硬滑	0.666	0.091	否
10	青绿	硬挺	清脆	清晰	平坦	软粘	0.243	0.267	否
11	浅白	硬挺	清脆	模糊	平坦	硬滑	0.245	0.057	否
12	浅白	蜷缩	浊响	模糊	平坦	软粘	0.343	0.099	否
13	青绿	稍蜷	浊响	稍糊	凹陷	硬滑	0.639	0.161	否
14	浅白	稍蜷	沉闷	稍糊	凹陷	硬滑	0.657	0.198	否
15	乌黑	稍蜷	浊响	清晰	稍凹	软粘	0.360	0.370	否
16	浅白	蜷缩	浊响	模糊	平坦	硬滑	0.593	0.042	否
17	青绿	蜷缩	沉闷	稍糊	稍凹	硬滑	0.719	0.103	否

9. 使用 BP 算法完成对鸢尾花的分类。

第 5 章

Hopfield神经网络

CHAPTER 5

1982年,美国加州理工学院的生物物理学家 Hopfield 教授提出了一种模拟人脑联想记忆功能的单层反馈神经网络,后来人们将这种反馈网络称为 Hopfield 网络。1984年,Hopfield 和 Tank 用模拟电子线路实现了 Hopfield 网络,并用它成功地求解了旅行商问题。

5.1 Hopfield 神经网络概述

Hopfield 神经网络（Hopfield Neural Network）是一种具有反馈连接结构的递归神经网络，输入信息经过 Hopfield 神经网络处理后，计算得到的输出会反馈到输入端，从而对下一时刻的系统状态产生影响，在计算过程中 Hopfield 神经网络的反馈过程会一直反复进行，直至停止输入。Hopfield 神经网络是由单层神经元互相完全连接构成的反馈神经网络，其结构如图 5-1 所示，网络的全连接结构使得其在进行计算时，每个神经元既是输入也是输出，即每个神经元接收其他所有神经元传递的信息。网络的反馈结构使得神经网络每一时刻的计算都与神经网络前一时刻的计算相关。

Hopfield 神经网络循环递归的网络迭代过程使得网络最终可以达到稳定状态，因此可以引入能量函数的概念，采用能量函数的形式描述网络收敛的过程，即用能量函数达到极小值的计算过程描述网络收敛到稳态的过程。能量函数的应用为神经网络运行的状态是否达到稳态提供了可靠的判断依据。递归神经网络的网络状态与时序相关，随着网络的迭代最终能达到稳定状态，这是与前向网络比较明显的区别之一，但递归神经网络收敛结果与网络参数的选取有很强的相关性，合理的网络参数是递归神经网络正常工作的基础。

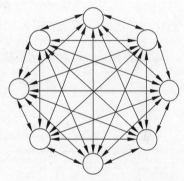

图 5-1 Hopfield 神经网络结构图

Hopfield 神经网络模型有离散型和连续型两种，离散型适用于联想记忆，连续型适合处理优化问题。

5.2 离散型 Hopfield 神经网络

Hopfield 神经网络作为一种全连接型的神经网络，曾经为神经网络的发展开辟了新的研究途径。它利用与层次型神经网络不同的结构特征和学习方法，模拟生物神经网络的记忆机理，获得了令人满意的结果。离散型 Hopfield 神经网络（Discrete Hopfield Neural Network，DHNN）是 Hopfield 最早提出的单层反馈网络，其网络结构中神经元的输出只有"1"和"-1"两种取值，分别表示神经元激活和抑制状态。

5.2.1 离散型 Hopfield 神经网络结构及工作方式

离散型 Hopfield 神经网络的网络结构如图 5-2 所示。

由图 5-2 可以看出离散型 Hopfield 神经网络中的每个神经元 $x_j(j=1,2,\cdots,n)$ 都是彼此连接的，神经元的阈值为 $\theta_j(j=1,2,\cdots,n)$，连接网络中的交叉点表示的是连接的权值用 $w_{ij}(i,j=1,2,\cdots,n)$ 表示。离散型 Hopfield 神经网络中的神经元都是二值输出神经元，即神经元根据权值对输入进行累加求和，经过非线性映射将输入映射为输出"1"或"-1"。

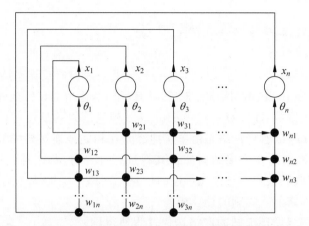

图 5-2 离散型 Hopfield 神经网络的网络结构

离散型 Hopfield 神经网络的单个神经元结构如图 5-3 所示。

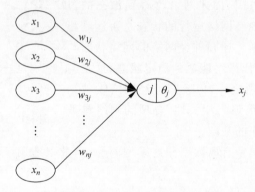

图 5-3 离散型 Hopfield 神经网络的单个神经元结构

离散型 Hopfield 神经网络中的神经元采用经典感知机模型进行信息计算且每个神经元的功能都相同,其输出值称为状态,用 $x_j(j=1,2,\cdots,n)$ 表示,w_{ij} 表示神经元 i 与神经元 j 之间的连接权值,神经元的非线性映射由激活函数 $f(\cdot)$ 表示,每个神经元均有一个阈值 $\theta_j(j=1,2,\cdots,n)$。n 个神经元的状态集合构成的离散型 Hopfield 神经网络的状态,如式(5-1)所示。

$$\boldsymbol{X}=[x_1,x_2,\cdots,x_n]^{\mathrm{T}} \tag{5-1}$$

网络的输入即网络的初始状态如式(5-2)所示。

$$\boldsymbol{X}(0)=[x_1(0),x_2(0),\cdots,x_n(0)]^{\mathrm{T}} \tag{5-2}$$

神经元 j 的净输入 s_j 与输出 x_j 分别如式(5-3)和式(5-4)所示。

$$s_j=\sum_{i=1}^{n}x_i w_{ij}-\theta_j \tag{5-3}$$

$$x_j=f(s_j)=\mathrm{sgn}(s_j)=\begin{cases}1, & s_j>0 \\ -1, & s_j\leqslant 0\end{cases} \tag{5-4}$$

当网络中各个神经元的状态改变时,网络的状态也会随之改变,网络稳定的标志是网络中每个神经元的状态都不再改变,此时的稳定状态就是该网络的输出。

Hopfield 网络的工作方式主要有两种形式:

串行(异步)工作方式:在任一时刻 t,只有某一神经元(随机的或确定的)的状态发生变化,而其他神经元的状态不变。

并行(同步)工作方式:在任一时刻 t,部分神经元或全部神经元的状态同时改变。

1) 串行(异步)工作方式

离散型 Hopfield 神经网络串行工作时,神经网络按照预先设定的顺序或随机选定的方式每次激活一个神经元进行状态调整,而其他神经元保持不变,神经元状态调整计算过程如式(5-5)所示。

$$x_j(t+1) = \begin{cases} \mathrm{sgn}(s_j(t)), & j=i \\ s_j(t), & j \neq i \end{cases}, \quad i,j = 1,2,\cdots,n \tag{5-5}$$

2) 并行(同步)工作方式

离散型 Hopfield 神经网络并行工作时,神经网络中的神经元同时进行状态调整,神经元状态调整计算过程如式(5-6)所示。

$$x_j(t+1) = \mathrm{sgn}(s_j(t)), \quad j = 1,2,\cdots,n \tag{5-6}$$

经过迭代更新,一个离散型 Hopfield 神经网络就会逐渐达到稳定状态,判断稳定的依据如式(5-7)所示。

$$x_j(t+1) = x_j(t) = f(s_j(t)), \quad j = 1,2,\cdots,n \tag{5-7}$$

从初始状态开始,网络沿能量递减的方向进行不断演化并最终趋于稳定。离散型 Hopfield 神经网络的运行流程如下:

(1) 初始化网络状态。
(2) 从网络中随机选取一个神经元 i。
(3) 按照式(5-3)计算神经元 i 在 t 时刻的净输入 $s_i(t)$。
(4) 按照式(5-4)计算神经元 i 在 $t+1$ 时刻的输出 $x_i(t+1)$,除 i 之外的其他神经元状态保持不变。
(5) 使用式(5-7)判断网络是否达到稳定状态,若未达到则跳转到(2)继续向下执行;若已达到稳定状态则停止网络运行。

离散型 Hopfield 神经网络的运行流程如例 5-1 所示。

【例 5-1】 一个三个结点的离散型 Hopfield 神经网络的初始状态为 $\boldsymbol{X}(0) = (-1,-1,-1)$,权值矩阵 $\boldsymbol{W}$ 和阈值 $\boldsymbol{\theta}$ 如下所示,求解该网络的稳定状态。

$$\boldsymbol{W} = \begin{pmatrix} 0 & -0.5 & 0.5 \\ -0.5 & 0 & 0.6 \\ 0.5 & 0.6 & 0 \end{pmatrix} \quad \boldsymbol{\theta} = \begin{pmatrix} -0.1 \\ 0 \\ 0 \end{pmatrix}$$

解:

$t=0$:神经网络初始状态为 $\boldsymbol{X}(0) = (-1,-1,-1)$。

$t=1$:选取结点 1,则结点 1 的状态变化如下。

$x_1(1) = \text{sgn}[-1 \times 0 + (-1) \times (-0.5) + (-1) \times 0.5 - (-0.1)] = \text{sgn}(0.1) = 1$,此时网络状态为 $\boldsymbol{X}(1) = (1, -1, -1)$。

$t = 2$：选取结点 2，则结点 2 的状态变化如下。

$x_2(2) = \text{sgn}[1 \times (-0.5) + (-1) \times 0 + (-1) \times 0.6 - 0] = \text{sgn}(-1.1) = -1$,此时网络状态为 $\boldsymbol{X}(2) = (1, -1, -1)$。

$t = 3$：选取结点 3，则结点 3 的状态变化如下。

$x_3(3) = \text{sgn}[1 \times 0.5 + (-1) \times 0.6 + (-1) \times 0 - 0] = \text{sgn}(-0.1) = -1$,此时网络状态为 $\boldsymbol{X}(3) = (1, -1, -1)$。

$t = 4$：选取结点 1，则结点 1 的状态变化如下。

$x_1(4) = \text{sgn}[1 \times 0 + (-1) \times (-0.5) + (-1) \times 0.5 - (-0.1)] = \text{sgn}(0.1) = 1$,此时网络状态为 $\boldsymbol{X}(4) = (1, -1, -1)$。

$t = 5$：选取结点 2，则结点 2 的状态变化如下。

$x_2(5) = \text{sgn}[1 \times (-0.5) + (-1) \times 0 + (-1) \times 0.6 - 0] = \text{sgn}(-1.1) = -1$,此时网络状态为 $\boldsymbol{X}(5) = (1, -1, -1)$。

$t = 6$：选取结点 3，则结点 3 的状态变化如下。

$x_2(6) = \text{sgn}[1 \times 0.5 + (-1) \times 0.6 + (-1) \times 0 - 0] = \text{sgn}(-0.1) = -1$,此时网络状态为 $\boldsymbol{X}(6) = (1, -1, -1)$。

至此各神经元输出已经不再改变，故判定网络已经进入稳定状态 $(1, -1, -1)$。

5.2.2 离散型 Hopfield 神经网络的吸引子与能量函数

Hopfield 神经网络有一个显著特点，就是加入了"能量函数"的概念，同时将神经网络与动力学之间的关系进行了阐述。网络的吸引子(attractor or fixed-point)是指网络达到稳定时的状态 $\boldsymbol{X}$。吸引子能够决定一个动力学系统的最终行为，它同时能够作为信息的分布存储记忆和神经优化计算的基础。若把需要记忆的样本信息存储于不同的吸引子，当输入含有部分信息的样本时，网络的演变过程就是从部分信息中还原全部信息的过程，即实现联想记忆。

如果网络的状态 $\boldsymbol{X}$ 满足 $\boldsymbol{X} = f(\boldsymbol{WX} - \boldsymbol{T})$，则称 $\boldsymbol{X}$ 为网络的吸引子。在一个 Hopfield 网络中，通常有多个吸引子，每个吸引子为一个能量的局部最优点。

离散型 Hopfield 神经网络实质上是一个离散的非线性动力学系统，网络从初态 $\boldsymbol{X}(0)$ 经过有限次的迭代达到 $\boldsymbol{X}(t) = \boldsymbol{X}(t+1)$ 状态，则表示网络已处于稳定状态，这种稳定状态也称为吸引子。反馈网络的相图通常如图 5-4 所示。

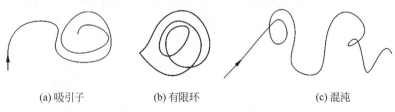

图 5-4 反馈网络的 3 种相图

如图 5-4(a)所示,网络逐渐迭代到稳定状态。如图 5-4(b)所示,网络处于不稳定状态,但由于离散型 Hopfield 神经网络状态只有 1 和 -1 两种情况,因此网络只会出现在限幅内的自持振荡,通常也将此种网络称为有限环网络。如图 5-4(c)所示,网络状态的轨迹在某个确定的范围内变迁,既不重复也不停止,状态运动轨迹不会发散到无穷远,这种现象称为混沌。由于离散型 Hopfield 神经网络状态是有限的,因此不存在混沌现象。

(1) 对于离散型 Hopfield 神经网络,若按照异步方式调整网络状态,对于任意初态离散 Hopfield 神经网络,网络都最终收敛到一个吸引子。能量函数如式(5-8)所示。

$$
\begin{aligned}
E(t) &= -\frac{1}{2}\sum_{i=1}^{n}\sum_{j=1}^{n}w_{ij}x_i x_j + \sum_{i=1}^{n}\theta_i x_i \\
&= -\frac{1}{2}\boldsymbol{X}^{\mathrm{T}}(t)\boldsymbol{W}\boldsymbol{X}(t) + \boldsymbol{X}^{\mathrm{T}}(t)\boldsymbol{T}
\end{aligned} \quad (5\text{-}8)
$$

设网络能量函数的改变量为 ΔE,网络状态的改变量为 $\Delta \boldsymbol{X}$,如式(5-9)所示。

$$
\begin{aligned}
\Delta E(t) &= E(t+1) - E(t) \\
\Delta \boldsymbol{X}(t) &= \boldsymbol{X}(t+1) - \boldsymbol{X}(t)
\end{aligned} \quad (5\text{-}9)
$$

因此:

$$
\begin{aligned}
\Delta E(t) &= E(t+1) - E(t) \\
&= -\frac{1}{2}[\boldsymbol{X}(t)+\Delta\boldsymbol{X}(t)]^{\mathrm{T}}\boldsymbol{W}[\boldsymbol{X}(t)+\Delta\boldsymbol{X}(t)] + [\boldsymbol{X}(t)+\Delta\boldsymbol{X}(t)]^{\mathrm{T}}\boldsymbol{T} - \\
&\quad \left[-\frac{1}{2}\boldsymbol{X}^{\mathrm{T}}(t)\boldsymbol{W}\boldsymbol{X}(t) + \boldsymbol{X}^{\mathrm{T}}(t)\boldsymbol{T}\right] \\
&= -\Delta\boldsymbol{X}^{\mathrm{T}}(t)\boldsymbol{W}\boldsymbol{X}(t) - \frac{1}{2}\Delta\boldsymbol{X}^{\mathrm{T}}(t)\boldsymbol{W}\Delta\boldsymbol{X}(t) + \Delta\boldsymbol{X}^{\mathrm{T}}(t)\boldsymbol{T} \\
&= -\Delta\boldsymbol{X}^{\mathrm{T}}(t)[\boldsymbol{W}\boldsymbol{X}(t)-\boldsymbol{T}] - \frac{1}{2}\Delta\boldsymbol{X}^{\mathrm{T}}(t)\boldsymbol{W}\Delta\boldsymbol{X}(t)
\end{aligned} \quad (5\text{-}10)
$$

由于网络状态异步更新,即第 t 个时刻只有一个神经元 j 调整状态,将 $\Delta \boldsymbol{X}(t) = [0, 0, \cdots, 0, \Delta x_j(t), 0, \cdots, 0]^{\mathrm{T}}$ 代入式(5-10),可得式(5-11)。

$$
\Delta E(t) = -\Delta x_j(t)\left[\sum_{i=1}^{n}(w_{ij}-T_j)\right] - \frac{1}{2}\Delta x_j^2(t)w_{jj} \quad (5\text{-}11)
$$

对于离散型 Hopfield 神经网络来说,$\boldsymbol{W}$ 为对称矩阵,神经元之间不存在自反馈,即 $\boldsymbol{W}_{jj} = \boldsymbol{0}$,因此式(5-11)可以简化为式(5-12)。

$$
\Delta E(t) = -\Delta x_j(t)s_j(t) \quad (5\text{-}12)
$$

由于离散型 Hopfield 神经网络状态包括 1 和 -1 两种,因此式(5-12)可能会出现以下情况:

情况一: $x_j(t) = -1, x_j(t+1) = 1$,则由状态变化公式(5-9)得 $\Delta x_j(t) = 2$,由 $s_j(t) \geqslant 0$,由能量变化量式(5-12)得 $\Delta E(t) \leqslant 0$。

情况二: $x_j(t) = 1, x_j(t+1) = -1$,故 $\Delta x_j(t) = -2, s_j(t) < 0$,得 $\Delta E(t) < 0$。

情况三: $x_j(t) = x_j(t+1)$,故 $\Delta x_j(t) = 0$,所以有 $\Delta E(t) = 0$。

综合三种情况可得 $\Delta E(t) \leqslant 0$,即网络的演变过程中能量一直处于非递增状态,又由于离散型 Hopfield 神经网络中结点状态只有 1 或 -1 两种情况,能量函数 $E(t)$ 拥有下界,因此网络会收敛到 $\Delta E(t) = 0$。

(2) 对于离散型 Hopfield 神经网络,若按照同步方式调整网络状态,且连接权矩阵 $\boldsymbol{W}$ 为非负定对称阵,则对于任意初态,网络都最终收敛到一个吸引子。如式(5-13)所示。

$$\begin{aligned}
\Delta \boldsymbol{E}(t) &= \boldsymbol{E}(t+1) - \boldsymbol{E}(t) \\
&= \Delta \boldsymbol{X}^{\mathrm{T}}(t)[\boldsymbol{W}\boldsymbol{X}(t) - \boldsymbol{T}] - \frac{1}{2} \Delta \boldsymbol{X}^{\mathrm{T}}(t) \boldsymbol{W} \Delta \boldsymbol{X}(t) \\
&= -\Delta \boldsymbol{X}^{\mathrm{T}}(t) \boldsymbol{s}_j(t) - \frac{1}{2} \Delta \boldsymbol{X}^{\mathrm{T}}(t) \boldsymbol{W} \Delta \boldsymbol{X}(t) \\
&= -\sum_{j=1}^{n} \Delta x_j(t) s_j(t) - \frac{1}{2} \Delta \boldsymbol{X}^{\mathrm{T}}(t) \boldsymbol{W} \Delta \boldsymbol{X}(t)
\end{aligned} \quad (5\text{-}13)$$

由于 $-\Delta x_j(t) s_j(t) \leqslant 0$,$\boldsymbol{W}$ 为非负定对称阵,因此 $\Delta \boldsymbol{E}(t) \leqslant 0$,即网络最终会收敛到常数,对应的稳定状态称为网络的一个吸引子。

通过上述分析可以看出,如果连接权值矩阵 $\boldsymbol{W}$ 设计不能满足非负定对称阵的要求,网络就会发生振荡。异步工作方式相比同步工作方式更好的稳定性,但没有并行处理能力。

1. 吸引子的性质

性质 1:若 X 是一个网络的吸引子,且阈值为 0,在 $\mathrm{sgn}(0)$ 处有 $x_j(t+1) = x_j(t)$,则 $-X$ 也是该网络的一个吸引子。

证明:因为 X 是吸引子,则 $X = f(WX)$,从而有式(5-14)。

$$f[W(-X)] = f[-WX] = -f[WX] = -X \quad (5\text{-}14)$$

性质 2:若 X^a 是网络的一个吸引子,$W_{ii} = 0$,且 $\mathrm{sgn}(0) = 1$,则与 X^a 的海明距离 $d_{H(X^a, X^b)} = 1$ 的 X^b 一定不是吸引子。

证明:两个向量的海明距离 $d_H(X^a, X^b)$ 是指两个向量中不同元素的个数。设 $X_1^a \neq X_1^b, X_j^a = X_j^b; j = 1, 2, 3, \cdots, n$。因为 $W_{11} = 0$,由吸引子的定义可得式(5-15)。

$$X_1^a = f\left(\sum_{i=2}^{n} W_{ii} X_i^a - T_1\right) = f\left(\sum_{i=2}^{n} W_{ii} X_i^b - T_1\right) \quad (5\text{-}15)$$

由于 $X_1^a \neq X_1^b$,因此可得式(5-16)。

$$X_1^b \neq f\left(\sum_{i=2}^{n} W_{ii} X_i^b - T_1\right) \quad (5\text{-}16)$$

故可得 X^b 不是该网络的吸引子。

2. 吸引域的基本概念

大量的样本存在缺损或包含噪声的情况,当离散型 Hopfield 神经网络想要实现正确的联想记忆,就要求当样本状态脱离吸引子一定范围后,应该有能力调整回原状态,吸引子的这种吸引范围称为吸引域。

定义 5-1 设 X^a 为吸引子,若从 X 到 X^a 存在一条路径可达,则称 X 弱吸引到 X^a,若对集合 $X = \{X_1, X_2, \cdots, X_n\}$ 均有 X 弱吸引到 X^a,则称集合 X 为 X^a 的弱吸引域;若从 X 到 X^a 迭代中每条路径均可达,则称 X 强吸引到 X^a,若对集合 $X = \{X_1, X_2, \cdots, X_n\}$ 均有 X 强吸引到 X^a,则称集合 X 为 X^a 的强吸引域。

【**例 5-2**】 在离散型 Hopfield 神经网络中,$n=4$;$T_j=0$;$j=1,2,3,4$;向量 $\boldsymbol{X}^a$、$\boldsymbol{X}^b$ 和权值矩阵 $\boldsymbol{W}$ 分别为式(5-17)所示。

$$\boldsymbol{X}^a = \begin{bmatrix} 1 \\ 1 \\ 1 \\ 1 \end{bmatrix}, \quad \boldsymbol{X}^b = \begin{bmatrix} -1 \\ -1 \\ -1 \\ -1 \end{bmatrix}, \quad \boldsymbol{W} = \begin{bmatrix} 0 & 2 & 2 & 2 \\ 2 & 0 & 2 & 2 \\ 2 & 2 & 0 & 2 \\ 2 & 2 & 2 & 0 \end{bmatrix} \tag{5-17}$$

尝试探讨 $\boldsymbol{X}^a$,$\boldsymbol{X}^b$ 是否为该网络的吸引子,并验证其是否具有联想记忆能力。

解:由吸引子定义式(5-14)可得式(5-18)。

$$f(\boldsymbol{W}\boldsymbol{X}^a) = f\begin{bmatrix} 6 \\ 6 \\ 6 \\ 6 \end{bmatrix} = \begin{bmatrix} \mathrm{sgn}(6) \\ \mathrm{sgn}(6) \\ \mathrm{sgn}(6) \\ \mathrm{sgn}(6) \end{bmatrix} = \begin{bmatrix} 1 \\ 1 \\ 1 \\ 1 \end{bmatrix} = \boldsymbol{X}^a \tag{5-18}$$

因此,$\boldsymbol{X}^a$ 是网络的吸引子,根据吸引子性质 $\boldsymbol{X}^b=-\boldsymbol{X}^a$,所以,$\boldsymbol{X}^b$ 也是网络的吸引子。

验证离散型 Hopfield 神经网络的联想记忆能力:

设有样本 $\boldsymbol{X}^1 = \begin{bmatrix} -1 \\ 1 \\ 1 \\ 1 \end{bmatrix}$,$\boldsymbol{X}^2 = \begin{bmatrix} 1 \\ -1 \\ -1 \\ -1 \end{bmatrix}$,$\boldsymbol{X}^3 = \begin{bmatrix} 1 \\ 1 \\ -1 \\ -1 \end{bmatrix}$,当离散型 Hopfield 神经网络以异步方式工作时 $\boldsymbol{X}^a$、$\boldsymbol{X}^b$ 两个吸引子对三个样本的吸引能力。

设离散型 Hopfield 神经网络初态 $\boldsymbol{X}(0)=\boldsymbol{X}^1=\begin{bmatrix} -1 \\ 1 \\ 1 \\ 1 \end{bmatrix}$,神经元的调整顺序为[1,2,3,4],则有 $\boldsymbol{X}(1)=\boldsymbol{X}^a=\begin{bmatrix} 1 \\ 1 \\ 1 \\ 1 \end{bmatrix}$,可以得到异步方式只经过一步迭代,样本 $\boldsymbol{X}^1$ 即收敛于 $\boldsymbol{X}^a$。

同样,设离散型 Hopfield 神经网络初态 $\boldsymbol{X}(0)=\boldsymbol{X}^2=\begin{bmatrix} 1 \\ -1 \\ -1 \\ -1 \end{bmatrix}$,神经元的调整顺序为 [1,2,3,4],则有 $\boldsymbol{X}(1)=\boldsymbol{X}^b=\begin{bmatrix} -1 \\ -1 \\ -1 \\ -1 \end{bmatrix}$,可以得到异步方式只经过一步迭代,样本 $\boldsymbol{X}^2$ 即收敛于 $\boldsymbol{X}^b$。

现假设离散型 Hopfield 神经网络初态 $\boldsymbol{X}(0)=\boldsymbol{X}^3=\begin{bmatrix} 1 \\ 1 \\ -1 \\ -1 \end{bmatrix}$,神经元的调整顺序为

$[1,2,3,4]$,则有 $\boldsymbol{X}(1)=\begin{bmatrix}-1\\1\\-1\\-1\end{bmatrix}$, $X(2)=\begin{bmatrix}-1\\-1\\-1\\-1\end{bmatrix}=\boldsymbol{X}^b$,可以得到异步方式只经过两步迭代,

样本 $\boldsymbol{X}^3$ 即收敛于 $\boldsymbol{X}^b$。现修改神经元调整顺序为 $[3,4,1,2]$,则有 $\boldsymbol{X}(1)=\begin{bmatrix}1\\1\\1\\-1\end{bmatrix}$,$\boldsymbol{X}(2)=$

$\begin{bmatrix}1\\1\\1\\1\end{bmatrix}=\boldsymbol{X}^a$。

通过上述实例分析可以看出当离散型 Hopfield 神经网络异步更新时,异步调整顺序确定稳定的吸引子与初态有关;初态确定稳定的吸引子与异步调整顺序有关。

5.2.3 离散型 Hopfield 神经网络的连接权值设计

5.2.2 节介绍了离散型 Hopfield 神经网络的能量函数。如果能够将记忆的样本信息存储在不同的能量极值点上,然后给网络输入某一状态,网络"学习"后达到稳定状态,就可以发挥联想记忆功能,联想出之前记忆的样本。这便是离散型 Hopfield 神经网络的一个重要功能——联想记忆功能。要实现联想记忆,离散型 Hopfield 神经网络必须具有两个基本条件:①网络能收敛到稳定的平衡状态,并以其作为样本的记忆信息;②具有回忆能力,能够从某一残缺的信息回忆起所属的完整的记忆信息。

离散型 Hopfield 神经网络实现联想记忆过程分为以下两个阶段。

学习记忆阶段:其也称为离散型 Hopfield 神经网络的学习过程。指研究者通过设计一种方法确定一组合适的权值,使离散型 Hopfield 神经网络记忆达到稳定状态。

联想回忆阶段:联想过程就是给定输入模式,联想记忆网络通过动力学的演化过程达到稳定状态,即收敛到吸引子,回忆起已存储模式的过程。

网络的记忆样本,即能量函数的最小值的分布,由网络的连接权值和阈值决定。所以,离散型 Hopfield 神经网络实现联想记忆的重点就是根据能量极值点设计一组适合的网络连接权值和阈值。

吸引子的分布是由网络的权值(包括阈值)决定的,设计吸引子的核心就是如何设计一组合适的权值。为了使所设计的权值满足要求,权值矩阵应符合以下要求:

① 为保证异步方式工作时网络收敛,$\boldsymbol{W}$ 应为对称阵;
② 为保证同步方式工作时网络收敛,$\boldsymbol{W}$ 应为非负定对称阵;
③ 保证给定的样本是网络的吸引子,并且要有一定的吸引域。

具体设计时,可以采用以下不同的方法。

(1) 比较常用的离散型 Hopfield 神经网络连接权值设计方法是基于 Hebb 学习规则的外积和法。设共有 K 个记忆样本 $\boldsymbol{X}_k$,$k=1,2,\cdots,K$,$\boldsymbol{X}\in\{-1,1\}^n$,并设样本两两正交,且 $n>K$,则连接权值矩阵 $\boldsymbol{W}$ 为记忆样本的外积和如式(5-19)所示。

$$W = \alpha \sum_{k=1}^{K} \boldsymbol{X}^k (\boldsymbol{X}^k)^{\mathrm{T}} \tag{5-19}$$

又知 $w_{ii}=0$，所以式(5-19)可改写为式(5-20)。

$$W = \alpha \sum_{k=1}^{K} [\boldsymbol{X}^k (\boldsymbol{X}^k)^{\mathrm{T}} - \boldsymbol{I}] \tag{5-20}$$

其中，$\boldsymbol{I}$ 为单位矩阵；α 为常数，且 $\alpha>0$，α 一般取 1 或 $\frac{1}{n}$。

(2) 除基于 Hebb 学习规则的外积和法之外，还有更简单的联立方程法、δ学习规则方法、伪逆法、正交化法等，但是一般更通用的还是外积和法。

δ学习规则方法基本公式是式(5-21)和式(5-22)。

$$\Delta W = \eta \cdot \delta \cdot P \tag{5-21}$$

$$w_{ij}(t+1) = w_{ij}(t) + \eta [T(t) - A(t)] P(t) \tag{5-22}$$

即通过计算该神经元结点的实际激活值 $A(t)$，与期望状态 $T(t)$ 进行比较，若不满足要求，将两者的误差的一部分作为调整量，若满足要求，则相应的权值保持不变。

伪逆法具体方法为：

设输入样本 $\boldsymbol{X} = [\boldsymbol{X}_1, \boldsymbol{X}_2, \cdots, \boldsymbol{X}_N]$，输入输出之间用权重 $\boldsymbol{W}$ 来映射，则如式(5-23)所示。

$$\boldsymbol{Y} = \mathrm{sgn}(\boldsymbol{WX}) \tag{5-23}$$

由此可得式(5-24)。

$$\boldsymbol{W} = \boldsymbol{N}^* \boldsymbol{P}^* \tag{5-24}$$

其中，$\boldsymbol{P}^*$ 为伪逆，有 $\boldsymbol{P}^* = (\boldsymbol{P}^{\mathrm{T}} \boldsymbol{P})^{-1} \boldsymbol{P}^{\mathrm{T}}$，如果输入样本之间是线性无关的，则 $\boldsymbol{P}^{\mathrm{T}} \boldsymbol{P}$ 满秩，其逆存在，则可求出连接权矩阵 $\boldsymbol{W}$。

在网络连接矩阵确定后，网络就可以进行工作，能够接收输入模式向量，实现其联想记忆功能。

但是实际上，离散型 Hopfield 神经网络的联想记忆功能是与其记忆容量和样本差异有关。当记忆样本数量少并且相互之间区别大时，网络的记忆效果较准确；而当记忆样本过多且相互之间较为相似时，容易引起混淆，网络最终达到的稳定状态就不一定会是之前记忆的样本。这两项中有一项不满足要求，最后结果的出错率就会大大提高。

5.2.4 离散型 Hopfield 神经网络的信息存储容量

信息存储是指将一组向量存储在网络中的过程，存储过程主要是调整神经元之间的连接权重，因此可以看作是一种学习的过程。

信息存储容量是神经网络处理能力的重要衡量标准之一。当网络规模一定时，神经网络所能记忆的样本数量是有限的，不同的神经网络拥有不同的存储能力，神经网络的存储容量与神经网络的规模、连接权值的设计算法以及记忆模式向量的分布都有关。离散型 Hopfield 神经网络的联想记忆能力是通过将一些样本存储在不同的能量极值上实现的，联想记忆能力与离散型 Hopfield 的信息存储容量密切相关。

以下列出一些关于离散型 Hopfield 神经网络的信息存储容量的定义和定理。

定义 5-2 网络能够存储的最大样本模式数称为网络的信息存储容量。

定理 5-1 若具有 n 个神经元的离散型 Hopfield 神经网络的连接权矩阵的主对角元素的值为 0,则该离散型 Hopfield 神经网络的最大信息存储容量为 n。

定理 5-2 若有 m 个两两正交的记忆模式 $\boldsymbol{X}^k = (x_1^k, x_2^k, \cdots, x_n^k)(k=1,2,\cdots,m), x_i \in \{-1,1\}(i=1,2,\cdots,m)$,其中 $n > m$,并且网络连接权矩阵采用外积和法,由式(5-20)计算得到,则这 m 个记忆模式都是具有 n 个神经元的离散型 Hopfield 神经网络的稳定状态。

定理 5-3 若有 m 个两两正交的记忆模式 $\boldsymbol{X}^k = (x_1^k, x_2^k, \cdots, x_n^k)(k=1,2,\cdots,m), x_i \in \{-1,1\}(i=1,2,\cdots,m)$,其中 $n \geq m$,并且网络连接权矩阵采用外积和法,由式(5-19)计算得到,则这 m 个记忆模式都是具有 n 个神经元的离散型 Hopfield 神经网络的稳定状态。

从以上定理可知,当用外积和法设计离散型 Hopfield 神经网络时,如果记忆模式都满足两两正交的条件,则规模为 n 的离散型 Hopfield 神经网络最多可记忆 n 个样本模式,但是实际情况下,模式样本不可能都满足两两正交的条件,对于非正交模式,离散型 Hopfield 神经网络的信息存储能力会大大降低,其信息存储容量一般为 $0.13n \sim 0.15n$。

当离散型 Hopfield 神经网络只记忆一个稳定模式时,该模式肯定被其准确无误地记住,但当需要记忆的模式增加时,记忆模式相互影响,会造成连接权值的改变,可能会出现"权值移动"和"交叉干扰"两种情况。

在离散型 Hopfield 神经网络的学习过程中,$\boldsymbol{X}^k = (x_1^k, x_2^k, \cdots, x_n^k)^T, (k=1,2,\cdots,m)$,$x_i \in \{-1,1\}(i=1,2,\cdots,n)$,网络对权值的更新是逐步实现的,即对权值 W,网络连接权值的学习遵循下列模式,如式(5-25)所示。

$$\begin{cases} W^0 = 0 \\ k = 1, 2, \cdots, m \\ W^k = W^{k-1} + (\boldsymbol{X}^k)^T(\boldsymbol{X}^k) - \boldsymbol{I} \end{cases} \quad (5\text{-}25)$$

从上述连接权值学习过程的描述可以看出,连接权矩阵是每次在上一次得到权值的基础上进行累加,即在原来值的基础上进行了移动,这样网络就有可能遗忘掉部分先前的记忆模式。

从动力学的角度来看,k 值较小时,记忆样本会成为该离散型 Hopfield 神经网络的稳定状态。但是随着 k 值的增加,连接权值不断移动,各个记忆模式相互交叉,不但难以使后来的样本成为该网络的稳定状态,即新的样本记不住,而且有可能遗忘之前已经记忆住的模式,这种现象称为"疲劳"。

离散型 Hopfield 神经网络在学习多个样本后,在联想回忆阶段即验证该记忆样本时,所产生的干扰称为交叉干扰。

事实上,当网络规模 n 一定时,如果需要记忆的模式很多的话,联想记忆时出现错误的可能性就会很大,反之,要求出错率越低,网络的信息存储容量上限越小。有研究表明当存储容量超过 $0.15n$ 时,联想记忆时就有可能出错,错误结果对应的是能量的局部极小点。可以通过改进网络拓扑结构或改进网络的权值设计方法提高网络存储容量。

5.3 连续型 Hopfield 神经网络

1984 年,美国加州工学院物理学家 Hopfield 使用运算放大器实现神经元,用电子线路模拟神经元的连接,设计并研制了连续型 Hopfield 神经网络(Continuous Hopfield Neural

Network，CHNN），并用它解决了旅行商计算难题。连续型 Hopfield 神经网络在原理上基本与离散型 Hopfield 神经网络一致，但连续型 Hopfield 模型神经元的输出是(0,1)区间内的连续值，且神经元之间采取同步工作的方式。因此，它在并行性、实时性、分布性和协同性等方面会比离散型 Hopfield 神经网络更接近生物神经系统。

5.3.1 连续型 Hopfield 神经网络的结构

与离散型 Hopfield 神经网络类似，连续型 Hopfield 神经网络的结构如图 5-5 所示，它是单层反馈的双向对称全互连非线性网络，每个结点的输出会反馈至结点的输入。其连接权值如式(5-26)和式(5-27)所示。

$$w_{ij} = w_{ji} \tag{5-26}$$
$$w_{ii} = 0 \tag{5-27}$$

图 5-5 中，三角形状的器件为具有正反向输出的运算放大器，它的输入和输出用来模仿神经元输入和输出之间的非线性关系。电子线路与神经网络之间关系为：运算放大器——神经元；神经元输入——运放输入电压 u_j；神经元输出——运放输出电压 V_j（输出有正向输出 V_j，和反向输出 V_j）；连接权值 W_{ij}——输入端电导（电阻的倒数）；阈值——输入偏置电流 I_j。

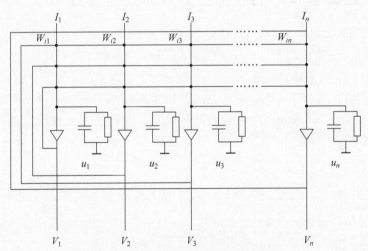

图 5-5 连续型 Hopfield 神经网络的结构

5.3.2 连续型 Hopfield 神经网络的神经元

用模拟电路实现的连续型 Hopfield 神经网络的神经元结点如图 5-6 所示。

如模拟电路所示，$(V_1, V_2, \cdots, V_n)$ 是电路的输入电压，表示的是上层各神经元的输出；$(R_{1j}, R_{2j}, \cdots, R_{nj})$ 是电路的连接电阻，其倒数表示的是上层各神经元与神经元 j 的连接权值；I_j 是电路的外加偏置电流，表示的是神经元 j 的阈值；U_j 是电路中放大器的输入电压，表示的是神经元 j 的净输入；电路中的等效电阻 P_j 和输入电容 C_j 存在着并联关系，这些元件决定了神经元 j 的时间常数，目的是模拟生物神经元中存在的延时特性；f 是电路的放大器，表示的是神经元 j 的激活函数；V_j 是电路中放大器的输出电压，表示的是神

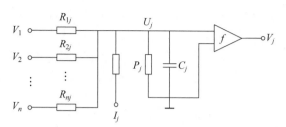

图 5-6 连续型 Hopfield 神经网络神经元

经元 j 的输出，如式(5-28)所示：

$$V_j = f(U_j) \tag{5-28}$$

其中，激活函数 $f(\cdot)$ 是一个 S 型曲线函数，其表达式如式(5-29)所示：

$$f(x) = \frac{1}{1+e^{-2\frac{x}{s_0}}} \tag{5-29}$$

其中，s_0 为常数，决定了激活函数的曲线形状。当 s_0 趋近 0 时，则该 S 型曲线函数趋向于变为阶跃函数，这表明离散型 Hopfield 神经网络本质上是连续型 Hopfield 神经网络的一种。

5.3.3 连续型 Hopfield 神经网络的能量函数

对于连续型 Hopfield 神经网络的稳定性，同样可以采用能量函数加以判别。现假设一个具有 n 个神经元的连续型 Hopfield 神经网络，若其满足如下条件，则可判定其能达到稳定状态：①网络的结构对称，即 $w_{ij}=w_{ji}$；②当 $i=j$ 时，$w_{ij}=0$；③网络神经元的激活函数单调、连续、递增且具有反函数。满足上述条件的连续型 Hopfield 神经网络的能量值随着网络状态的变化而减少，即该网络的能量函数 E 是单调递减函数。当能量值耗尽或者达到最小时，代表连续型 Hopfield 神经网络达到稳定状态。能量函数 E 如式(5-30)所示：

$$E = -\frac{1}{2}\sum_{i=1}^{n}\sum_{j=1}^{n}w_{ij}V_iV_j + \sum_{i=1}^{n}\frac{1}{R_i}\int_{1}^{V_i}f^{-1}(v)\mathrm{d}v - \sum_{i=1}^{n}V_iI_i \tag{5-30}$$

下面对能量函数的单调递减性进行证明：

$$\begin{aligned}
\frac{\mathrm{d}E}{\mathrm{d}t} &= \sum_{i=1}^{n}\frac{\mathrm{d}E}{\mathrm{d}V_i}\cdot\frac{\mathrm{d}V_i}{\mathrm{d}t} \\
&= \sum_{i=1}^{n}\frac{\mathrm{d}\left(-\frac{1}{2}\sum_{i=1}^{n}\sum_{j=1}^{n}w_{ij}V_iV_j + \sum_{i=1}^{n}\frac{1}{R_i}\int_{1}^{V_i}f^{-1}(v)\mathrm{d}v - \sum_{i=1}^{n}V_iI_i\right)}{\mathrm{d}V_i}\cdot\frac{\mathrm{d}V_i}{\mathrm{d}t} \\
&= \sum_{i=1}^{n}\left(-\frac{1}{2}\frac{\mathrm{d}\left(\sum_{i=1}^{n}\sum_{j=1}^{n}w_{ij}V_iV_j\right)}{\mathrm{d}V_i} + \frac{\mathrm{d}\left(\sum_{i=1}^{n}\frac{1}{R_i}\int_{1}^{V}f^{-1}(v)\mathrm{d}v\right)}{\mathrm{d}V_i} - \right. \\
&\quad \left.\frac{\mathrm{d}\left(\sum_{i=1}^{n}V_iI_i\right)}{\mathrm{d}V_i}\right)\cdot\frac{\mathrm{d}V_i}{\mathrm{d}t}
\end{aligned} \tag{5-31}$$

其中，

$$\sum_{i=1}^{n}\frac{\mathrm{d}\left(\sum_{i=1}^{n}\sum_{j=1}^{n}w_{ij}V_iV_j\right)}{\mathrm{d}V_i} = \sum_{i=1}^{n}\frac{\mathrm{d}\left[\sum\begin{bmatrix}0 & w_{12}V_1V_2 & \cdots & w_{1n}V_1V_n \\ w_{21}V_2V_1 & 0 & \cdots & w_{2n}V_2V_n \\ \vdots & \vdots & \ddots & \vdots \\ w_{n1}V_nV_1 & w_{n2}V_nV_2 & \cdots & 0\end{bmatrix}\right]}{\mathrm{d}V_i}$$

$$= 2\sum_{i=1}^{n}\sum_{j=1}^{n}w_{ij}V_j \tag{5-32}$$

$$\sum_{i=1}^{n}\frac{\mathrm{d}\left(\sum_{i=1}^{n}\frac{1}{R_i}\int_{1}^{v_i}f^{-1}(v)\mathrm{d}v\right)}{\mathrm{d}V_i} = \sum_{i=1}^{n}\frac{U_i}{R_i} \tag{5-33}$$

$$\sum_{i=1}^{n}\frac{\mathrm{d}\left(\sum_{i=1}^{n}V_iI_i\right)}{\mathrm{d}V_i} = \sum_{i=1}^{n}I_i \tag{5-34}$$

综合式(5-32)和式(5-34)可得：

$$\frac{\mathrm{d}E}{\mathrm{d}t} = \sum_{i=1}^{n}\left(-\frac{1}{2}\frac{\mathrm{d}\left(\sum_{i=1}^{n}\sum_{j=1}^{n}w_{ij}V_iV_j\right)}{\mathrm{d}V_i} + \frac{\mathrm{d}\left(\sum_{i=1}^{n}\frac{1}{R_i}\int_{1}^{V_i}f^{-1}(v)\mathrm{d}v\right)}{\mathrm{d}V_i} - \frac{\mathrm{d}\left(\sum_{i=1}^{n}V_iI_i\right)}{\mathrm{d}V_i}\right)\cdot\frac{\mathrm{d}V_i}{\mathrm{d}t}$$

$$= \left(-\frac{1}{2}\times 2\sum_{i=1}^{n}\sum_{j=1}^{n}w_{ij}V_j + \sum_{i=1}^{n}\frac{U_i}{R_i} - \sum_{i=1}^{n}I_i\right)\cdot\frac{\mathrm{d}V_i}{\mathrm{d}t}$$

$$= -\sum_{i=1}^{n}\left(\sum_{j=1}^{n}w_{ij}V_j + I_i - \frac{U_i}{R_i}\right)\cdot\frac{\mathrm{d}V_i}{\mathrm{d}t} \tag{5-35}$$

代入 Hopfield 网络运动方程 $C_i\dfrac{\mathrm{d}U_i}{\mathrm{d}t} = \sum_{j=1}^{n}w_{ij}V_j - \dfrac{U_i}{R_i} + I_i$ 可得：

$$\frac{\mathrm{d}E}{\mathrm{d}t} = -\sum_{i=1}^{n}\left(\sum_{j=1}^{n}w_{ij}V_j + I_i - \frac{U_i}{R_i}\right)\cdot\frac{\mathrm{d}V_i}{\mathrm{d}t}$$

$$= -\sum_{i=1}^{n}\left(C_i\frac{\mathrm{d}U_i}{\mathrm{d}t}\right)\cdot\frac{\mathrm{d}V_i}{\mathrm{d}t} = -\sum_{i=1}^{n}C_i\cdot\frac{\mathrm{d}U_i}{\mathrm{d}t}\cdot\frac{\mathrm{d}V}{\mathrm{d}U_i}\cdot\frac{\mathrm{d}U_i}{\mathrm{d}t}$$

$$= -\sum_{i=1}^{n}C_i\cdot\frac{\mathrm{d}V_i}{\mathrm{d}U_i}\cdot\left(\frac{\mathrm{d}U_i}{\mathrm{d}t}\right)^2$$

$$= -\sum_{i=1}^{n}C_i\cdot f'(U_i)\cdot\left(\frac{\mathrm{d}U_i}{\mathrm{d}t}\right)^2 \tag{5-36}$$

其中，C_i 为输入电容，$C_i>0$。由上面章节可知，$V_i=f(U_i)$ 为单调递增函数，故其导数大于 0，而 $\left(\dfrac{\mathrm{d}U_i}{\mathrm{d}t}\right)^2$ 为非负数，因此可得 $\dfrac{\mathrm{d}E}{\mathrm{d}t}\leqslant 0$，即能量函数单调不增。

5.4 Hopfield 神经网络的应用

Hopfield 神经网络作为一种反馈型神经网络,已经在多个领域取得了成功。Hopfield 网络的应用形式有联想记忆和优化计算两种形式,不同形式的 Hopfield 神经网络对应不同的应用形式:离散型 Hopfield 神经网络主要用于联想记忆,连续型 Hopfield 神经网络主要用于优化计算。接下来分别对离散型 Hopfield 神经网络和连续型 Hopfield 网络的应用展开说明。

5.4.1 离散型 Hopfield 神经网络的应用

离散型 Hopfield 神经网络采用内容寻址存储(Content Addressable Memory, CAM)方式存取信息,使得信息与存储地址不存在一对一的关系,即当只给出输入模式的部分信息时,神经网络能够联想出完整的信息。CAM 方式是一种分布式存储方式,因此即使少量且分散的局部信息出错,也可以忽略其对全局信息产生的影响。利用神经网络的这种良好的容错性,能够将不完整的、含噪声的、畸变的信息恢复成完整的原型,通常用于识别和分类等任务。

1. 联想记忆

神经网络虽然具有联想功能,但是不同于人类的联想功能。人类的联想是将一种事物联系到与之相关的事物或者其他事物,而神经网络的联想功能是指网络在给定的一组信号的刺激下能够回忆出与之相对应的信号。记忆是联想的前提,联想记忆的过程就是信息的存取过程。

Hopfield 神经网络也常被称为联想记忆网络,可以将其看成是非线性联想记忆或按内容寻址器。Hopfield 神经网络模拟了生物神经网络的记忆功能,采用内容寻址存储方式存取信息,根据给定的部分信息,通过不断的学习联想出完整的信息。由于采用了内容寻址存储方式,因此 Hopfield 神经网络具备了信息存储量大、高速读取、信息检索时间与信息存储量大小无关等特点。

联想记忆可以分为两种:一种是自联想记忆(auto-associative memory);另一种是异联想记忆(hetero-associative memory)。异联想记忆与自联想记忆的不同在于输出信息的形式不同。

自联想记忆:假定联想记忆网络作为联想存储器在学习过程中存储了 m 个样本,即 $\{X^k\}$; $k=1,2,3,\cdots,m$; $k=1,2,3,\cdots,m$。$X'=X^k+V$ 作为联想记忆网络在联想过程中的输入,其中 X^k 表示联想记忆网络存储的 m 个样本中的任意一个样本,V 表示偏差项(可代表噪声、缺损与畸变等),采用自联想记忆方式的联想记忆网络的输出为 X^k,即存在对应关系:$X' \rightarrow X^k$。

自联想记忆能够将某个事物的不完整的信息恢复成此事物的完整的原型。同时,自联想记忆具有容错性,能够识别含有噪声的信息。比如将一张破损的故宫照片提供给网络,能够获得一张完整的故宫照片。

异联想记忆:异联想记忆是自联想记忆的特例,假定两组模式对之间存在对应关系:$X^k \rightarrow Y^k$;$k=1,2,\cdots,m$,其中 m 表示网络记忆的样本个数,$X'=X^k+V$ 作为联想记忆网络在联想过程中的输入,其中 X^k 表示联想记忆网络存储的 m 个样本中的任意一个样本,V 表示偏差项(可代表噪声、缺损与畸变等),采用异联想记忆方式的联想记忆网络的输出为 Y',其中 $Y' \in \{Y^k\}$。比如将某个地方的破损的照片提供给网络,能得到某个地方的名称。

异联想记忆能够根据某一事物的信息联想出另一事物的信息,即在受到具有一定噪声的输入模式激发时,网络能够通过状态的演化联想出对应的样本模式。

2. 具体应用实例

联想记忆网络的特点决定了它对含噪声的、畸变的、缺损的信息问题有着良好的处理效果,所以联想记忆神经网络有着非常广泛的应用领域,比如模式识别、模式分类、图像处理等。在模式识别领域,可以将联想记忆神经网络用于手势识别、语音识别及人脸识别;在模式分类领域,可以用于地下工程围岩稳定性分类、遥感影像分类;在图像处理领域,可以利用联想记忆网络对模糊,残缺图像的记忆和回忆能力,对图像及复杂背景的车牌进行识别、对在运输或者印刷过程中污损的二维码图像进行复原等。

联想记忆网络的去噪能力,在智能交通方面发挥着重要作用,本节以小型汽车的车牌识别为例,重点介绍离散型 Hopfield 神经网络的构建及使用联想记忆复原车牌字符的过程。

车牌识别流程图如图 5-7 所示。

图 5-7 车牌识别流程图

首先车牌识别中出现的相关概念如下:

1) 标准字符模板

标准字符模板的作用是用来匹配分割出来的车牌字符。普通民用车牌主要由汉字、字母以及阿拉伯数字三部分组成。本实例中采用的标准字符模板大小为 40×20 的图像,包括 31 个汉字,10 个阿拉伯数字(0~9),以及 24 个大写英文字母。

2) 车牌定位

车牌定位是车牌识别工作的前提,作用是排除车牌字符信息以外的干扰。

3) 车牌校正

智能交通摄像机在摄取车牌图像时,由于拍摄角度、车速等原因导致采集到的车牌图像存在不同程度的倾斜,很难直接对扭曲的车牌字符进行特征提取,因此在车牌字符分割前对车牌图像进行倾斜校正,目前主要的倾斜校正方法有旋转投影法、Hough 变换法等。

4) 车牌字符分割

将车牌字符单个分离出来,有利于网络进行逐个识别,准确识别出车牌号码,针对我国车牌特征,目前常用的车牌字符分割法有:基于垂直投影的字符分割法等。

5) 存储容量

由先验知识可知,当 Hopfield 神经网络接受外界输入信号和需要联想匹配的样本过多,网络不能正确联想。研究表明,在一个连续型 Hopfield 神经网络中,所需记忆样本数量超过神经元总数的15%时,网络的联想记忆就有可能出错。本实例中标准化处理后的样本大小为 40×20,因此神经网络的神经元的个数为 40×20=800 个。网络的存储容量最多为 800×15%=120 个,因此在设计网络时,记忆样本的个数最好不要超过 120 个。

结合以上原理,构建 Hopfield 神经网络记忆标准模板字符,然后利用构造好的网络对受到噪声干扰的字符图像进行去噪,具体实现步骤如下:

(1) 确定记忆样本,对记忆样本进行编码,以便取得取值为 1 和 -1 的记忆样本。将所有待记忆的且经过二值化图像处理的模板字符存储成 40×20 的二阶矩阵,将二阶矩阵转换为元素个数为 800 个的一维列向量,元素的取值只有 0 或 1,有内容的部分为 1,无字符的位置为 0。假设记忆样本个数为 m 个,将所有转换后的列向量合成一个 $n×800$ 的二阶矩阵 $\boldsymbol{T}$。将矩阵 $\boldsymbol{T}$ 中值为 0 的元素转换为 -1,$X^k=(x_1^k,x_2^k,\cdots,x_n^k)^\mathrm{T}$;$k=1,2,\cdots,m(m<n)$,其中 X_k 表示第 k 个记忆模式,m 为记忆模式的个数,且不大于 120,神经元 j 的状态 x_j^k 的值为 1 或 -1。

(2) 利用矩阵 $\boldsymbol{T}$ 设计网络的连接权值,采用 Hebb 学习规则的外积和法和(串行)异步工作方式构建神经网络模型。

(3) 采用产生噪声的方法(如随机噪声产生法、固定噪声产生法等)对待识别的记忆样本模拟产生带噪声的二阶矩阵,同时将二阶矩阵转化为元素个数为 800 个的一维列向量。

(4) 初始化网络状态,将步骤(3)获得的含有噪声的列向量 $\boldsymbol{X}'=(x_1',x_2',\cdots,x_n')^\mathrm{T}$ 作为输入样本载入网络,$x_i(0)=x_i'(i=1,2,\cdots,n)$,$x_i(t)$ 表示神经元 i 在 t 时刻的输出状态。

(5) 随机更新网络中某一个神经元的状态,反复迭代直到网络状态为稳定状态,网络输出去除噪声的车牌字符。

(1)、(2)属于离散型 Hopfield 神经网络的记忆阶段,(3)~(5)属于联想阶段。

5.4.2 连续型 Hopfield 神经网络的应用

1. 组合优化问题

连续型 Hopfield 神经网络主要应用于优化计算,换句话说,就是解决组合优化问题。组合优化问题也就是最优解问题,是指在给定的约束条件下,求出使目标函数获得极小值(或极大值)的变量组合问题。

2. 连续型 Hopfield 神经网络解决组合优化问题

连续型 Hopfield 神经网络解决组合优化问题利用了网络的能量函数 E 在网络状态的变化过程中单调递减的原理。把需要优化的问题映射到一种神经网络的特定组合状态上,能量函数 E 等价于解决优化问题的代价函数,当网络处于稳定状态时,能量函数 E 收敛于极小值点,此时的网络状态就是优化问题可能出现的解。连续型 Hopfield 神经网络计算优化问题的步骤如下:

(1) 选择一种合适的表示方法表示待优化的问题,使得神经网络的输出与待优化问题的解对应;

(2) 构造能量函数 E,使能量函数的最小值点与最优解相对应;

(3) 将步骤(2)中构造的能量函数 E 与连续型 Hopfield 神经网络的能量函数做对比，反向推出神经网络的连接权值和结构；

(4) 由步骤(3)获得的网络结构所建立的网络的稳定运行状态，就是待优化问题的最优解。

3. 连续型 Hopfield 神经网络的具体应用举例

旅行商最优路径问题（Traveling Salesman Problem，TSP）是要找出一条最短路线，这条路线经过每个城市恰好一次，并回到出发点。假设有 n 个城市的集合 $\{C_i\}$；$i=1,2,\cdots,n$，任意两个城市 C_x 与 C_y 之间的距离用 d_{xy} 表示，n 个城市之间可能的路线有 $\dfrac{(n-1)!}{2}$ 条。

目前，旅行商问题的解决方法（穷举法、贪心法等）存在"组合爆炸"问题，即当城市数 n 较大时，冯·诺依曼体系结构的计算机在有限时间内无法获得答案。直到 1984 年，Hopfield 和 Tank 使用连续型 Hopfield 网络成功解决了当 $n=30$ 时的旅行商问题，为解决组合优化 NP-hard 问题开辟了一条新的途径，展现了神经网络的优越性。其主要解决步骤包括：将旅行商问题转换成适合神经网络处理的形式，用 $n\times n$ 个神经元构成的矩阵表示旅行路线，然后利用约束条件构造能量函数，确定连接权值，运行网络得到结果。旅行商问题优化计算过程如下：

第一步：选择合适的表示方法。

旅行商问题的解是 n 个城市的有序排列，并且任意城市在任意一条路线上的位置可以用 n 维向量表示，因此可以使用 n 阶矩阵 V 来描述一次有效的旅行路线。矩阵中的元素与网络中的神经元对应，$V_{xi}(x=1,2,\cdots,n;i=1,2,\cdots,n)$ 表示神经元 x_i 的状态，其中，x 表示第 x 个城市 C_x；i 表示访问的顺序。矩阵中的元素表示某一城市在某一条有效路线中的位置，行向量表示城市 $C_x(x=1,2,\cdots,n)$ 的位置，列向量表示路线中第 $i(i=1,2,\cdots,n)$ 个位置上的城市。

$$V_{xi}=\begin{cases}1, & C_x \text{ 是路线中第 } i \text{ 个被访问的城市}\\ 0, & C_x \text{ 不是路线中第 } i \text{ 个被访问的城市}\end{cases}$$

假如有 4 个城市 C_1、C_2、C_3、C_4，一条有效路线为 $C_2\to C_1\to C_4\to C_3\to C_2$，旅行路线总长为 $d=d_{21}+d_{14}+d_{43}+d_{32}$，矩阵表示形式如图 5-8 所示。

城市	次序			
	1	2	3	4
C_1	0	1	0	0
C_2	1	0	0	0
C_3	0	0	0	1
C_4	0	0	1	0

图 5-8 4 个城市 TSP 中一次可能的路线

第二步：构造能量函数。

解决旅行商问题的核心步骤是设计能量函数，首先分析旅行商问题和对应矩阵 V 的特点，总结如下：

（1）一个城市只能被访问一次，即矩阵行向量有且仅有 1 个元素为 1，其余 $n-1$ 个元素为 0。

（2）一次只能访问一个城市，即矩阵列向量有且仅有 1 个元素为 1，其余 $n-1$ 个元素为 0。

（3）每个城市都要到过一次，即矩阵 $\mathbf{V}$ 中有 n 个数值为 1 的元素。

（4）旅行路线最短，即网络能量函数的最小值对应旅行商问题的最优解，即访问路线的最短距离。

结合上述特点可知，在连续型 Hopfield 神经网络能量函数的一般性基础上设计旅行商问题的能量函数时，还需考虑以下两点要求：

（1）TSP 的能量函数需要量化地翻译置换矩阵的规则。

（2）能量函数要有利于量化表示最短路线的解。

在考虑以上两点要求之后，将 TSP 的能量函数划分成 4 部分：

（1）设计 TSP 能量函数的第一项 E_1。

由特点(1)可知第 x 行的全部元素按顺序两两相乘之和为 0，即 $\sum_{i=1}^{n-1}\sum_{j=i+1}^{n}V_{xi}V_{xj}=0$，其中位置 j 表示与 i 相邻的位置，从而全部 n 行的所有元素按顺序两两相乘之和也应为 0，即 $\sum_{x=1}^{n}\sum_{i=1}^{n-1}\sum_{j=i+1}^{n}V_{xi}V_{xj}=0$，因此由行约束构造的能量函数 E_1 表达式如式(5-37)所示：

$$E_1 = \frac{A}{2}\sum_{x=1}^{n}\sum_{i=1}^{n-1}\sum_{j=i+1}^{n}V_{xi}V_{xj} \tag{5-37}$$

其中，A 为大于 0 的常数。显然，当 $E_1=0$ 时可保证对每个城市访问的次数不超过一次。

（2）设计 TSP 能量函数的第二项 E_2。

同理，由特点(2)可知第 i 列的全部元素按顺序两两相乘之和为 0，即 $\sum_{x=1}^{n-1}\sum_{y=x+1}^{n}V_{xi}V_{yi}=0$，其中 y 表示与城市 x 相邻的城市，从而全部 n 列的所有元素按顺序两两相乘之和也应为 0，即 $\sum_{i=1}^{n}\sum_{x=1}^{n-1}\sum_{y=x+1}^{n}V_{xi}V_{yi}=0$，因此由列约束构造的能量函数 E_2 表达式如式(5-38)所示：

$$E_2 = \frac{B}{2}\sum_{i=1}^{n}\sum_{x=1}^{n-1}\sum_{y=x+1}^{n}V_{xi}V_{yi} \tag{5-38}$$

其中，B 为大于 0 的常数。显然，当 $E_2=0$ 时可保证每次访问的城市个数不超过一个。

（3）设计 TSP 能量函数的第三项 E_3。

由特点(3)可知矩阵中 $V_{xi}=1$ 的数目等于城市数 n，即 $\sum_{x=1}^{n}\sum_{i=1}^{n}V_{xi}=n$ 因此由全局约束条件得到能量函数 E_3 的表达式如式(5-39)所示：

$$E_3 = \frac{C}{2}\left(\sum_{x=1}^{n}\sum_{i=1}^{n}v_{xi}-n\right)^2 \tag{5-39}$$

其中，C 为大于 0 的常数。$E_3=0$ 可保证总共访问的城市个数为 n 个，同时平方项也表示了当访问城市总数不为 n 时的一种惩罚。

(4) 设计 TSP 能量函数的第四项 E_4。

同时满足以上约束条件(1)(2)(3)只能保证路线是有效的,并不能保证一定是最优的,即路线总长度不一定最短。因此,在保证路线有效的前提下,在能量函数中加入能反映路线长度的能量分量 E_4,同时保证 E_4 随路线总长度的缩短而减小。

设计 E_4 时,考虑到访问任意两城市 C_x 与 C_y 有以下两种状况。

情况一:先访问城市 C_x,再访问城市 C_y,即 $C_x \to C_y$,相应的距离表达式为 $d_{xy}V_{xi}V_{y,i+1}$。

情况二:先访问城市 C_y,再访问城市 C_x,即 $C_y \to C_x$,相应的距离表达式为 $d_{xy}V_{xi}V_{y,i-1}$。

如果城市 C_x 和城市 C_y 在一条路线中相邻,结合上述两种情况可得式(5-40)。

$$\begin{cases} C_x \to C_y: d_{xy}V_{xi}V_{y,i+1}=1, & d_{xy}V_{xi}V_{y,i-1}=0 \\ C_y \to C_x: d_{xy}V_{xi}V_{y,i+1}=0, & d_{xy}V_{xi}V_{y,i-1}=1 \end{cases} \tag{5-40}$$

因此,可以定义城市 C_x 和城市 C_y 之间的距离为式(5-41)所示。

$$d_{xy}=d_{xy}V_{xi}V_{y,i+1}+d_{xy}V_{xi}V_{y,i-1}=d_{xy}V_{xi}(V_{y,i+1}+V_{y,i-1}) \tag{5-41}$$

由路线长度约束条件得到的能量函数 E_4 表达式如式(5-42)所示。

$$E_4=\frac{D}{2}\sum_{x=1}^{n}\sum_{y=1}^{n}\sum_{i=1}^{n}d_{xy}V_{xi}(V_{y,i+1}+V_{y,i-1}) \tag{5-42}$$

其中,$\sum_{x=1}^{n}\sum_{y=1}^{n}\sum_{i=1}^{n}d_{xy}V_{xi}(V_{y,i+1}V_{y,i-1})$ 表示 n 个城市两两之间所有可能的访问路线的长度,D 为大于 0 的常数。当 E_4 达到最小值时保证当前路线为最短路线。

综合式(5-37)~式(5-42),可得解决旅行商问题的连续型 Hopfield 神经网络的能量函数 E 如式(5-43)所示:

$$\begin{aligned} E &= E_1+E_2+E_3+E_4 \\ &= \frac{A}{2}\sum_{x=1}^{n}\sum_{i=1}^{n-1}\sum_{j=i+1}^{n}V_{xi}V_{xj}+\frac{B}{2}\sum_{i=1}^{n}\sum_{x=1}^{n-1}\sum_{y=x+1}^{n}V_{xi}V_{yi}+\frac{C}{2}\left(\sum_{x=1}^{n}\sum_{i=1}^{n}v_{xi}-n\right)^2+ \\ &\quad \frac{D}{2}\sum_{x=1}^{n}\sum_{y=1}^{n}\sum_{i=1}^{n}d_{xy}V_{xi}(V_{y,i+1}+V_{y,i-1}) \end{aligned} \tag{5-43}$$

其中,参数 A、B、C、D 称为权值;$E_1 \sim E_3$ 称为惩罚项,只有在满足约束条件的情况下,TSP 能量函数的分量 $E_1 \sim E_3$ 才为 0,保证了路线的有效性;E_4 对应组合优化问题的目标函数,其最小值表示最短路线长度,保证了路线的合理性。

针对旅行商问题,网络的能量函数达到极小值的前提是要满足约束条件,也就是说能量函数分量 $E_1 \sim E_3$ 均为 0 是网络的能量函数达到极小值的前提。

第三步:确定神经元间的连接权值。

设置网络的初始连接权值的目的是使网络能够收敛到全局极小值。对比式(5-30)与式(5-43),可得式(5-44)。

$$\begin{cases} w_{xi,yi}=-A\delta_{xy}(1-\delta_{ij})-B\delta_{ij}(1-\delta_{xy})-C-Dd_{xy}(\delta_{j,i+1}+\delta_{j,i-1}) \\ \theta_{xi}=C_n \end{cases} \tag{5-44}$$

其中,$w_{xi,yi}$ 表示神经元 x_i 与神经元 y_j 的初始连接权值;θ_{xi} 表示外部激励(输入电流),

δ 函数定义如式(5-45)所示。

$$\delta_{xy} = \begin{cases} 1, & x = y \\ 0, & x \neq y \end{cases} \quad \delta_{ij} = \begin{cases} 1, & i = j \\ 0, & i \neq j \end{cases} \tag{5-45}$$

运行构造好的网络

$$\begin{cases} C_{xi} \dfrac{\mathrm{d}u_{xi}}{\mathrm{d}t} = -A \sum_{j=1, j \neq i}^{n} V_{xi} - B \sum_{j=1, y \neq x}^{n} V_{yi} - C \left(\sum_{x=1}^{n} \sum_{i=1}^{n} V_{xi} - n \right) - \\ \qquad\qquad D \sum_{y=1, y \neq x}^{n} d_{xy} (V_{y, i+1} + V_{y, i-1}) - \dfrac{u_{xi}}{R_{xi}} \\ V_{xi} = f(u_{xi}) = \dfrac{1}{1 + \mathrm{e}^{\frac{-2u_{xi}}{u_0}}} \end{cases} \tag{5-46}$$

给定一个随机的初始值输入,使得构造好的网络按照式(5-46)运行。式(5-46)中 u_0 是初始值,输入的初始值不同,得到的网络的稳定状态也不同,即不同的初始输入得到不同的旅行路线,这些路线可能是旅行商问题的最优解或者次优解。

使用连续型 Hopfield 神经网络解决 TSP 问题时需要注意以下问题。

(1) 在初始化连续型 Hopfield 神经网络时,可以将初始值设为任意值。但是初始值会影响程序运行的速度和精确度,因此为了达到更好的效果,要不停地对初始值进行调试。

(2) 由于每次运行程序时,输入状态都是在给定范围内的随机数,因此每次计算得到的次优解数据也会略有不同,但是只要多次运行程序就能发现多次迭代后的最优解只有一个。

(3) 用 Hopfield 神经网络求解 TSP 问题是较为有效的,但是很明显,由于很难选择合适的惩罚参数,导致利用 Hopfield 神经网络求解组合优化问题对缺乏经验的神经网络开发者来说不是一个容易实现的工作,反倒是经典算法中的分治法等方法对初学者更为友好。

(4) Hopfield 神经网络虽然可以求解小型 TSP,但是对于大规模的 TSP 求解很难获得较好的效果,因此要像其他大规模组合优化问题一样先分解成子问题再解决。

微课视频

5.5 本章实践

5.5.1 离散型 Hopfield 神经网络实践

离散型 Hopfield 神经网络的一项重要应用就是联想记忆,它能够将一些样本模式存储在不同的能量极值点上。联想的前提是记忆,首先应该把相应的信息保存起来,才能按照某种方式或规则读取出相关信息。联想记忆分为自联想记忆和异联想记忆,离散型 Hopfield 属于自联想记忆。

本次实验以记忆数字矩阵为例。

1. 定义要记忆的信息

```
Vmat1 = np.zeros((5, 5))
Vmat1[2, :] = 1
```

```
Vmat1[:, 2] = 1
print("V1",Vmat1)
plt.imshow(Vmat1)
plt.title("加")
plt.show()
```

V1 的结果如下。数字矩阵"加"如图 5-9 所示。

```
[[0. 0. 1. 0. 0.]
 [0. 0. 1. 0. 0.]
 [1. 1. 1. 1. 1.]
 [0. 0. 1. 0. 0.]
 [0. 0. 1. 0. 0.]]
```

类似的记忆"乘"-"×",如图 5-10 所示。

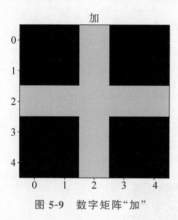

图 5-9　数字矩阵"加"

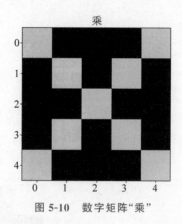

图 5-10　数字矩阵"乘"

2. 定义 Hopfield 模型

```
node_nums = 25
Vs = [Vmat1.reshape(-1), Vmat2.reshape(-1)]        #拼接
hopnet = HopfieldNet(node_nums, Vs)
```

3. 模型训练

对于权值矩阵的获得可以分别采用下面两种方式:直接计算法和 Hebb 学习规则。

```
def __init__(self, node_nums, Vs):
    self.node_nums = node_nums
    self.W = np.zeros((node_nums, node_nums))
    for i in range(node_nums):
        for j in range(node_nums):
            if i == j:
                self.W[i, j] = 0
            else:
                self.W[i, j] = sum([(2 * Vs[a][i] - 1) * (2 * Vs[a][j] - 1) for a in range(len(Vs))])
```

```
def learnW(self, Vs):
    for i in range(100):
        for j in range(len(Vs)):
            for c in range(len(Vs[j])):
                for r in range(len(Vs[j])):
                    if c != r:
                        if Vs[j][c] == Vs[j][r]:
                            self.W[c, r] += 0.1
                        else:
                            self.W[c, r] -= 0.1
```

4. 模型测试

定义测试数据,残缺数据考验 Hopfield 联想能力。模型测试如图 5-11 所示。

```
testmat = np.zeros((5, 5))
testmat[2, :] = 0
testmat[:, 2] = 0
testmat[2, 2] = 1
testmat[0, 0] = 1
plt.imshow(testmat)
plt.title("测试")
plt.show()
v = testmat.reshape(-1)
```

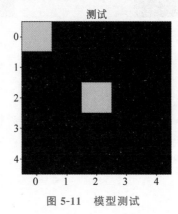

图 5-11　模型测试

测试数据 reshape 后导入 Hopfield 模型。

```
def fit(self, v):
    new_v = np.zeros(len(v))
    print("new",new_v)
    indexs = range(len(v))
    while np.sum(np.abs(new_v - v)) != 0:
        new_v = copy.deepcopy(v)
        for i in indexs:
            temp = np.dot(v, self.W[:, i])
```

```
            if temp >= 0:
                v[i] = 1
            else:
                v[i] = 0
    return v
```

5. 查看测试结果

测试结果如图 5-12 所示。

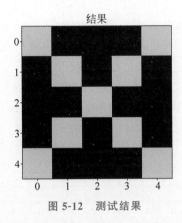

图 5-12　测试结果

可以看出 Hopfield 神经网络成功地对数据进行了联想,但是这种数据的联想不是稳定的,记忆有一定的记忆容量。并且,权值矩阵会随着记忆模式的引入发生偏移,神经元的记忆顺序与联想顺序也会影响模型结果。综上,程序的流程图如图 5-13 所示。

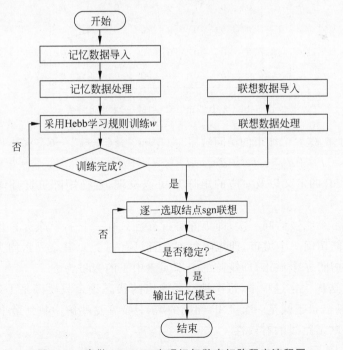

图 5-13　离散 Hopfield 实现记忆数字矩阵程序流程图

5.5.2 连续型 Hopfield 神经网络实践

本实验通过连续型 Hopfield 神经网络解决 TSP 问题。

1. 将 TSP 转化成适合于神经网络处理的形式

鉴于 TSP 的解是 n 个城市的有序排列,因此,可以使用一个由 $n \times n$ 个神经元构成的矩阵来描述旅行路线。该矩阵中的每个元素对应神经网络中的每个神经元,神经元的状态可以表示某一城市在某一条有效路线中的位置。例如,神经元 x_i 的状态用 $V_{xi}(x=1, 2, \cdots, n; i=1, 2, \cdots, n)$ 表示,其中 x 表示第 x 个城市 C_x,i 表示 C_x 是一条有效路线中第 i 个经过的城市,$V_{xi}=1$ 表示城市 C_x 在路线中第 i 个位置出现,$V_{xi}=0$ 表示城市 C_x 在路线中第 i 个位置不出现,此时第 i 个位置上为其他城市。

由此可见,$n \times n$ 矩阵 V 可以表示解决 n 个城市 TSP 的一次有效的旅行路线,即矩阵 V 可以唯一地确定对所有城市的访问次序。例如,对于 8 个城市 TSP,一次有效路线构成的矩阵 V 中的各个元素,如图 5-14 所示,其中纵向表示城市名,横向表示每个城市在矩阵 V 中的访问次序。

城市	1	2	3	4	5	6	7	8
C_1	0	0	0	0	1	0	0	0
C_2	0	1	0	0	0	0	0	0
C_3	0	0	0	0	0	1	0	0
C_4	1	0	0	0	0	0	0	0
C_5	0	0	1	0	0	0	0	0
C_6	0	0	0	0	0	0	0	1
C_7	0	0	0	0	0	0	1	0
C_8	0	0	0	1	0	0	0	0

图 5-14 8 个城市 TSP 中的一次可能路线

由图 5-14 可知,这 8 个城市的访问顺序为 $C_4 \to C_2 \to C_5 \to C_8 \to C_1 \to C_3 \to C_7 \to C_6 \to C_4$,旅行路线总长为 $d = d_{42} + d_{25} + d_{58} + d_{81} + d_{13} + d_{37} + d_{76} + d_{64}$。

通过分析 TSP 的定义以及对应的矩阵 V 可以发现,置换矩阵负责翻译并遵守 TSP 的规则:

(1) 一个城市只能被访问一次,即矩阵每行有且只有一个 1,其余元素均 0。

(2) 一次只能访问一个城市,即矩阵每列有且只有一个 1,其余元素均为 0。

(3) 一共要访问 n 个城市,即矩阵的全部元素中 1 的数量为 n。

在神经网络迭代优化过程中,每次神经元输出的状态集合只要满足上述置换矩阵的规则,则证明该组输出状态就是一个 TSP 问题的解,只要在这些解中找到最小代价的解即可。其中(1)~(3)反映了路线的有效性。

2. 构造能量函数

要让旅行路线最短,就需要网络能量函数的最小值对应于 TSP 最短路线的距离。在分析 TSP 及其对应的矩阵 **V** 的特点之后,我们可以发现,构造合适的能量函数是解决 TSP 的关键步骤。

对于 TSP 问题,在 CHNN 能量函数的一般性基础上,需要考虑以下两点:

(1) TSP 的能量函数需要量化地翻译置换矩阵的规则。

(2) 在 TSP 问题中的 $n!$ 条合法路线中,能量函数要有利于量化表示最短路线的解。

在考虑上述的要求之后,将 TSP 的能量函数划分成 4 部分。

(1) 设计 TSP 能量函数的第一项,如式(5-47)所示:

$$E_1 = \frac{A}{2} \sum_{x=1}^{n} \sum_{i=1}^{n-1} \sum_{j=i+1}^{n} v_{xi} v_{xj} \tag{5-47}$$

其中,A 为常数,并且 $A>0$。即每一行中的每一个城市 x,必须有且只有一个 1,符合置换矩阵的第一条规则。

(2) 设计 TSP 能量函数的第二项,如式(5-48)所示:

$$E_2 = \frac{B}{2} \sum_{i=1}^{n} \sum_{x=1}^{n-1} \sum_{y \neq x}^{n} v_{xi} v_{yi} \tag{5-48}$$

其中,B 为常数,并且 $B>0$。即每一列中的每一个城市 x,必须有且只有一个 1,符合置换矩阵的第二条规则。

(3) 设计 TSP 能量函数的第三项,如式(5-49)所示:

$$E_3 = \frac{C}{2} \left(\sum_{x=1}^{n} \sum_{i=1}^{n} v_{xi} - n \right)^2 \tag{5-49}$$

其中,C 为常数,并且 $C>0$。即整个矩阵有 n 个 1,符合置换矩阵的第三条规则。

(4) 设计 TSP 能量函数的第四项,如式(5-50)所示:

$$E_4 = \frac{D}{2} \sum_{x=1}^{n} \sum_{y \neq x}^{n} \sum_{i=1}^{n} d_{xy} v_{xi} (v_{y,i+1} + v_{y,i-1}) \tag{5-50}$$

其中,D 为常数,并且 $D>0$。式(5-50)包含神经网络输出中有效解的路径长度信息,d_{xy} 表示城市 x 到城市 y 的距离。

当 E_4 保证当前路线为最短时,E_4 也达到了最小值。

整合 E_1、E_2、E_3、E_4 后,得到 TSP 的能量函数 E,如式(5-51)所示:

$$\begin{aligned} E &= E_1 + E_2 + E_3 + E_4 \\ &= \frac{A}{2} \sum_{x=1}^{2} \sum_{i=1}^{n-1} \sum_{j=i+1}^{n} v_{xi} v_{xj} + \frac{B}{2} \sum_{i=1}^{n} \sum_{x=1}^{n-1} \sum_{y \neq x}^{n} v_{xi} v_{yi} + \frac{C}{2} \left(\sum_{x=1}^{n} \sum_{i=1}^{n} v_{xi} - n \right)^2 + \\ &\quad \frac{D}{2} \sum_{x=1}^{n} \sum_{y \neq x}^{n} \sum_{i=1}^{n} d_{xy} v_{xi} (v_{y,i+1} + v_{y,i-1}) \end{aligned} \tag{5-51}$$

其中,参数 A、B、C、D 称为权值,前三项是满足 TSP 置换矩阵的约束条件,称为惩罚项;最后一项包含优化目标函数项,即优化要求——使得旅行路线最短。

3. 确定权值连接

为了使网络能够收敛到全局极小值,需要设置网络的初始连接权值。将整合后的 TSP

能量函数 E 进行优化,可以得到以下表达式。

(1) 网络的初始连接权值,如式(5-52)所示:

$$w_{xi,yi} = -A\delta_{xy}(1-\delta_{ij}) - B\delta_{ij}(1-\delta_{xy}) - C - Dd_{xy}(\delta_{j,i+1},\delta_{j,i-1}) \tag{5-52}$$

其中,δ 函数定义,如式(5-53)所示:

$$\delta_{ij} = \begin{cases} 1, & i=j \\ 0, & i \neq j \end{cases} \tag{5-53}$$

(2) 外部激励(输入电流),如式(5-54)所示:

$$\theta_{xi} = C_n \tag{5-54}$$

4. 运行网络

给定一个随机的初始值输入,使得网络按照如式(5-55)运行。

$$\begin{cases} C_n \dfrac{du_{xi}}{dt} = -A \sum_{j=1,j\neq i}^{n} v_{xj} - B \sum_{j=1,y\neq x}^{n} v_{yi} - C \Big(\sum_{x=1}^{n} \sum_{i=1}^{n} v_{xi} - n \Big) - \\ \qquad\qquad D \sum_{y=1,y\neq x}^{n} d_{xy}(v_{y,i+1} + v_{y,i-1}) - \dfrac{u_{xi}}{R_{xi}} \\ v_{xi} = f(u_{xi}) = \dfrac{1}{1+e^{\frac{-2u_{xi}}{u_0}}} \end{cases} \tag{5-55}$$

得到网络稳定状态,即对应着一条最优的旅行路线。初始值不同也将会得到不同的稳定状态,即得到不同的旅行路线,这些旅行路线不是最优路线,就是次优路线。在图 5-15 和图 5-16 给出了两个解。

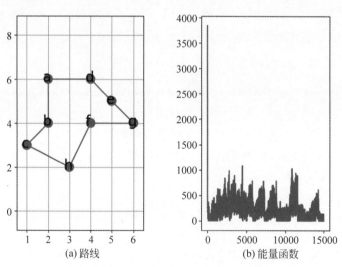

图 5-15　8 城市 TSP 最优解

这是程序最后输出的一组哈密顿回路和能量趋势图,左图表示找到的最短距离路线,右图表示在神经网络的优化过程中能量函数的波动。从图 5-15 和图 5-16 可以看到,初值设置得当时,Hopfield 神经网络找到的最优解已经和真实最优解一致。

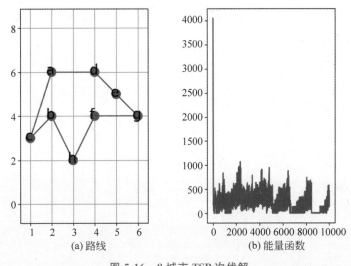

图 5-16　8 城市 TSP 次优解

5. 代码实现过程

1）初始化 Hopfield 神经网络的初值（如输入电压 U_0、迭代次数）和权值（A、D）

```
# 给定城市位置
citys = np.array([[2, 6], [2, 4], [1, 3], [4, 6], [5, 5], [4, 4], [6, 4], [3, 2]])
N = len(citys)
# 设置初始值
A = N * N
D = N / 2
U0 = 0.0009                      # 初始电压
step = 0.0001                    # 步长
num_iter = 10000                 # 迭代次数
```

2）构建 n 个城市之间的距离矩阵 D_{xy}

```
# 得到城市之间的距离矩阵
def get_distance(citys):
    N = len(citys)
    distance = np.zeros((N, N))
    for i, curr_point in enumerate(citys):
        line = []
        [line.append(price_cn(curr_point, other_point)) if i != j else line.append(0.0) for j, other_point in enumerate(citys)]
        distance[i] = line
    return distance


distance = get_distance(citys)
```

3) 利用CHNN动态方程计算输入状态的增量

```
# 动态方程计算微分方程 du
def calc_du(V, distance):
    a = np.sum(V, axis = 0) - 1           # 按列相加
    b = np.sum(V, axis = 1) - 1           # 按行相加
    t1 = np.zeros((N, N))
    t2 = np.zeros((N, N))
    for i in range(N):
        for j in range(N):
            t1[i, j] = a[j]
    for i in range(N):
        for j in range(N):
            t2[j, i] = b[j]
    # 将第一列移动到最后一列
    c_1 = V[:, 1:N]
    c_0 = np.zeros((N, 1))
    c_0[:, 0] = V[:, 0]
    c = np.concatenate((c_1, c_0), axis = 1)
    c = np.dot(distance, c)
    return - A * (t1 + t2) - D * c
```

4) 分别由一阶欧拉方法和Sigmoid函数更新神经网络下个时刻的输入和输出状态

```
# 更新神经网络的输入电压 U
def calc_U(U, du, step):
    return U + du * step
# 更新神经网络的输出电压 V
def calc_V(U, U0):
    return 1 / 2 * (1 + np.tanh(U / U0))
```

5) 计算当前的能量函数 E

```
def calc_energy(V, distance):
    t1 = np.sum(np.power(np.sum(V, axis = 0) - 1, 2))
    t2 = np.sum(np.power(np.sum(V, axis = 1) - 1, 2))
    idx = [i for i in range(1, N)]
    idx = idx + [0]
    Vt = V[:, idx]
    t3 = distance * Vt
    t3 = np.sum(np.sum(np.multiply(V, t3)))
    e = 0.5 * (A * (t1 + t2) + D * t3)
    return e
```

6) 检查当前神经网络的输出状态集合, 是否满足TSP置换矩阵的规则

```
# 检查路径的正确性
def check_path(V):
```

```
        newV = np.zeros([N, N])
        route = []
        for i in range(N):
            mm = np.max(V[:, i])
            for j in range(N):
                if V[j, i] == mm:
                    newV[j, i] = 1
                    route += [j]
                    break
    return route, newV
```

以上 3)~6)是在迭代训练优化 Hopfield 神经网络过程中的主要步骤,具体实现如下。

```
    n = 0
# 开始迭代训练网络
while n < num_iter:
    # 利用动态方程计算 du
    du = calc_du(V, distance)
    # 更新下个时间的输入状态(电路的输入电压 U)
    U = calc_U(U, du, step)
    # 更新下个时间的输出状态(电路的输出电压 V)
    V = calc_V(U, U0)
    # 计算当前网络的能量 E
    energys[n] = calc_energy(V, distance)
    # 检查路径的合法性
    route, newV = check_path(V)
    if len(np.unique(route)) == N:
        route.append(route[0])
        dis = calc_distance(route)
        if dis < best_distance:
            H_path = []
            best_distance = dis
            best_route = route
            [H_path.append((route[i], route[i + 1])) for i in range(len(route) - 1)]
            print('第{}次迭代找到的次优解距离为: {},能量为: {},路径为: '.format(n, best_
distance, energys[n]))
            [print(chr(97 + v), end = ',' if i < len(best_route) - 1 else '\n') for i, v in
enumerate(best_route)]
    n = n + 1
```

根据给定的初值,Hopfield 神经网络在经过 10000 次迭代优化后,找到的 TSP 的最优路线解如图 5-17 所示。

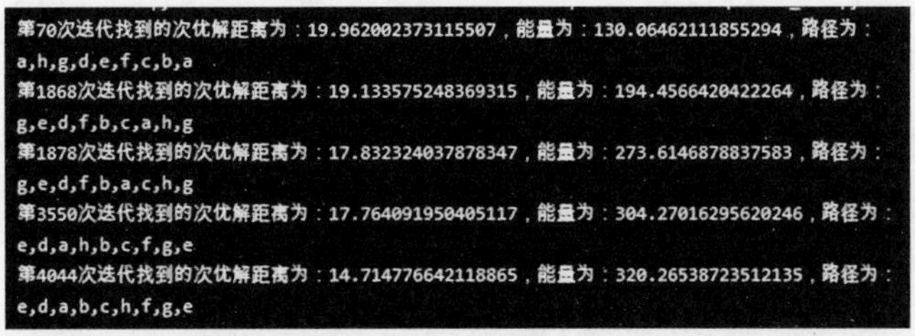

```
第70次迭代找到的次优解距离为: 19.962002373115507 ,能量为: 130.06462111855294 ,路径为:
a,h,g,d,e,f,c,b,a
第1868次迭代找到的次优解距离为: 19.133575248369315 ,能量为: 194.4566420422264 ,路径为:
g,e,d,f,b,c,a,h,g
第1878次迭代找到的次优解距离为: 17.832324037878347 ,能量为: 273.6146878837583 ,路径为:
g,e,d,f,b,a,c,h,g
第3550次迭代找到的次优解距离为: 17.764091950405117 ,能量为: 304.270162956 20246 ,路径为:
e,d,a,h,b,c,f,g,e
第4044次迭代找到的次优解距离为: 14.714776642118865 ,能量为: 320.26538723512135 ,路径为:
e,d,a,b,c,h,f,g,e
```

图 5-17 Hopfield 神经网络找到的 TSP 路线

综上,该程序实现的具体流程如图 5-18 所示。

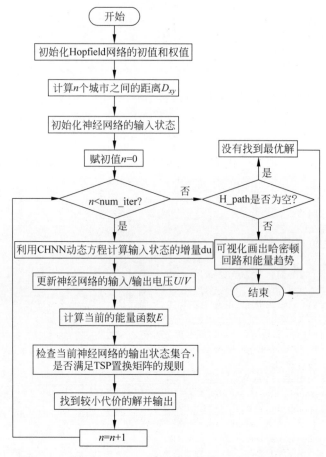

图 5-18　连续型 Hopfield 神经网络解决 TSP 问题的流程图

5.6　习题

1. 如何判断离散型 Hopfield 神经网络是否达到稳定状态？
2. 设计离散型 Hopfield 神经网络,并考察其联想性能。

$$X = T = \begin{bmatrix} 1 & -1 & 1 \\ 1 & -1 & -1 \\ -1 & 1 & 1 \end{bmatrix}$$

3. 试分析自联想记忆与互联想记忆的异同,并设计一个简单的联想记忆存储器。
4. 为什么连续型 Hopfield 神经网络能解决组合优化问题？
5. 为什么离散型 Hopfield 神经网络具有联想记忆功能？
6. 离散型 Hopfield 神经网络的训练过程主要为哪几个步骤？
7. 连续型 Hopfield 神经网络解决优化问题的一般步骤。
8. 解决 TSP 问题的算法有：神经网络算法、_____、_____、_____ 等。
9. 请实现离散型 Hopfield 神经网络的联想记忆功能。

第6章

玻耳兹曼机

CHAPTER 6

玻耳兹曼机(Boltzmann Machine，BM)由 Hinton 和 Sejnowski 等于 1985 年提出。玻耳兹曼机将统计力学中的 Boltzmann 分布思想引入神经网络,是一种经典的随机型神经网络和递归型神经网络。玻耳兹曼机是最早能够学习内部表达并且解决复杂的组合优化问题的神经网络,经常被用于解决搜索问题和学习问题。

以下将对玻耳兹曼机进行详细的介绍。

6.1 随机型神经网络概述

随机型神经网络(Stochastic Neural Network,SNN)在神经网络领域中是一类比较独特、出现较晚的神经网络,它的网络结构、学习算法、状态更新规则以及应用等方面都具有一定的特点。作为仿生神经元数学模型,随机型神经网络在联想记忆、图像处理、组合优化问题上都显示出较强的优势。

随机型神经网络与其他神经网络相比有两个主要区别:

(1) 在学习阶段,随机型神经网络不像其他神经网络基于梯度下降法调整权值,而是按某种概率分布进行修改。

(2) 在运行阶段,随机型神经网络不是按某种确定的网络方程进行状态的演变,而是按某种概率分布决定其状态的转移。神经元的净输入不能决定其状态取 1 还是取 0,但能决定其状态取 1 或取 0 的概率。

神经网络迭代演变过程如图 6-1 所示,图 6-1(a)展示的是经典神经网络采用梯度下降法进行迭代更新的过程;图 6-1(b)展示的是随机型神经网络采用随机型网络算法进行状态演变的过程。

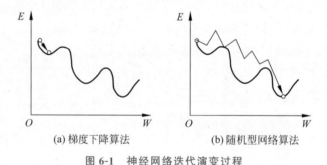

(a) 梯度下降算法　　　　(b) 随机型网络算法

图 6-1　神经网络迭代演变过程

6.2 玻耳兹曼机原理

玻耳兹曼机结合了 BP 神经网络和 Hopfield 神经网络在网络结构、运行机制和学习算法等方面的优点,从而使其在网络结构上介于多层层次和单层层次之间,在运行机制上按概率方式工作并通过模拟退火方法搜索全局最小值,在学习算法上更加简易高效。

6.2.1 玻耳兹曼机的网络结构

玻耳兹曼机的网络结构与离散型 Hopfield 神经网络的单层全互连结构相似,同时又结合了 BP 神经网络的多层层次结构的特点,因此玻耳兹曼机的网络主要由两部分组成:可视层和隐藏层。玻耳兹曼机所有层的 n 个神经元之间全连接且双向对称连接,即 $w_{ij}=w_{ji}(i=1,2,\cdots,n; j=1,2,\cdots,n)$,同时每个神经元与自身的连接权值等于 0,即 $i=j$ 时,$w_{ij}=0$,每个神经元的输出(状态)$x_j(j=1,2,\cdots,n)$均为 0 或 1 的二值离散值。玻耳兹曼机具体的网络结构如图 6-2 所示。

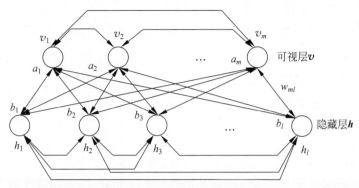

图 6-2　玻耳兹曼机的网络结构

图 6-2 中，v,h 分别表示可视层和隐藏层，$m、l$ 分别表示可视层和隐藏层中神经元的数目，$m+l=n$。

$v=(v_1,v_2,\cdots,v_i,\cdots,v_m)^T$ 表示可视层的状态向量，其中 v_i 表示可视层中第 i 个神经元的状态。若这 m 个神经元既是输入结点又是输出结点，则这是一个自联想型玻耳兹曼机网络，若这 m 个神经元一部分用作输入结点，另一部分用作输出结点，则这是一个异联想型玻耳兹曼机网络。

$h=(h_1,h_2,\cdots,h_j,\cdots,h_l)^T$ 表示隐藏层的状态向量，其中 h_j 表示隐藏层中第 j 个神经元的状态。

$a=(a_1,a_2,\cdots,a_i,\cdots,a_m)^T$ 表示可视层的阈值向量，其中 a_i 表示可视层中第 i 个神经元的阈值。

$b=(b_1,b_2,\cdots,b_j,\cdots,b_l)^T$ 表示隐藏层的阈值向量，其中 b_j 表示隐藏层中第 j 个神经元的阈值。

玻耳兹曼机的神经元模型如图 6-3 所示，它与 BP 神经网络、Hopfield 神经网络的神经元结构基本相同。

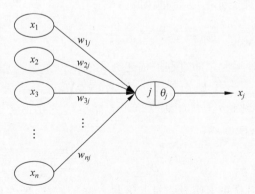

图 6-3　玻耳兹曼机的神经元模型

神经元 j 的净输入 s_j 如式(6-1)所示。

$$s_j=\sum_{i=1}^n x_j w_{ij}-\theta_j \quad j=1,2,\cdots,n \tag{6-1}$$

其中，w_{ij} 表示神经元 i 与神经元 j 之间的连接权值；θ_j 表示神经元 j 的阈值。

由于玻耳兹曼机在运行机制上按概率方式工作，所以神经元 j 的输出 x_j 与净输入 s_j 的输出状态概率有关，神经元 j 的输出状态的转移概率可以由式(6-2)和式(6-3)计算得出：

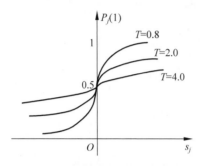

图 6-4 不同温度下输出概率与输入的关系

$$P_j(x_j=1) = \frac{1}{1+e^{-s_j/T}} \quad (6\text{-}2)$$

$$P_j(x_j=0) = 1 - \frac{1}{1+e^{-s_j/T}} = \frac{e^{-s_j/T}}{1+e^{-s_j/T}} \quad (6\text{-}3)$$

其中，式(6-2)表示神经元 j 输出为 1 的概率；式(6-3)表示神经元 j 输出为 0 的概率。

从图 6-4 可以看出，神经元的净输入值越大，输出状态取 1 的概率越大；反之，输出状态取 0 的概率越大。网络温度 T 的变化可以改变概率曲线的形状，T 越大，曲线越平滑，$P_j(x_j)$ 相对于 s_j 的变化反应就越迟钝；反之，T 越小，曲线越陡峭，$P_j(x_j)$ 相对于 s_j 的变化反应就越敏感，并且当 T 趋近 0 时，$P_j(x_j)$ 趋近阶跃函数。

6.2.2 玻耳兹曼机的能量函数及玻耳兹曼分布

1. 玻耳兹曼机的能量函数

与 Hopfield 神经网络类似，玻耳兹曼机也采用能量函数求极值的过程描述网络状态收敛的过程，能量函数定义如式(6-4)所示。

$$E = -\frac{1}{2}\sum_{i=1}^{n}\sum_{j=1}^{n}w_{ij}x_ix_j + \sum_{j=1}^{n}\theta_jx_j \quad (6\text{-}4)$$

其中，x_i 表示的是神经元 i 的输出(也称为神经元的状态)；w_{ij} 表示的是神经元 i 与神经元 j 之间的连接权值；θ_j 表示的是神经元 j 的阈值。

由式(6-4)可得单个神经元的能量 E_j 如式(6-5)。

$$E_j = -\frac{1}{2}\sum_{i=1}^{n}w_{ij}x_ix_j + \theta_jx_j \quad (6\text{-}5)$$

神经元 j 的能量随时间变化的过程可描述为式(6-6)。

$$E_j(t+1) = E_j(t) + \Delta E_j \quad (6\text{-}6)$$

其中，ΔE_j 表示的是 t 时刻到 $t+1$ 时刻神经元 j 能量的变化值，其计算过程如式(6-7)所示，其中 s_j 是神经元 j 的净输入。

$$\Delta E_j = -\frac{1}{2}\Delta x_j \sum_{i=1}^{n}w_{ij}x_i + \Delta x_j\theta_j = -\Delta x_j\left(\sum_{i=1}^{n}w_{ij}x_i - \theta_j\right) = -\Delta x_js_j \quad (6\text{-}7)$$

如果玻耳兹曼机采用异步工作方式对网络状态进行更新，即在网络状态进行更新时随机选取或按特定规则只有一个神经元 j 的状态发生变化，其他神经元的状态保持不变，则由 t 时刻到 $t+1$ 时刻网络的能量的变化过程就是神经元 j 的能量变化过程，如式(6-8)所示。

$$\Delta E = \Delta E_j = -\Delta x_js_j \quad (6\text{-}8)$$

如式(6-8)和(6-2)所示，根据 $t+1$ 时刻神经元 j 的净输入 s_j 的不同取值，玻耳兹曼机的能量变化有不同的情况：

当 $s_j=0$ 时，$\Delta E=0$。

当 $s_j>0$ 时，$p(x_j=1)>0.5$，此时神经元 j 的输出为 1 的概率较大，若 t 时刻 $x_j(t)=1$，则 $\Delta x_j=0$ 的概率较大，此时 $\Delta E=0$ 的概率较大；若 t 时刻 $x_j(t)=0$，则 $\Delta x_j=1$ 的概率较大，此时 $\Delta E<0$ 的概率较大。

当 $s_j<0$ 时，$p(x_j=1)<0.5$，此时神经元 j 的输出为 0 的概率较大，若 t 时刻 $x_j(t)=1$，则 $\Delta x_j=-1$ 的概率较大，此时 $\Delta E<0$ 的概率较大；若 t 时刻 $x_j(t)=0$，则 $\Delta x_j=0$ 的概率较大，此时 $\Delta E=0$ 的概率较大。

由异步工作玻耳兹曼机网络能量变化的情况可以看出，随着网络的运行网络中的任意神经元进行状态更新，网络的能量整体上符合概率分布呈下降趋势，即在网络演化的过程中每次能量变化大概率 $\Delta E\leqslant 0$，但玻耳兹曼机根据概率分布进行状态更新的特性，使得网络在演化的过程中某一时刻有一定的概率朝网络能量增加的方向进行更新。玻耳兹曼机的这一特性使得网络具有了跳出局部最优点的能力，这是 Hopfield 神经网络不具备的能力。

2. 玻耳兹曼分布

玻耳兹曼分布就是玻耳兹曼机网络状态更新服从的概率分布，其数学描述如式(6-9)所示。

$$P(E_i)=\frac{\mathrm{e}^{-E_i/T}}{\sum_{j=1}^{m}\mathrm{e}^{-E_j/T}} \tag{6-9}$$

其中，E_i 指的是神经网络状态 X_i 对应的网络能量；m 表示的是网络中可能出现的状态的数量（如果网络中有 n 个神经元，由于神经元的输出状态只有 0 或 1 两种状态，所以可能出现的状态的数量为 $m=2^n$）；T 表示网络的温度参数。

通过玻耳兹曼分布的概率分布函数可以看出，E_i 越小，$P(E_i)$ 的取值越大。其实际物理意义是玻耳兹曼机的网络状态对应的能量越小，这一网络状态出现的概率就越大，这是玻耳兹曼机将能量函数和概率分布相互结合控制网络演化的关键。

玻耳兹曼分布中的温度参数 T 的取值对玻耳兹曼网络的演进十分关键，由式(6-9)可以看出，当 T 取值较大时，不同的 E_i 取值得到的结果之间的差值较小。其在玻耳兹曼机中的物理意义是当 T 较大时，网络的各个状态之间的概率都比较接近，即网络停留在局部最优点或全局最优点或其他取值的概率相差较小，此时网络比较容易跳出局部最优点；当 T 取值较小时，不同的 E_i 取值得到的结果之间的差值明显，其在玻耳兹曼机中的物理意义是当 T 较小时，网络的各个状态之间的概率相差较大，即网络停留在局部最优点或全局最优点或其他取值的概率较大，此时网络落入全局最优或局部最优点时，跳出的概率较小，当 T 取值趋近 0 时，网络跳出概率趋于无穷小，此时玻耳兹曼机可以看作一种离散型 Hopfield 神经网络。

玻耳兹曼分布是玻耳兹曼机进行网络更新迭代的基础，玻耳兹曼机运行时所采用的模拟退火算法正是根据玻耳兹曼分布的特点在网络演进的过程中进行网络状态更新达到全局最优。

6.2.3 玻耳兹曼机的运行规则

1. 模拟退火算法

在解决网络极值问题时,通常会采用梯度下降、爬山法等局部极值搜索方法。这些方法都很难达到全局最优,大部分都会进入局部极值。为了解决这个问题,玻耳兹曼机利用模拟退火算法使得模型在状态更新的过程中能以一定的概率跳出局部极值,稳定在全局最优。

1) 模拟退火算法的原理

模拟退火算法是随机型神经网络中采用的一种有效解决局部极小值的方法,包括 Metropolis 算法和退火过程两部分。1953 年,Metropolis 提出重要性采样法,即以概率来接收新状态。假设前一状态为 $x(n)$,系统受到一定的扰动,状态变为 $x(n+1)$,相应地,系统能量由 $E(n)$ 变为 $E(n+1)$,系统由状态 $x(n)$ 变为 $x(n+1)$ 的接受概率为 P,可以得到式(6-10)。

$$P = \begin{cases} 1, & E(n+1) < E(n) \\ e^{\left(-\frac{E(n+1)-E(n)}{T}\right)}, & E(n+1) \geqslant E(n) \end{cases} \quad (6\text{-}10)$$

当状态发生转移时,即状态从 $x(n)$ 到 $x(n+1)$。如果能量减小,则这种状态的改变被接收;反之,证明能量的变化偏离了全局最优,但是 Metropolis 算法不会以概率 0 抛弃,而是在[0,1]产生一个均匀分布的随机数 ξ,如果 $\xi < P$,则接受这种状态转移,否则拒绝。Metropolis 算法的核心思想就是当能量增加时以一定的概率接收状态转移,并非直接拒绝这种转移。

模拟退火算法拥有能量向增大方向转移的能力,这种能力可以使网络跳出局部极小值。在式(6-10)中的参数 T 为模拟退火的温度,当温度 T 一定时,物体的自身内能变化越大,其状态转移的概率就越低,即物体的内能趋势是向能量降低的方向演变。

如图 6-4 所示,温度参数 T 越高,状态越容易变化,为了使物体最终收敛到低温下的平衡态,需要在退火初始时设置较高的温度,然后逐渐降温,最后物体将以较高的概率收敛到最低能量状态。在降温过程中可能会出现收敛到局部极小值的情况,因此需要选择合适的降温函数。同样,终止温度也是重要参数,如果在连续的降温过程中系统一直未达到稳定状态,处于均衡冻结态,这时需要根据初始终止温度结束算法过程。

2) 模拟退火算法的过程

(1) 确定问题域和初始参数。设置变量 x 的个数和维度、设置目标函数为最小代价函数(相当于 Hopfield 中的能量函数)、随机选取初始解变量 $x(0)$、设置迭代步数 k、设置初始温度 $T(0)$、设置终止温度 $T(F)$、设置温度下降公式(通常为指数函数)及相关参数。

(2) 运行 Metropolis 算法。若在该温度下达到内循环终止条件,则转移至(3);否则,以一定的规则(如在邻域中随机选取)在当前状态 $x(n)$ 附近产生新的状态 $x(n+1)$,得到式(6-11)。

$$\Delta f = f(x(n+1)) - f(x(n)) \quad (6\text{-}11)$$

其中,$f(\cdot)$ 为代价函数。如果 $\Delta f < 0$,则令 $x(n+1)$ 为下一状态;否则,计算 $p = e^{-\frac{\Delta f}{T}}$,在[0,1]产生一个随机数 ξ,如果 $\xi < P$ 则接受这种状态转移,反之拒绝状态转移。重复此

步骤。

(3) $k=k+1$,新的温度 $T(N)=d(T(0))$。$d(\cdot)$ 表示温度下降函数。根据内循环的终止条件,检查达到了热平衡状态。在内循环中系统在一定的温度 T 下迭代,直到满足热平衡条件,此时应修改温度,再开始循环。内循环终止条件有:代价函数 $f(\cdot)$ 的值是否趋于稳定、按一定步数进行抽样等。如果判断当前已经达到热平衡,则转移到第(4)步,否则转移到第(2)步。

(4) 按照公式调整温度 T,根据外循环终止准则检查退火算法是否收敛。如果新的温度值小于给定的终止温度,则算法结束,此时的状态 $x(n)$ 即为所求的最优点。否则转到第(2)步继续迭代,$k=k+1$。外循环终止的准则也可以设置为固定的迭代次数,达到该次数以后系统即停止计算。如果系统的熵值已经达到最小,此时可以认为已经达到了最低温度。或者连续降温若干次,代价函数都没有改善,也可以作为达到终止温度的判据。流程如图 6-5 所示。

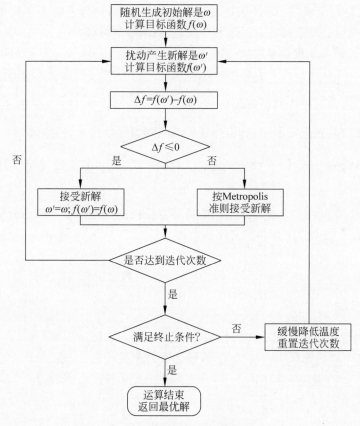

图 6-5 模拟退化算法的流程

2. 网络运行规则

设玻耳兹曼机有 n 个神经元,任意神经元 i 的净输入为 s_i,输出状态为 x_i,阈值为 θ_i,神经元 i 和神经元 j 之间的连接权值为 $W_{ij}(i,j=1,2,\cdots,n)$。

(1) 初始化网络。设初始温度为 $T(t=0)=T_0$,终止温度为 T_F,网络温度的确定通常依靠经验取得,如将神经元能量的方差作为初始温度,同样,通常将状态保持不变的若干连续温度均值作为终止温度。网络的连接权值 W_{ij} ($W_{ij}=W_{ji}$) 和神经元阈值 θ_j 在 $[-1,1]$ 中随机选取,状态转移概率 P 在 $[0,1]$ 中选取。

(2) 任意选取神经元 i,在 t 时刻网络的温度为 T_t,神经元 i 的净输入为 $s_i = \sum_{j=1}^{n} x_i w_{ij} - \theta_i$。

(3) 若 $s_i > 0$,根据 $P(x_i=1) = \dfrac{1}{1+e^{-\frac{s_i}{T}}}$,取 $x_i(t+1)=1$ 作为神经元 i 在 $t+1$ 时刻的状态;若 $s_i < 0$,根据 $P(x_i=1) = \dfrac{1}{1+e^{-\frac{s_i}{T}}}$,判断 $P(x_i=1)$ 与 ξ 的关系,若 $P(x_i=1) > \xi$,则接受 $x_i(t+1)=1$ 作为神经元 i 在 $t+1$ 时刻的状态,反之保持原状态不变。在此过程中只有神经元 i 的状态改变。

(4) 判断网络在温度 T_0 条件下是否达到热平衡状态,如果网络未达到热平衡状态,则转移到(2)继续执行;如果网络达到热平衡状态,则继续执行(5)。

(5) 以一定的降温策略降低温度。使 $T(t+1) < T(t)$。若 $T(t+1) \geqslant T_F$,则令 $t = t+1$,转到步骤(2)。若 $T(t+1) < T_F$,则网络结束运行,在温度 $T(t)$ 下求得网络的稳定状态即为网络的输出。通常采用指数型降温方式,如 $T(t+1) = \dfrac{T_0}{\log(t+1)}$,采用这种降温策略虽然可以保证网络收敛到全局最小点,但是这种策略降温幅度过小,网络收敛时间较长,因此,可以采用快速降温的方式,如 $T(t) = \dfrac{T_0}{t+1}$、$T(t) = \lambda T(t-1)$,λ 是一个常数,通常取值在 $[0,1]$。

【例 6-1】 一个包含 3 个神经元结点的玻耳兹曼机的连接权值和阈值分别如下,求解在初始温度为 $T_0 = 5$ 的条件下网络的热平衡状态。

$$\mathbf{W} = \begin{bmatrix} 0 & 0.55 & 0.45 \\ 0.55 & 0 & 0.2 \\ 0.45 & 0.2 & 0 \end{bmatrix} \quad \boldsymbol{\theta} = \begin{bmatrix} 0.65 \\ 0.3 \\ 0.4 \end{bmatrix}$$

解:

随机选取网络中各神经元的初始状态 $\boldsymbol{x}(0) = (0,0,0)$,则

(1) 在网络中随机选取一个神经元,假设选取的神经元为 2,则

$$s_2 = w_{12}x_1 + w_{22}x_2 + w_{32}x_3 - \theta_2 = 0.55 \times 0 + 0 \times 0 + 0.2 \times 0 - 0.3 = -0.3$$

$$P(x_2 = 1) = \dfrac{1}{1+e^{0.3/5}} = 0.485$$

在 $[0,1]$ 随机选取阈值 $\xi = 0.367$,可知 $p(x_2=1) > \xi$,则网络接收神经元 2 的新状态 $\boldsymbol{x}(1)$,网络中除神经元 2 以外其他神经元状态保持不变,因此,网络的状态变为 $\boldsymbol{x}(1) = (0,1,0)$。

(2) 在网络中随机选取一个神经元,假设选取的神经元为 3,则

$$s_3 = w_{13}x_1 + w_{23}x_2 + w_{33}x_3 - \theta_3 = 0.45 \times 0 + 0.2 \times 1 + 0 \times 0 - 0.4 = -0.2$$

$$P(x_3 = 1) = \dfrac{1}{1+e^{0.2/5}} = 0.4900$$

在[0,1]随机选取阈值 $\xi=0.2919$,可知 $p(x_3=1)>\xi$,则网络接收神经元 3 的新状态 $x(2)$,网络中除神经元 3 以外其他神经元状态保持不变,因此,网络的状态变为 $x(2)=(0,1,1)$。

(3) 在网络中随机选取一个神经元,假设选取的神经元为 1,则

$$s_1=w_{11}x_1+w_{21}x_2+w_{31}x_3-\theta_1=0\times0+0.55\times1+0.45\times1-0.65=0.35$$

由于 $s_1>0$,则网络接收神经元 1 的新状态 $x(3)$,网络中除神经元 1 以外其他神经元状态保持不变,因此,网络的状态变为 $x(3)=(1,1,1)$。

(4) 在网络中随机选取一个神经元,假设选取的神经元为 2,则

$$s_2=w_{12}x_1+w_{22}x_2+w_{32}x_3-\theta_2=0.55\times1+0\times1+0.2\times1-0.3=0.45$$

由于 $s_2>0$,则网络接收神经元 2 的新状态 $x(4)$,则网络接收神经元 2 的新状态 $x(4)$,网络中除神经元 2 以外其他神经元状态保持不变,因此,网络的状态变为 $x(4)=(1,1,1)$。

(5) 在网络中随机选取一个神经元,假设选取的神经元为 3,则

$$s_3=w_{13}x_1+w_{23}x_2+w_{33}x_3-\theta_3=0.45\times1+0.2\times1+0\times1-0.4=0.25$$

由于 $s_3>0$,则网络接收神经元 3 的新状态 $x(5)$,网络中除神经元 3 以外其他神经元状态保持不变,因此,网络的状态变为 $x(5)=(1,1,1)$。

(6) 在网络中随机选取一个神经元,假设选取的神经元为 1,则

$$s_1=w_{11}x_1+w_{21}x_2+w_{31}x_3-\theta_1=0\times1+0.55\times1+0.45\times1-0.65=0.35$$

由于 $s_1>0$,则网络接收神经元 1 的新状态 $x(6)$,网络中除神经元 1 以外其他神经元状态保持不变,因此,网络的状态变为 $x(6)=(1,1,1)$。

此时,可以看出网络已经达到热平衡状态,若想得到网络的稳定状态,需要利用降温函数对网络进行降温处理。如采用 $T(t)=\lambda T(t-1)$,设 $\lambda=0.8$,则网络温度更新为 $T=0.8\times5=4$。同样重复步骤(1)~(6),可知网络的稳定状态为 $X=(1,1,1)$时,根据 $E=-\frac{1}{2}\sum_{i=1}^{n}\sum_{j=1}^{n}w_{ij}x_ix_j+\sum_{i=1}^{n}\theta_ix_i$ 可得,网络的能量达到极小值为 $E=0.15$。

6.2.4 玻耳兹曼机的联想记忆

玻耳兹曼机具有联想记忆功能,其实质是联想出记忆在网络的连接权值上的目标概率分布。玻耳兹曼机实现联想记忆功能首先要根据实际问题确定玻耳兹曼机的网络结构,然后调整连接权值完成对目标概率分布函数的学习记忆。其中可视层的神经元个数由记忆样本决定,隐藏层神经元的个数需要根据经验确定。玻耳兹曼机的联想记忆包括自联想记忆和异联想记忆,下面分别介绍自联想记忆和异联想记忆的玻耳兹曼机学习规则。

1. 自联想记忆学习规则

概率意义上的联想记忆是一种自联想记忆,它包括记忆阶段和联想阶段。在记忆阶段,将一组记忆样本及这组记忆样本的概率分布函数提供给网络可视层,网络进入学习状态,并按照网络的学习规则调整连接权值。记忆结束后,网络进入联想阶段,按照玻耳兹曼机的网络运行规则更新神经元状态,联想出已经记忆的样本的概率分布。

自联想记忆的玻耳兹曼机网络结构由可视层和隐藏层构成,可视层的各个神经元既是输入也是输出。假设其神经元个数为 n,可视层神经元个数为 p,隐藏层神经元个数为 q,则有 $p+q=n$。神经元 i 的阈值为 θ_i,神经元 i 与神经元 j 之间的连接权值为 w_{ij}($i=1,2,\cdots$,

n；$j=1,2,\cdots,n$），T 为网络温度参数。网络的可视层状态表示为 $\boldsymbol{X}^a=(x_1^a,x_2^a,\cdots,x_p^a)$ （$a=1,2,\cdots,k$），网络的隐藏层状态表示为 $\boldsymbol{X}^b=(x_1^b,x_2^b,\cdots,x_q^b)$ （$b=1,2,\cdots,l$），由于玻耳兹曼机的单个神经元的状态只有两种，因此可视层共有 $k=2^p$ 种状态，隐藏层共有 $l=2^q$ 种状态，整个网络共有 $m=2^n$ 种状态。

$P(\boldsymbol{X}^a,\boldsymbol{X}^b)$ 表示网络的期望概率分布，$E^s(\boldsymbol{X}^a,\boldsymbol{X}^b)$ （$s=1,2,\cdots,m$）表示网络在第 s 个状态时的能量。

玻耳兹曼机自联想记忆的学习规则过程如下。

(1) 对网络进行初始化。随机选取区间 $[-1,+1]$ 内的值赋给连接权值 $\{w_{ij}\}$ 和阈值 θ_i，设置网络期望概率 $P(\boldsymbol{X}^a)$，初始温度 T_0，终止温度 T_F，网络更新次数 d，循环次数 t 和 $t_{\max}$ 以及 ε，并令网络实际概率 $P'(\boldsymbol{X}^a)=0$（$a=1,2,\cdots,k$）。其中，期望概率是指根据玻耳兹曼分布获得的可视层状态出现的概率，实际概率是指网络运行过程中可视层中各个状态实际出现的概率，实际概率 $P'(\boldsymbol{X}^a)$ 如式(6-12)所示。

$$P'(\boldsymbol{X}^a)=\sum_{b=1}^{l}P'(\boldsymbol{X}^a,\boldsymbol{X}^b) \tag{6-12}$$

其中，$P'(\boldsymbol{X}^a,\boldsymbol{X}^b)$ 表示网络状态的实际概率分布函数，如式(6-13)所示。

$$P'(\boldsymbol{X}^a,\boldsymbol{X}^b)=\frac{\mathrm{e}^{-E^s(\boldsymbol{X}^a,\boldsymbol{X}^b)/T}}{\sum_{s=1}^{m}\mathrm{e}^{-E^s(\boldsymbol{X}^a,\boldsymbol{X}^b)/T}} \tag{6-13}$$

(2) 按照期望概率分布 $P(\boldsymbol{X}^a)$ 将网络可视层神经元的输出固定在某一状态 $\boldsymbol{X}^a=(x_1^a,x_2^a,\cdots,x_p^a)$ （$a=1,2,\cdots,k$），网络隐藏层的 q 个神经元按照玻耳兹曼机的运行规则，从初始温度 T_0 开始更新状态，状态更新到终止温度 T_F 下的平衡状态 $\boldsymbol{X}^b=(x_1^b,x_2^b,\cdots,x_q^b)$ （$b=1,2,\cdots,l$）后停止更新。

(3) 隐藏层神经元状态达到平衡后，保持温度 $T=T_F$ 不变，对整个网络状态进行更新，当神经元 i 与神经元 j 的状态同时为 1 时，按式(6-14)进行计算，整个过程重复 d 次，即对整个网络进行 d 次更新。

$$\mathrm{count}_{ij}^{+}=\mathrm{count}_{ij}^{+}+1 \tag{6-14}$$

(4) 整个网络的 n 个神经元按照玻耳兹曼机的运行规则，从初始温度 T_0 开始更新状态，状态更新到终止温度 T_F 下的平衡状态 $\boldsymbol{X}^s=(x_1^s,x_2^s,\cdots,x_n^s)$ （$s=1,2,\cdots,m$）后停止更新。

(5) 整个网络的神经元状态达到平衡后，保持温度 $T=T_F$ 不变，对整个网络状态进行更新，当神经元 i 与神经元 j 的状态同时为 1 时，按式(6-15)进行计算，整个过程重复 d 次，即对整个网络进行 d 次更新。

$$\mathrm{count}_{ij}^{-}=\mathrm{count}_{ij}^{-}+1 \tag{6-15}$$

(6) 重复步骤(2)~(5) $t(t>k)$ 次。

(7) 按照式(6-16)和式(6-17)计算 ρ_{ij}^{+} 和 ρ_{ij}^{-}，ρ_{ij}^{+} 也被称为神经元 i 与神经元 j 的对称概率，表示网络可视层各个神经元的输出按照期望概率分布 $P(\boldsymbol{X}^a)$ 固定在某一个状态 $\boldsymbol{X}^a=(x_1^a,x_2^a,\cdots,x_p^a)$ （$a=1,2,\cdots,k$）下，只对隐藏层神经元的状态进行更新，当认为网络达到稳定状态之后，神经元 i 与神经元 j 的输出同时为 1 的概率。ρ_{ij}^{-} 表示网络可视层各个

神经元的输出按照 $P(\boldsymbol{X}^a)$ 固定在某一个状态 $\boldsymbol{X}^a=(x_1^a,x_2^a,\cdots,x_p^a)(a=1,2,\cdots,k)$ 下,整个网络的神经元按照玻耳兹曼机的运行规则更新状态,当认为网络达到稳定状态之后,神经元 i 与神经元 j 的输出同时为 1 的概率。

$$\rho_{ij}^+ = \frac{1}{td}\text{count}_{ij}^+ \tag{6-16}$$

$$\rho_{ij}^- = \frac{1}{td}\text{count}_{ij}^- \tag{6-17}$$

(8) 按照式(6-18)修正连接权值 $w_{ij}(i=1,2,\cdots,n;j=1,2,\cdots,n)$。

$$w_{ij} = w_{ij} + \Delta w_{ij} = w_{ij} + \frac{\varepsilon}{T_F}(\rho_{ij}^+ - \rho_{ij}^-) \tag{6-18}$$

式(6-18)表明了玻耳兹曼机进行自联想记忆时采用的学习方式,即当玻耳兹曼机与"外界环境"接触时进行 Hebb 学习,当其与"外界环境"切断联系时进行反学习。式(6-18)中 $\frac{\varepsilon}{T_F}\rho_{ij}^+$ 称为学习项,ρ_{ij}^+ 的更新过程是玻耳兹曼机的学习过程;$-\frac{\varepsilon}{T_F}\rho_{ij}^-$ 为反学习项,ρ_{ij}^- 的更新过程是玻耳兹曼机的反学习过程。原理如下:

由 $\frac{\varepsilon}{T_{\text{end}}}>0$ 可知 Δw_{ij} 与 ρ_{ij}^+ 成比例增加,即 ρ_{ij}^+ 越大,Δw_{ij} 越大。又因为神经元 i 与神经元 j 的输出同时为 1 的数量越多,ρ_{ij}^+ 越大,所以可得出结论:神经元 i 与神经元 j 的输出同时为 1 的数量越多,连接权值调整量 Δw_{ij} 越大,反之亦然。这与若神经元 i 与神经元 j 同时处于兴奋状态,则它们之间的连接应当加强的 Hebb 学习规则一致,因此 $\frac{\varepsilon}{T_F}\rho_{ij}^+$ 称为学习项,ρ_{ij}^+ 的更新过程是玻耳兹曼机的学习过程。$-\frac{\varepsilon}{T_F}\rho_{ij}^-$ 则与 Hebb 学习规则相反,因此 $-\frac{\varepsilon}{T_F}\rho_{ij}^-$ 称为反学习项,ρ_{ij}^- 的更新过程是玻耳兹曼机的反学习过程。

(9) 返回步骤(2),直到循环次数达到 t_{max} 结束。

根据上述玻耳兹曼的自联想学习规则,将玻耳兹曼机自联想学习过程总结如下:

(1) 对网络进行初始化,分别设置网络的连接权值 $\{w_{ij}\}$ 和阈值 θ_i,期望概率分布 $P(\boldsymbol{X}^a)$,初始温度 T_0,终止温度 T_F,网络更新次数 d,循环次数 t 以及 ε。

(2) 网络按照玻耳兹曼机的运行规则,从初始温度 T_0 开始更新状态,获得网络状态出现的实际概率 $P'(\boldsymbol{X}^a,\boldsymbol{X}^b)$。

(3) 根据 $P'(\boldsymbol{X}^a,\boldsymbol{X}^b)$ 获得网络可视层神经元状态出现的实际概率 $P'(\boldsymbol{X}^a)$。

(4) 计算交叉熵 G,判断 $P(\boldsymbol{X}^a)$ 与 $P'(\boldsymbol{X}^a)$ 的近似程度,如式(6-19)所示。

$$G(w_{ij}) = \sum_{a=1}^k P(\boldsymbol{X}^a)\ln\frac{P(\boldsymbol{X}^a)}{P'(\boldsymbol{X}^a)} \tag{6-19}$$

G 是调整连接权值的基础。当 G 较大,说明网络的期望概率分布与实际概率分布相差较大,这时网络按照玻耳兹曼机自联想记忆学习规则,进入循环调整连接权值状态。

(5) 直到 G 越来越小,网络的实际概率分布与期望概率分布越来越接近,玻耳兹曼机学习结束,得到最终的连接权值。

(6) 选取步骤(1)中设置的初始温度 T_0,终止温度 T_F,让网络采用快速降温工作方式按照网络的运行规则进行联想,计算网络可视层实际状态出现概率 $P'(\boldsymbol{X}^a)$ 及相应的交叉熵 G,验证网络的学习过程是否正确。

2. 异联想记忆学习规则

玻耳兹曼机的异联想记忆的学习规则与上述自联想记忆的学习规则非常相似。设玻耳兹曼机有 n 个神经元,其中可视层的输入部分有 p_i 个神经元,输出部分有 p_o 个神经元,隐藏层有 q 个神经元 $(p_i+p_o+q=n)$,神经元 i 的阈值为 θ_i,与神经元 j 之间的连接权值为 w_{ij},$(i=1,2,\cdots,n;j=1,2,\cdots,n)$,$T$ 为网络温度参数;网络可视层的输入部分有 $k_i=2^{p_i}$ 种状态,表示为 $\boldsymbol{X}^{a_i}=(x_1^{a_i},x_2^{a_i},\cdots,x_{p_i}^{a_i})$ $(a_i=1,2,\cdots,k_i)$,输出部分有 $k_o=2^{p_o}$ 种状态,表示为 $\boldsymbol{X}^{a_o}=(x_1^{a_o},x_2^{a_o},\cdots,x_{p_o}^{a_o})$ $(a_0=1,2,\cdots,k_o)$,网络的隐藏层有 $l=2^q$ 种状态,表示为 $\boldsymbol{X}^b=(x_1^b,x_2^b,\cdots,x_q^b)(b=1,2,\cdots,q)$,整个网络有 $m=2^n$ 种状态。

网络状态的期望联合概率分布为 $P_{a_{io}}(\boldsymbol{X}^{a_i},\boldsymbol{X}^{a_o})=P(\boldsymbol{X}^{a_i})P(\boldsymbol{X}^{a_o}|\boldsymbol{X}^{a_i})$,其中的 $P(\boldsymbol{X}^{a_o}|\boldsymbol{X}^{a_i})$ 表示在输入模式 $\boldsymbol{X}^{a_i}$ 下输出模式 $\boldsymbol{X}^{a_o}$ 出现的期望条件概率分布。

(1) 初始化,为网络中各个连接权 w_{ij} 和阈值 θ_i 赋予 $[-1,+1]$ 的随机值,并设置网络期望概率 $P(\boldsymbol{X}^{a_o}|\boldsymbol{X}^{a_i})$,初始温度 T_0,终止温度 T_F,网络更新次数 d,循环次数 t_i、t_o 和 $t_{\max}$,以及 ε。

(2) 随机选取输入模式 $\boldsymbol{X}^{a_i}=(x_1^{a_i},x_2^{a_i},\cdots,x_{p_i}^{a_i})(a_i=1,2,\cdots,k_i)$,加载到网络可视层的输入部分。

(3) 按照期望条件概率分布 $P(\boldsymbol{X}^{a_o}|\boldsymbol{X}^{a_i})$ 将输出模式 $\boldsymbol{X}^{a_o}=(x_1^{a_o},x_2^{a_o},\cdots,x_{p_o}^{a_o})$ $(a_0=1,2,\cdots,k_o)$ 固定在网络可视层输出部分。

(4) 从初始温度 T_0 开始,按照玻耳兹曼机的运行规则将网络隐藏层神经元的状态更新至终止温度 T_F 下的平衡状态 $\boldsymbol{X}^b=(x_1^b,x_2^b,\cdots,x_q^b)$ $(b=1,2,3,\cdots,q)$。

(5) 在隐藏层的平衡状态下,保持温度 $T=T_F$ 不变,对整个网络状态继续进行 d 次更新,每次更新后,当神经元 i 和 j 同时为 1 时,计算 $\text{count}_{ij}^+=\text{count}_{ij}^++1$。

(6) 重新从初始温度 T_0 开始,按照玻耳兹曼机的运行规则对网络中除可视层输入部分以外的所有神经元进行状态更新至终止温度 T_F 下的平衡状态。

(7) 在可视层输出部分和隐藏层的平衡状态下,保持温度 $T=T_F$ 不变,对整个网络状态继续进行 d 次更新,每次更新后,当神经元 i 和 j 同时为 1 时,计算 $\text{count}_{ij}^-=\text{count}_{ij}^-+1$。

(8) 返回(3),直至进行 t_o 次循环,并且 $t_o>k_o$,k_o 为可视层输出部分的状态个数。

(9) 计算 ρ_{ij}^+ 和 $\rho_{ij}^-(i=1,2,\cdots,n;j=1,2,\cdots,n)$,如式(6-20)和式(6-21)所示。

$$\rho_{ij}^+=\frac{1}{t_o\times d}\text{count}_{ij}^+ \tag{6-20}$$

$$\rho_{ij}^-=\frac{1}{t_o\times d}\text{count}_{ij}^- \tag{6-21}$$

(10) 调整网络的各个连接权值 $w_{ij}(i=1,2,\cdots,n;j=1,2,\cdots,n)$。

(11) 返回(2),选取下一组学习模式进行 t_i 次循环,并且 $t_i>k_i$,k_i 为可视层输入部分的状态个数。

(12) 返回(2),直至进行 $t_{\max}$ 次循环。

通过有导师学习,玻耳兹曼机可以对训练集中各模式的概率分布进行模拟,从而实现联想记忆。学习的目的是通过调整网络权值使训练集中的模式在网络状态中以相同的概率再现。

6.3 受限玻耳兹曼机原理

玻耳兹曼机的模型构建以完备的统计力学理论为基础,能够学习数据中复杂的规则,但训练时间较长,并且在计算玻耳兹曼机所表示的分布和得到玻耳兹曼机所表示分布的随机样本比较困难。为解决这一难题,Smolensky 在玻耳兹曼机的基础上加入了一些限定条件从而提出受限玻耳兹曼机(Restricted Boltzmann Machine,RBM)的概念。受限玻耳兹曼机是玻耳兹曼机的一个变种,可用于降维、分类、回归、协同过滤、特征学习以及主题建模等领域,具有广泛的应用场景,下面将详细地介绍受限玻耳兹曼机的网络结构、能量函数、运行规则和应用实例等。

6.3.1 受限玻耳兹曼机的网络结构

受限玻耳兹曼机的网络结构主要由两部分组成:可视层和隐藏层。玻耳兹曼机和受限玻耳兹曼机最大的区别就在可视层和隐藏层的神经元的连接方式上,玻耳兹曼机模型的同一层神经元之间全连接,不同层神经元之间全连接,即所有层的 n 个神经元之间全连接且双向对称连接;而受限玻耳兹曼机模型的同一层神经元之间无连接,不同层神经元之间全连接且双向对称连接。同一层神经元之间不存在通信是受限玻耳兹曼机受限的主要原因,同时,这种限制使得在已知可视层神经元的状态时,受限玻耳兹曼机各隐藏层神经元的激活条件独立,反之亦然。受限玻耳兹曼机的网络结构如图 6-6 所示。

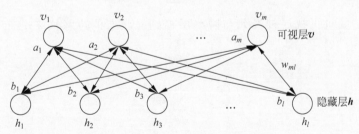

图 6-6 受限玻耳兹曼机的网络结构

图 6-6 中, v、h 分别表示可视层和隐藏层, m、l 分别表示可视层和隐藏层中神经元的数目, $m+l=n$。
$\boldsymbol{v}=(v_1,v_2,\cdots,v_i,\cdots,v_m)^{\mathrm{T}}$ 表示可视层的状态向量,其中 v_i 表示可视层中第 i 个神经元的状态。
$\boldsymbol{h}=(h_1,h_2,\cdots,h_j,\cdots,h_l)^{\mathrm{T}}$ 表示隐藏层的状态向量,其中 h_j 表示隐藏层中第 j 个神经元的状态。

$a = (a_1, a_2, \cdots, a_i, \cdots, a_m)^T$ 表示可视层的阈值向量，其中 a_i 表示可视层中第 i 个神经元的阈值。

$b = (b_1, b_2, \cdots, b_j, \cdots, b_l)^T$ 表示隐藏层的阈值向量，其中 b_j 表示隐藏层中第 j 个神经元的阈值。

受限玻耳兹曼机与玻耳兹曼机的神经元结构相同，每个神经元的输出状态均为 0 或 1 的二值离散值，神经元 j 的输出状态 x_j 与净输入 s_j 的输出状态概率有关，具体详见式(6-2)和式(6-3)。

6.3.2 受限玻耳兹曼机的能量函数

受限玻耳兹曼机虽然在网络结构上与玻耳兹曼机不同，但是在模型的收敛过程中依然是采用能量函数的形式评估网络状态的变化，其数学定义如式(6-22)所示。

$$E(\boldsymbol{v}, \boldsymbol{h}) = -\sum_i \sum_j v_i w_{ij} h_j - \sum_i a_i v_i - \sum_j b_j h_j \tag{6-22}$$

其中，$\boldsymbol{v} = (v_1, v_2, \cdots, v_n)$ 表示的是可视层神经元的状态向量，$\boldsymbol{a} = (a_1, a_2, \cdots, a_n)$ 表示的是可视层神经元的阈值(偏置)向量，$\boldsymbol{h} = (h_1, h_2, \cdots, h_n)$ 表示的是隐藏层神经元的状态向量，$\boldsymbol{b} = (b_1, b_2, \cdots, b_n)$ 表示的是隐藏层神经元的阈值(偏置)向量，w_{ij} 表示的是神经元 i 与神经元 j 之间的连接权值，$\boldsymbol{W} = (w_{ij}) \in \mathbb{R}^{n_h * n_v}$ 表示的是隐藏层与可视层之间的权值矩阵。受限玻耳兹曼机的能量函数可简写为向量形式，如式(6-23)所示。

$$E(\boldsymbol{v}, \boldsymbol{h}) = -\boldsymbol{h}^T \boldsymbol{W} \boldsymbol{v} - \boldsymbol{a}^T \boldsymbol{v} - \boldsymbol{b}^T \boldsymbol{h} \tag{6-23}$$

根据受限玻耳兹曼机的能量函数，可得到受限玻耳兹曼机可视层神经元与隐藏层神经元状态的联合概率分布，如式(6-24)所示，联合概率分布函数在受限玻耳兹曼机中的物理意义是可视层神经元的一组取值(一个状态) $\boldsymbol{v}$ 与隐藏层神经元的一组取值(一个状态) $\boldsymbol{h}$ 发生的联合概率 $p(\boldsymbol{v}, \boldsymbol{h})$ (如式 6-24 所示)可由能量函数计算得出。

$$p(\boldsymbol{v}, \boldsymbol{h}) = \frac{e^{-E(\boldsymbol{v}, \boldsymbol{h})}}{\sum_{\boldsymbol{v}, \boldsymbol{h}} e^{-E(\boldsymbol{v}, \boldsymbol{h})}} \tag{6-24}$$

受限玻耳兹曼机可视层神经元与隐藏层神经元状态的边缘概率分布如式(6-25)和式(6-26)所示。

$$p(\boldsymbol{v}) = \frac{\sum_{\boldsymbol{h}} e^{-E(\boldsymbol{v}, \boldsymbol{h})}}{\sum_{\boldsymbol{v}, \boldsymbol{h}} e^{-E(\boldsymbol{v}, \boldsymbol{h})}} \tag{6-25}$$

$$p(\boldsymbol{h}) = \frac{\sum_{\boldsymbol{v}} e^{-E(\boldsymbol{v}, \boldsymbol{h})}}{\sum_{\boldsymbol{v}, \boldsymbol{h}} e^{-E(\boldsymbol{v}, \boldsymbol{h})}} \tag{6-26}$$

受限玻耳兹曼机可视层神经元与隐藏层神经元状态条件概率分布如式(6-27)和式(6-28)所示。

$$p(\hat{h} = 1 \mid \boldsymbol{v}) = \text{sigmoid}(\boldsymbol{W}\boldsymbol{v} + \boldsymbol{b}) \tag{6-27}$$

$$p(\hat{v} = 1 \mid \boldsymbol{h}) = \text{sigmoid}(\boldsymbol{h}\boldsymbol{W}^T + \boldsymbol{a}) \tag{6-28}$$

由于受限玻耳兹曼机的结构中，可视层和隐藏层层内的神经元相互之间没有连接，所以同一层内的神经元相互独立,如式(6-29)和式(6-30)所示。

$$p(\boldsymbol{v} \mid \boldsymbol{h}) = \prod_i p(v_i \mid \boldsymbol{h}) \tag{6-29}$$

$$p(\boldsymbol{h} \mid \boldsymbol{v}) = \prod_j p(h_j \mid \boldsymbol{v}) \tag{6-30}$$

6.3.3 受限玻耳兹曼机的运行规则

受限玻耳兹曼机的训练过程就是调整参数 $\theta = \{w_{ij}, a_i, b_j\}$,使得在该参数下由相应的受限玻耳兹曼机表示的概率分布尽可能地与训练样本相符合。因此,受限玻耳兹曼机和玻耳兹曼机一样,可以通过最大化似然函数得到最优的参数 θ^*。

给定一组训练样本 $S = \{v^{(1)}, v^{(2)}, \cdots, v^{(m)}\}$,训练样本的个数为 m,其对数似然函数如式(6-31)所示。

$$L(S) = \ln \prod_{n=1}^{m} P(v^{(n)}) = \sum_{n=1}^{m} \ln P(v^{(n)}) \tag{6-31}$$

使用随机梯度上升法求解最优参数 θ^*,通过迭代的方式来进行逼近,参数更新如式(6-32)所示。

$$\theta \leftarrow \theta + \alpha \frac{\partial L(S)}{\partial \theta} \tag{6-32}$$

随机梯度上升法的关键步骤是对数似然函数 $L(S)$ 关于参数 θ 的梯度计算,如式(6-33)所示。

$$\frac{\partial L(S)}{\partial \theta} = -E_{P(\boldsymbol{h} \mid v^{(m)})} \left[\frac{\partial E(v^{(m)}, \boldsymbol{h})}{\partial \theta} \right] + E_{P(\boldsymbol{v}, \boldsymbol{h})} \left[\frac{\partial E(\boldsymbol{v}, \boldsymbol{h})}{\partial \theta} \right] \tag{6-33}$$

根据式(6-33),对数似然函数 $L(S)$ 关于参数 w_{ij}、b_i、c_j 的梯度的计算如式(6-34)~式(6-36)所示。

$$\frac{\partial L(S)}{\partial w_{ij}} = -E_{P(\boldsymbol{h} \mid v^{(m)})} \left[\frac{\partial E(v^{(m)}, \boldsymbol{h})}{\partial w_{ij}} \right] + E_{P(\boldsymbol{v}, \boldsymbol{h})} \left[\frac{\partial E(\boldsymbol{v}, \boldsymbol{h})}{\partial w_{ij}} \right] \tag{6-34}$$

$$\frac{\partial L(S)}{\partial a_i} = -E_{P(\boldsymbol{h} \mid v^{(m)})} \left[\frac{\partial E(v^{(m)}, \boldsymbol{h})}{\partial a_i} \right] + E_{P(\boldsymbol{v}, \boldsymbol{h})} \left[\frac{\partial E(\boldsymbol{v}, \boldsymbol{h})}{\partial a_i} \right] \tag{6-35}$$

$$\frac{\partial L(S)}{\partial b_j} = -E_{P(\boldsymbol{h} \mid v^{(m)})} \left[\frac{\partial E(v^{(m)}, \boldsymbol{h})}{\partial b_i} \right] + E_{P(\boldsymbol{v}, \boldsymbol{h})} \left[\frac{\partial E(\boldsymbol{v}, \boldsymbol{h})}{\partial b_i} \right] \tag{6-36}$$

其中,$E_P[\cdot]$ 表示 P 的数学期望;$P(\boldsymbol{h} \mid v^{(m)})$ 表示在可视层神经元限定为已知的训练样本 $v^{(m)}$ 隐藏层的概率分布;$P(\boldsymbol{v}, \boldsymbol{h})$ 表示可视层神经元和隐藏层神经元的联合分布,涉及归一化因子 Z,即 $\sum_{\boldsymbol{v}, \boldsymbol{h}} e^{-E(\boldsymbol{v}, \boldsymbol{h})}$,很难确切地获取该分布,因此只能通过一些采样的方法获取 $E_{P(\boldsymbol{v}, \boldsymbol{h})} \left[\frac{\partial E(\boldsymbol{v}, \boldsymbol{h})}{\partial w_{ij}} \right]$、$E_{P(\boldsymbol{v}, \boldsymbol{h})} \left[\frac{\partial E(\boldsymbol{v}, \boldsymbol{h})}{\partial a_i} \right]$、$E_{P(\boldsymbol{v}, \boldsymbol{h})} \left[\frac{\partial E(\boldsymbol{v}, \boldsymbol{h})}{\partial b_i} \right]$ 的近似值。

当前在受限玻耳兹曼机的研究中,经典的学习方法有 Gibbs 采样(Gibbs Sampling)算法、对比散度(Contrastive Divergence,CD)算法等。

1. Gibbs 采样算法

1) Gibbs 采样原理

Gibbs 采样是一种基于马尔可夫链蒙特卡罗(Markov Chain Monte Carlo，MCMC)方法，从多维随机变量联合概率分布中产生样本的采样方法。在介绍 Gibbs 采样之前，简单介绍一下 MCMC 方法。

MCMC 方法是以马尔可夫链(Markov Chain)为概率模型的蒙特卡罗(Monte Carlo)法，即利用马尔可夫链采样得到样本集进行蒙特卡罗模拟求和，其中蒙特卡罗是指基于采样的数值型近似求解方法。MCMC 方法作为一种随机近似推断方法，其基本思想是根据马尔可夫链的收敛特性，将目标分布作为平稳分布，构造一个马尔可夫链。首先从系统的任意一个状态出发，不断进行状态转移，经过一定次数的转移后，此时的状态服从平稳分布，将其作为一个采集到的样本，进而获得一个服从该平稳分布的样本序列，此样本序列就是我们要采集的服从目标分布的样本序列，最后利用采集到的样本序列进行求解。MCMC 方法的区别其实就是构造马尔可夫链的方法的区别，常见的 MCMC 方法有 Metropolis-Hastings(M-H)算法和 Gibbs 采样算法。

M-H 算法是一种非常通用的构造马尔可夫链的方法，通过接受率 $\alpha(i,j)$ 模拟接受-拒绝过程筛选所需样本。不过由于接受率 $\alpha(i,j)$ 的存在，M-H 算法面临计算量大、算法收敛时间长的问题。同时多维变量的联合分布又难以求解，因此 M-H 算法不适用于受限玻耳兹曼机的采样。Gibbs 采样可以看作是接受率 $\alpha(i,j)=1$ 的 M-H 算法的特例，因此相比于 M-H 算法，Gibbs 算法不存在接受率 $\alpha(i,j)$，收敛速度更快。同时对于多维变量，条件概率分布比联合分布更易于求解，因此 Gibbs 采样算法相较于其他 MCMC 算法更适用于受限玻耳兹曼机的采样。

2) Gibbs 采样过程

Gibbs 采样可以理解为利用条件概率分布近似获得联合概率分布，其基本思想是从 m 维随机变量的任意一个状态开始，对于 m 维随机变量中的各个变量，利用条件概率分布进行迭代采样。其采样过程为：假设有 m 维随机变量 $\boldsymbol{X}=(x_1,x_2,\cdots,x_m)$，随机初始化随机变量 $\boldsymbol{X}$ 的状态为 $(x_1^{(0)},x_2^{(0)},\cdots,x_n^{(0)})$，然后对随机变量 $\boldsymbol{X}$ 中的每个变量 $x_i, i\in\{1,2,\cdots,m\}$ 按条件概率 $P(x_i^{(t+1)}|x_1^{(t+1)},\cdots,x_{i-1}^{(t+1)},x_{i+1}^{(t)},\cdots,x_m^{(t)})$ 进行采样，当所有变量均采样完，开始下一轮迭代，随着迭代一定次数，随机变量的概率分布会收敛于随机变量 $\boldsymbol{X}$ 的概率分布 $P(x_1,x_2,\cdots,x_m)$。

由于受限玻耳兹曼机的结构是对称的，并且其神经元的状态具备条件独立性，因此在受限玻耳兹曼机所表示的分布未知的情况下，可以使用吉布斯采样方法有效地获取服从受限玻耳兹曼机所表示的分布的随机样本。假设受限玻耳兹曼机由 m 个可视层神经元和 n 个隐藏层神经元组成，$\boldsymbol{v}=(v_1,v_2,\cdots,v_m)^{\mathrm{T}}$ 表示可视层的状态向量，$\boldsymbol{h}=(h_1,h_2,\cdots,h_n)^{\mathrm{T}}$ 表示隐藏层的状态向量，在此受限玻耳兹曼机中实施 k 步 Gibbs 采样的过程如下：

(1) 随机初始化一个可视层状态向量 $\boldsymbol{v}_0$，令 $t=0$，计算隐藏层状态向量的概率 $h_t=P(\boldsymbol{h}|\boldsymbol{v}_t)$，并从中采样一个状态向量 $\boldsymbol{h}_0$。

(2) 基于步骤(1)中的 h_0，计算可视层状态向量的概率 $v_{t+1}=P(\boldsymbol{v}|\boldsymbol{h}_t)$，并从中采样一个状态向量 $\boldsymbol{v}_1$。

(3) 重复步骤(1)和(2) k 次后，获得 $(\boldsymbol{v}_k, \boldsymbol{h}_k)$。

受限玻耳兹曼机使用 Gibbs 采样算法采样的过程如图 6-7 所示。

理论上，只要采样步数 k 足够大，采集到的样本服从受限玻耳兹曼机所表示的分布。进而获取 $E_{P(\boldsymbol{v},\boldsymbol{h})}\left[\dfrac{\partial E(\boldsymbol{v},\boldsymbol{h})}{\partial w_{ij}}\right]$、$E_{P(\boldsymbol{v},\boldsymbol{h})}\left[\dfrac{\partial E(\boldsymbol{v},\boldsymbol{h})}{\partial a_i}\right]$、$E_{P(\boldsymbol{v},\boldsymbol{h})}\left[\dfrac{\partial E(\boldsymbol{v},\boldsymbol{h})}{\partial b_i}\right]$ 的近似值。

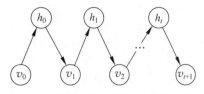

图 6-7 受限玻耳兹曼机的采样过程

2. 对比散度算法

尽管利用 Gibbs 采样，可以得到对数似然函数关于未知参数的梯度近似，但当观测数据的特征维数较高时，需要使用较大的采样步数，这使得受限玻耳兹曼机的训练效率较低。2002 年 Hinton 提出了受限玻耳兹曼机的一个快速学习算法，即对比散度算法（Contrastive Divergence, CD）。与 Gibbs 采样不同，Hinton 指出，当使用训练数据初始化时，我们仅需要使用 k（通常 $k=1$）步 Gibbs 采样就可以得到足够好的近似。

通过常规的 MCMC 采样来估计，需要经过许多步的状态转移才能保证采集到的样本符合目标分布，如式(6-37)~式(6-39)所示。若以训练样本作为起点，就可以仅需要很少次的状态转移抵达受限玻耳兹曼机的分布。CD 算法就是基于这种思想而产生，该方法目前已经成为训练受限玻耳兹曼机的标准算法。

$$\begin{aligned}\dfrac{\partial \ln P(v^{(n)})}{\partial w_{ij}} &= -E_{P(h|v^{(m)})}\left[\dfrac{\partial E(v^{(m)},h)}{\partial w_{ij}}\right] + E_{P(v,h)}\left[\dfrac{\partial E(v,h)}{\partial w_{ij}}\right] \\ &= P(h_i=1 \mid v^{(m)})v_j - E_{P(v)}P(h_i=1 \mid v)v_j\end{aligned} \quad (6\text{-}37)$$

$$\begin{aligned}\dfrac{\partial \ln P(v^{(n)})}{\partial a_i} &= -E_{P(h|v^{(m)})}\left[\dfrac{\partial E(v^{(m)},h)}{\partial a_i}\right] + E_{P(v,h)}\left[\dfrac{\partial E(v,h)}{\partial a_i}\right] \\ &= v_i^{(m)} - E_{P(v)}v_i\end{aligned} \quad (6\text{-}38)$$

$$\begin{aligned}\dfrac{\partial \ln P(v^{(n)})}{\partial b_i} &= -E_{P(h|v^{(m)})}\left[\dfrac{\partial E(v^{(m)},h)}{\partial b_i}\right] + E_{P(v,h)}\left[\dfrac{\partial E(v,h)}{\partial b_i}\right] \\ &= P(h_i=1 \mid v^{(m)}) - E_{P(v)}P(h_i=1 \mid v)\end{aligned} \quad (6\text{-}39)$$

k 步 CD 算法（简记为 CD-k）的步骤具体可描述为：对 $\forall v \in S$，取初始值 $v=v^{(0)}$，然后执行 k 步 Gibbs 采样，其中第 t 步 $(t=1,2,\cdots,k)$ 先后执行：利用 $P(h \mid v^{(t-1)})$ 采样出 $h^{(t-1)}$；利用 $P(v \mid h^{(t-1)})$ 采样出 $v^{(t)}$；然后利用 k 步 Gibbs 采样后得到的 $v^{(k)}$ 来近似估计式(6-37)~式(6-39)中对应的期望项（或均值项），具体如式(6-40)~式(6-42)所示。

$$\dfrac{\partial \ln P(V)}{\partial w_{ij}} \approx P(h_i=1 \mid v^{(0)})v_j^{(0)} - P(h_i=1 \mid v^{(k)})v_j^{(k)} \quad (6\text{-}40)$$

$$\dfrac{\partial \ln P(V)}{\partial a_i} \approx v_i^{(0)} - v_i^{(k)} \quad (6\text{-}41)$$

$$\dfrac{\partial \ln P(V)}{\partial b_i} \approx P(h_i=1 \mid v^{(0)}) - P(h_i=1 \mid v^{(k)}) \quad (6\text{-}42)$$

事实上，上述近似过程也可以看成是利用式(6-43)来近似式(6-44)的过程。

$$CD_k(\theta,v) = -\sum_h P(h \mid v^{(0)}) \frac{\partial E(v^{(0)},h)}{\partial \theta} + \sum_h P(h \mid v^{(k)}) \frac{\partial E(v^{(k)},h)}{\partial \theta} \quad (6\text{-}43)$$

$$\frac{\partial \ln P(V)}{\partial \theta} = -\sum_h P(h \mid v^{(0)}) \frac{\partial E(v^{(0)},h)}{\partial \theta} + \sum_{v,h} P(v \mid h) \frac{\partial E(v,h)}{\partial \theta} \quad (6\text{-}44)$$

至此,关于 L_S 的梯度计算公式都变得具体可算。综上,CD-k 算法的完整描述为:仍然假定训练样本集合为 S,CD-k 算法的目标是获取一次梯度上升迭代中偏导数 $\frac{\partial L_S}{\partial W}$、$\frac{\partial L_S}{\partial a}$ 和 $\frac{\partial L_S}{\partial b}$(其分量为 $\frac{\partial L_S}{\partial w_{i,j}}$、$\frac{\partial L_S}{\partial a_i}$ 和 $\frac{\partial L_S}{\partial b_i}$)的近似值,以下分别将其简记为 ΔW、Δa 和 Δb(其分量 $\Delta w_{i,j}$、Δa_i 和 Δb_i)。此外,记 RBM(W,a,b)表示以 W、a、b 为参数的受限玻耳兹曼机网络。CD-k 算法的描述如下:

(1) 输入:$k,S,\text{RBM}(W,a,b)$;
(2) 初始化:$\Delta W=0,\Delta a=0,\Delta b=0$;
(3) 通过对 S 中的样本循环,生成 $\Delta W,\Delta a$ 和 Δb;
(4) 任取 $v \in S$,v 赋值为 $v^{(0)}$,使 $t=0,1,\cdots,k-1$;$i=1,2,\cdots,n_h$;$j=1,2,\cdots,n_v$;执行 $h_i^{(t)} \sim p(h_i \mid v^t)$、$v_j^{(t+1)} \sim p(v_j \mid h^t)$,然后,更新各个参数值,如式(6-45)~式(6-47)所示。

$$\Delta w_{i,j} = \Delta w_{i,j} + [P(h_i=1 \mid v^{(0)})v_j^{(0)} - P(h_i=1 \mid v^{(k)})v_j^{(k)}] \quad (6\text{-}45)$$

$$\Delta a_j = \Delta a_j + [v_j^{(0)} - v_j^{(k)}] \quad (6\text{-}46)$$

$$\Delta b_i = \Delta b_i + [P(h_i=1 \mid v^{(0)}) - P(h_i=1 \mid v^{(k)})] \quad (6\text{-}47)$$

最终获得其分量 $\Delta w_{i,j}$、Δa_i 和 Δb_i 即可。

以上便是 CD-k 算法的具体过程。为了更加精确地逼近似然函数的梯度,并把算法的计算复杂度控制在合理的范围内,PCD 算法和 FPCD 算法被提了出来。不同于 CD 算法,PCD 算法在训练过程中维持了完整的马尔可夫链,马尔可夫链的数量等于每一个 mini-batch 中的样本数,马尔可夫链的状态转移过程一直维持到训练过程结束。使用 PCD 算法在计算开销上几乎与 CD 算法一致,但是由于维持了完整的马尔可夫链,算法对似然函数的逼近更加有效。FPCD 算法讨论了学习速率和马尔可夫链混合速率之间的关系,指出权值的更新过程加速了马尔可夫链的混合,促进马尔可夫链收敛到稳态。因此,FPCD 算法引入快速权值来加速马尔可夫链的收敛。

6.3.4 受限玻耳兹曼机的应用

受限玻耳兹曼机已被广泛应用于文本、图像和语音处理等领域。同时,受限玻耳兹曼机也被用于分类、高维时间序列建模、图像转换、系统过滤等领域。本部分以受限玻耳兹曼机在文本中的应用为例,介绍受限玻耳兹曼机的具体场景应用。

分布式表示方法是指文档的语义分布在多个主题中,并由多主题特征相乘得到。由于传统的无监督特征提取模型无法有效处理含类别标记的文档数据,故学者在受限玻耳兹曼机的基础上,结合文本主题的分布式特性,提出了半监督分布式主题特征提取模型,能够有效利用文档中的多标记信息。

大多数概率主题模型均假定单个文档为包含多主题的集合,且各主题为包含多关键词的多项分布,即其语义特征为多主题加权和的方式。如表 6-1 所示,某文档为含三个主题组成的集合,各主题分别为由多关键词组成的多项分布。

表 6-1 概率主题模型的表示

主题 1(a)		主题 2(b)		主题 3(c)	
关键词	权重	关键词	权重	关键词	权重
比赛	0.600	竞技	0.40	竞技	0.30
输	0.300	输	0.30	赢	0.50
赢	0.050	赢	0.05	输	0.10
生病	0.025	生病	0.10	比赛	0.06
竞技	0.025	比赛	0.15	生病	0.04

假设该文档中关键词由各主题产生的概率分别为 a、b、c,且有 $a+b+c=1$,那么在概率主题模型中,该主题中"生病"的概率 $p=0.025a+0.1b+0.04c$,因此该文档的概率主题模型中,关键词"生病"的概率 $0.025<p<0.1$。然而在实际应用中,出现词"生病"的概率小于 0.025 或大于 0.1 的文档较为常见。

由此可见,传统的概率主题模型表达文档的能力具有局限性。相较于传统的概率主题模型,文档的分布式表示具备更精准的文档表示能力,如图 6-8 所示。

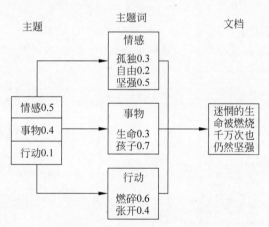

图 6-8 文档的分布式表示

如何改变传统的概率主题模型中有向图的表达形式,以及实现对由多个主题分布式表示的文档进行各主题词的提取,进而获得各主题中含有词项的概率,成了学者们关注的重点。但由于受限玻耳兹曼机是一种无监督模型,而部分文本中含有标记,因此需要定义一种基于受限玻耳兹曼机的半监督模型来完成分布式主题特征提取的任务。

模型定义:

定义文本数据中不同的标记为 L,设数据中第 d 个文档长度为 D。定义 $h \in \{0,1\}^{F_d}$ 为隐含主题的随机二进制特征,F_d 由文档 d 的多个标记确定,受限玻耳兹曼机中对应的可视层单元为 $v \in \{1,2,\cdots,K\}^D$,其中 K 为字典中含有词的数目。

定义矩阵 A 是一个 $S\times L$ 维的文档标记确认矩阵,S 表示文本库中的文档数目,那么有如下规则:

$$A_{dl} = \begin{cases} 0, & \text{第 } d \text{ 个文档不含第 } l \text{ 个文档标记} \\ 1, & \text{第 } d \text{ 个文档含第 } l \text{ 个文档标记} \end{cases}$$

假定文档 d 在受限玻耳兹曼机中含有两类隐层单元,即独占隐层单元 F_l 和共享隐层单元 F_s,如图 6-9 所示。其中,所有文档均包含相同的共享隐层单元,同时各个文档还包含属于自身的独占隐层单元。而每个不同的文档均包含有相同的共享隐层单元。

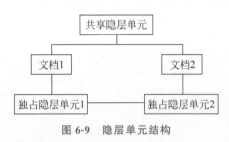

图 6-9 隐层单元结构

因此,文档 d 中的独占隐层单元的总个数为 $\text{sum}(A_d)\times F_l$,$\text{sum}(A_d)$ 为矩阵 A 中第 d 行元素和。文档 d 中共享隐层单元 F_s 的结果等于 $F_s + \text{sum}(A_d)\times F_l$。定义 B 为文档对应隐层单元的 $d\times(l\cdot F_l+F_s)$ 维矩阵,设前 F_l 列元素为共享隐层单元且均为 1。对于剩下的列元素,矩阵 B 第 i 行的第 $F_s+(j-1)F_l$ 至第 $F_s+j\cdot F_l$ 列有如下规则:

$$\text{剩下的列元素} = \begin{cases} 1, & \text{矩阵 } A_{ij} = 1 \\ 0, & \text{矩阵 } A_{ij} \neq 1 \end{cases}$$

假设有两个文档 d_1 和 d_2,文档中均包含 3 个标记,且单个标记均包含 2 个隐层单元。其中共享隐层单元均为 1 个。对文档 d_1,其对应的标记为 1 和 2;对文档 d_2,其对应的标记为 2 和 3。其各自对应并建立的模型结构如图 6-10 和图 6-11 所示。

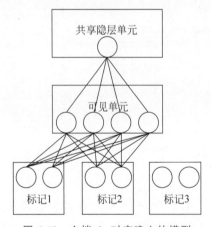

图 6-10 文档 d_1 对应建立的模型

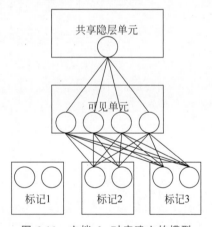

图 6-11 文档 d_2 对应建立的模型

根据受限玻耳兹曼机模型能量函数定义,可推导出文档 i 在 $\{V, h_d\}$ 状态下的函数。

$$E(V, h_d) = -\sum_{j=1, B_{ij}=1}^{d\times(F_s+L\cdot F_l)} h_j a_j - \sum_{i=1}^{D}\sum_{k=1}^{K} v_i^k b_i^k - \sum_{i=1}^{D}\sum_{j=1, B_{ij}=1}^{d\times(F_s+L\cdot F_l)}\sum_{k=1}^{K} W_{ij}^k h_j v_i^k$$

可推导出矩阵 V 的概率函数为:

$$P(V) = \frac{1}{Z}\sum_{h_d} e^{-E(V, d_d)}$$

$$Z = \sum_{V}\sum_{h_d} e^{-E(V, h_d)}$$

因此,隐藏层的条件概率为:

$$P(v_i^k = 1 \mid h) = \frac{e^{\left(b_i^k + \sum_{j=1, B_{ij}=1}^{d\times(F_s+L\cdot F_l)} h_j W_{ij}^k\right)}}{\sum_{q=1}^{K} e^{\left(b_i^q + \sum_{j=1, B_{ij}=1}^{d\times(F_s+L\cdot F_l)} h_j W_{ij}^q\right)}}$$

引入受限玻耳兹曼机在独占隐层单元确定的前提下,随着主题数或共享主题数的增加,处理主题数较多的数据集时将具有明显的优势。

6.4 本章实践

微课视频

受限玻耳兹曼机(RBM)是一种可通过输入数据集学习概率分布的随机生成神经网络。RBM 先把输入数据前向通过可视层,在隐藏层得到表示它们的一系列输出,然后这些输出再反向重构输入数据。通过前向和后向的训练,可以利用训练好的网络模型提取出输入数据中的重要特征。

rbm 可用于协同过滤(collaborative filtering)、降维(dimensionality reduction)、分类(classification)、特征学习(feature learning)、主题模型(topic modeling)和搭建深度置信网络(deep belief network)等任务。

实验设计:

1. 初始化(Initialization)

(1) 给定训练样本集合 S($|S| = n_s$);
(2) 给定训练周期 J,学习率 η 以及 CD-k 算法参数 k;
(3) 指定隐藏层的单元数目 n_h(可视层的单元数目 n_v 由样本特征维数确定);
(4) 初始化偏置向量 a,b 和权值矩阵 W。

2. 训练(Training)

```
For iter = 1,2,…,J
{
    (1) 调用对比散度算法 CD-k(k,S,W,a,b; ΔW,Δa,Δb),生成 ΔW,Δa,Δb;
    (2) 更新参数:W = W + η(1/n_s ΔW)
                  a = a + η(1/n_s Δa),  b = b + η(1/n_s Δb)
}
```

下面我们使用 MNIST 数据集来实现 RBM。
MNIST 数据集是机器学习领域中非常经典的一个数据集,由 60 000 个训练样本和

10 000 个测试样本组成,每个样本都是一张 28×28 像素的灰度手写数字图片。

MNIST 一共有 4 个文件,训练集、训练集标签、测试集、测试集标签,如表 6-2 所示。

表 6-2 MNIST 数据集

文件名称	大小	内容
train-images-idx3-ubyte.gz	9681kb	训练集有 55 000 张图片 验证集有 5000 张图片
train-labels-idx1-ubyte.gz	29kb	训练集图片对应的标签
t10k-images-idx3-ubyte.gz	1611kb	测试集有 10 000 张图片
t10k-labels-idx1-ubyte.gz	5kb	测试集图片对应的标签

程序实现按照以下步骤进行:

1. 加载数据

```
# 将下载好的数据放在 MNIST_data 文件夹下
mnist = input_data.read_data_sets("MNIST_data/", one_hot = True)
trX, trY, teX, teY = mnist.train.images, mnist.train.labels, mnist.test.images, mnist.test.labels
```

2. 初始化 RBM

初始化 RBM 中的参数,包括:可视层和隐藏层的偏置、可视层和隐藏层的权重、最初可视层的输入。

MNIST 数据库的每一张图片有 784 个像素,所以可视层必须有 784 个输入结点。隐藏层在这里设为 i 个神经元。每一个神经元是 2 态的(binary state),称为 s_i。这里我们取 i=500。

根据 784 个输入单元,并由逻辑函数产生一个概率输出,决定每一个隐藏层的单元是开 ($s_i=1$) 还是关 ($s_i=0$)。

```
# 初始化
# 可视层到隐藏层的偏差 (bias),使用 vb 表示;
vb = tf.placeholder("float", [784])
# 隐藏层到可视层的偏差,使用 hb 表示;
hb = tf.placeholder("float", [500])
# 定义可视层和隐藏层之间的权重,行表示输入结点,
# 列表示输出结点,这里权重 W 是一个 784×500 的矩阵.
W = tf.placeholder("float", [784, 500])
# 初始化可视层输入
X = tf.placeholder("float", [None, 784])
```

3. 训练 RBM

训练过程分为前向和后向两个阶段。

1)前向训练

输入数据经过可视层的所有结点传递到隐藏层,改变隐藏层的值。在隐藏层的结点上,X 乘以 W 再加上 h_bias。这个结果再通过 Sigmoid 函数产生结点的输出或者状态。因此,每个隐藏结点将有一个概率输出。

对于训练集的每一行,生成一个概率构成的张量(tensor),这个张量的大小为 [1∗500],总共 55000 个向量[h0=55000∗500]。接着我们得到了概率的张量,从所有的分布中采样 h0。也就是说,我们从隐藏层的概率分布中采样激活向量(activation vector)。得到的这些样本用来估算反向梯度(negative phase gradient)。

```
# 训练
# 前向
# _h0 = sigmoid(X⊗W + hb) 隐藏层的概率输出
_h0 = tf.nn.sigmoid(tf.matmul(X, W) + hb)
# h0 = sampleProb(_h0) 隐藏层的采样输出 吉布斯采样
# sample_h_given_X
h0 = tf.nn.relu(tf.sign(_h0 - tf.random_uniform(tf.shape(_h0))))
```

2)后向训练

反向(重构):RBM 在可视层和隐藏层之间通过对比散度算法多次前向后向传播重构数据。

所以在这个阶段,从隐藏层(h0)采样得到的激活向量作为输入。相同的权重矩阵和可视层偏差将用于计算并通 Sigmoid 函数。其输出是一个重构的结果,它近似原始输入。

```
# 后向(重构)
# 可视层的概率输出
_v1 = tf.nn.sigmoid(tf.matmul(h0, tf.transpose(W)) + vb)
# 可视层的采样输出
# sample_v_given_h
v1 = tf.nn.relu(tf.sign(_v1 - tf.random_uniform(tf.shape(_v1))))
# 第二轮隐藏层的概率输出
h1 = tf.nn.sigmoid(tf.matmul(v1, W) + hb)
```

3)对比散度(CD-k)算法

对比散度实际是一个用来计算和调整权重矩阵的一个矩阵。改变权重 W 渐渐地变成了权重值的训练。然后在每一步(epoch),W 会根据学习率进行更新。

```
# 学习率
alpha = 1.0
# 正梯度 X 和 h0 的外积 transpose()转置函数
w_pos_grad = tf.matmul(tf.transpose(X), h0)
# 负梯度 v1 和 h1 的外积
w_neg_grad = tf.matmul(tf.transpose(v1), h1)
# 对比散度等于正梯度减去负梯度,对比散度矩阵的大小为 784×500.
CD = (w_pos_grad - w_neg_grad) / tf.to_float(tf.shape(X)[0])
# 更新权重为 W' = W + α * CD
update_w = W + alpha * CD
```

```
# 更新偏置
update_vb = vb + alpha * tf.reduce_mean(X - v1, 0)      # 竖着求每列平均值
update_hb = hb + alpha * tf.reduce_mean(h0 - h1, 0)
```

4）定义目标函数

目的是最大限度地提高我们从该分布中获取数据的可能性。目标函数计算从第 1 步到第 n 步的平方误差的和，这显示了数据和重构数据的误差，误差越小表明训练效果越好。

```
err = tf.reduce_mean(tf.square(X - v1))
```

5）训练

指定一个误差下限，等到误差足够小，小到低于这个下限，就退出训练。根据训练结果，指定的下限是 0.045。训练结果如图 6-12 和图 6-13 所示。

```
# Parameters
epochs = 10
batchsize = 100
weights = []
errors = []
for epoch in range(epochs):
    for start, end in zip(range(0, len(trX), batchsize), range(batchsize, len(trX), batchsize)):
        batch = trX[start:end]
        cur_w = sess.run(update_w, feed_dict = {X: batch, W: prv_w, vb: prv_vb, hb: prv_hb})
        cur_vb = sess.run(update_vb, feed_dict = {X: batch, W: prv_w, vb: prv_vb, hb: prv_hb})
        cur_hb = sess.run(update_hb, feed_dict = {X: batch, W: prv_w, vb: prv_vb, hb: prv_hb})
        prv_w = cur_w
        prv_vb = cur_vb
        prv_hb = cur_hb
        if start % 10000 == 0:
            errors.append(sess.run(err, feed_dict = {X: trX, W: cur_w, vb: cur_vb, hb: cur_hb}))
            weights.append(cur_w)
    if errors[-1] < 0.045:
        break
    else:
    # 每 10000 次输出误差
    print('Epoch: %d' % epoch, 'reconstruction error: %f' % errors[-1])
```

```
Epoch: 0 reconstruction error: 0.064514
Epoch: 1 reconstruction error: 0.054984
Epoch: 2 reconstruction error: 0.050400
Epoch: 3 reconstruction error: 0.048442
Epoch: 4 reconstruction error: 0.046613
Epoch: 5 reconstruction error: 0.046091
```

图 6-12　输出误差

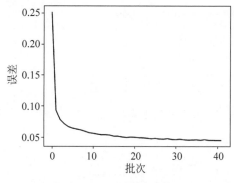

图 6-13 误差-批次图

4. 测试

训练过后,我们能够获得每一个隐藏的单元并可视化隐藏层和输入层之间的连接。我们可以通过重构得到一张图片。

(1) 首先画出一张原始的图片,如图 6-14 所示。

```
sample_case = trX[1:2]
img = Image.fromarray(tile_raster_images(X = sample_case, img_shape = (28, 28), tile_shape =
(1, 1), tile_spacing = (1, 1)))
plt.rcParams['figure.figsize'] = (2.0, 2.0)
imgplot = plt.imshow(img)
imgplot.set_cmap('gray')
```

(2) 把原始图像向下一层传播,并反向重构。

```
hh0 = tf.nn.sigmoid(tf.matmul(X, W) + hb)
vv1 = tf.nn.sigmoid(tf.matmul(hh0, tf.transpose(W)) + vb)
feed = sess.run(hh0, feed_dict = {X: sample_case, W: prv_w, hb: prv_hb})
rec = sess.run(vv1, feed_dict = {hh0: feed, W: prv_w, vb: prv_vb})
```

(3) 画出重构的图片,如图 6-15 所示。

```
img = Image.fromarray(tile_raster_images(X = rec, img_shape = (28, 28), tile_shape = (1, 1),
    tile_spacing = (1, 1)))
plt.rcParams['figure.figsize'] = (2.0, 2.0)
imgplot = plt.imshow(img)
imgplot.set_cmap('gray')
```

图 6-14 原始图　　　　图 6-15 重构图

综上，该程序实现的具体流程如图 6-16 所示。

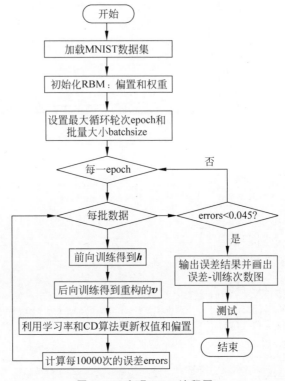

图 6-16　实现 RBM 流程图

实现 RBM 主要使用了对比散度算法，该程序具体使用的是单步对比散度(CD-1)算法。同时在计算对比散度的过程中，使用吉布斯采样对模型的分布进行采样。

6.5　习题

1. RBM 的网络结构是怎么样的？各自含义是什么？
2. RBM 的净输入与 DHNN 等其他神经网络有什么不同之处？
3. 对于 RBM 单个神经元的能量变化公式 $\Delta E(t) = -\Delta x_j(t) \text{net}_j(t)$，请分析在每个神经元的净输入取不同状态情况下能量的变化趋势。

单个神经元的净输入公式：$\text{net}_j = \sum_i w_{ij} x_i - T_j$

输出某种状态的转移概率公式：$P_j(1) = \dfrac{1}{1 + e^{-\text{net}_j/T}}$

4. 简单介绍 Gibbs 算法和对比散度算法。
5. BM 算法包含两部分_____和_____。
6. 玻耳兹曼机可以解决现实生活中的哪些问题？
7. 模拟退火算法解决了_____问题，包含_____、_____两个部分。
8. 请同学们尝试实现一下玻耳兹曼机(BM)。

第 7 章

自组织神经网络

CHAPTER 7

自组织神经网络(Self-Organizing Map,SOM)由芬兰学者 Kohonen 提出,该网络能自动寻找样本中的内在规律和本质属性,自组织、自适应地改变网络参数与结构,是一种具有自学习能力的神经网络,是由全连接的神经元阵列组成的无监督自组织自学习网络。

7.1 自组织神经网络概述

脑神经科学的研究中发现,传递感觉的神经元排列是按某种规律有序进行的,这种排列往往反映所感受的外部刺激的某些物理特征。Kohonen 认为,神经网络在接受外界输入时,将会被分成不同的区域,不同的区域对不同的模式具有不同的响应特征,即不同的神经元以最佳方式响应不同性质的信号激励,从而形成一种拓扑意义上的有序图。有序图(也称特征图)体现的是神经元输入和输出之间的非线性映射关系,它将信号空间中各模式的拓扑关系几乎不变地反映在图上。由于映射是通过无监督的自适应过程完成的,所以也称为自组织特征图,如图 7-1 所示。

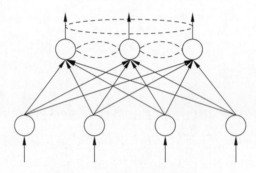

图 7-1 自组织神经网络结构

在网络模型中,输出神经元与其邻域内的其他神经元广泛相连,并相互激励。输入神经元和输出神经元之间通过连接权值 $w_{ij}(t)$ 控制连接的强度。通过学习规则,不断地调整 $w_{ij}(t)$,使得每一个邻域的所有神经元对相似的输入具有类似的输出,并且此时聚类的概率分布与输入向量的概率分布相接近,即网络模型达到稳定状态。

自组织神经网络最大的优点是自适应权值,方便寻找最优解。但是,在初始条件较差时,易陷入局部极小值。

7.2 竞争学习

为了使自组织神经网络具有良好的学习能力,网络模型采用竞争学习算法。竞争学习算法的思想是通过竞争选出一部分"胜利者",从而进行有效的适应性分类。下面将介绍竞争学习的概念以及规则和案例。

7.2.1 竞争学习的概念

竞争学习是一种无监督的神经网络学习算法,基本的竞争学习网络包含输入层和竞争层两部分,神经网络接收到外界输入的刺激后,网络中的所有神经元相互竞争,竞争学习规则允许神经元竞争时产生多个胜利者,即神经网络可以通过竞争学习选出一部分对输入做出刺激有利响应的神经元,其在神经网络中的物理意义是神经网络在更新迭代过程中每次只调整一部分神经元的连接权值。这种竞争胜利的神经元抑制竞争失败的神经元产生响应的自适应学习算法,使神经网络具有选择接受外界刺激的特性。

7.2.2 竞争学习规则

基本的竞争学习网络包含输入层和竞争层两部分,如图7-2所示。

图7-2中,输入层和竞争层各有m和n个神经元,竞争网络的输入样本为二元向量,元素为0或1。输入层负责接收外界信息并将输入向量向竞争层传递,输入向量为$\boldsymbol{X}=(x_1,x_2,x_3,\cdots,x_m)^{\mathrm{T}}$;竞争层对输入向量进行分类比较,并找出规律,以保证模型可以对输入数据进行正确分类,竞争层输出向量为$\boldsymbol{Y}=(y_1,y_2,y_3,\cdots,y_n)^{\mathrm{T}}$。$w_{ij}$指的是第$i$个输入神经元到第$j$个竞争神经元的连接权值($i=1,2,\cdots,m;j=1,2,\cdots,n$),并定义所有权值之和为1,如式(7-1)所示。

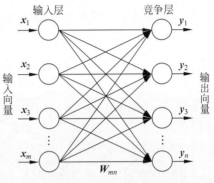

图7-2 竞争学习网络结构

$$\sum_{i=1}^{m} w_{ij} = 1, \quad j=1,2,\cdots,n \qquad (7\text{-}1)$$

其中,w_{ij}是在$[0,1]$中的实数,且一般$w_{ij} \ll 1$。从而,竞争层的净输入S_j计算过程如式(7-2)所示。

$$S_j = \sum_{i=1}^{m} w_{ij} x_i, \quad j=1,2,\cdots,n \qquad (7\text{-}2)$$

神经网络竞争层中的神经元根据其净输入相互竞争。最终,只有一个神经元或几个神经元成为获胜者,而与此获胜者相关的连接权值将朝着竞争的方向进行调整,获胜者神经元就是某种输入向量的分类。这就是竞争学习的规则——胜者为王。主要步骤如下:

(1) **向量归一化**。将输入层的输入向量$\boldsymbol{X}$和竞争层各神经元对应的权值向量$\boldsymbol{W}_j$($j=1,2,\cdots,n$)进行归一化处理,如式(7-3)和式(7-4)所示。

$$\hat{\boldsymbol{X}} = \frac{\boldsymbol{X}}{\|\boldsymbol{X}\|} \qquad (7\text{-}3)$$

$$\hat{\boldsymbol{W}}_j = \frac{\boldsymbol{W}_j}{\|\boldsymbol{W}_j\|} \qquad (7\text{-}4)$$

其中,$\|\boldsymbol{X}\|$、$\|\boldsymbol{W}_j\|$分别为输入向量和权值向量的欧几里得范数。

(2) **寻找获胜神经元**。将输入向量与权值向量做点积,点积值最大的输出神经元赢得竞争,或者计算样本与权值向量的欧几里得距离,距离最小的神经元赢得竞争,记为获胜神经元,如式(7-5)所示,获胜神经元下标j^*,其权值向量为$\hat{\boldsymbol{W}}_{j^*}$。

$$\begin{aligned}
&\|\hat{\boldsymbol{X}} - \hat{\boldsymbol{W}}_{j^*}\| = \min_{j \in \{1,2,\cdots,n\}} \{\|\hat{\boldsymbol{X}} - \hat{\boldsymbol{W}}_j\|\} \\
&\Rightarrow \|\hat{\boldsymbol{X}} - \hat{\boldsymbol{W}}_{j^*}\| = \sqrt{(\hat{\boldsymbol{X}} - \hat{\boldsymbol{W}}_{j^*})(\hat{\boldsymbol{X}} - \hat{\boldsymbol{W}}_{j^*})^{\mathrm{T}}} \\
&= \sqrt{\hat{\boldsymbol{X}}\hat{\boldsymbol{X}}^{\mathrm{T}} - 2\hat{\boldsymbol{W}}_{j^*}\hat{\boldsymbol{X}}^{\mathrm{T}} + \hat{\boldsymbol{W}}_{j^*}\hat{\boldsymbol{W}}_{j^*}^{\mathrm{T}}} \\
&= \sqrt{2(1 - \hat{\boldsymbol{W}}_{j^*}\hat{\boldsymbol{X}}^{\mathrm{T}})} \\
&\Rightarrow \hat{\boldsymbol{W}}_{j^*}\hat{\boldsymbol{X}}^{\mathrm{T}} = \max(\hat{\boldsymbol{W}}_j\hat{\boldsymbol{X}}^{\mathrm{T}})
\end{aligned} \qquad (7\text{-}5)$$

(3) 网络输出和权值调整。按照"胜者为王"学习法则,获胜神经元输出为"1",其余神经元输出为"0",如式(7-6)所示。

$$y_j(t+1) = \begin{cases} 1, & j = j^* \\ 0, & j \neq j^* \end{cases} \quad (7-6)$$

然后对与获胜神经元相连的权值向量 $\boldsymbol{W}_{j^*}$ 进行调整,其调整规则如式(7-7)所示。

$$\boldsymbol{W}_{j^*}(t+1) = \hat{\boldsymbol{W}}_{j^*}(t) + \Delta \boldsymbol{W}_{j^*} = \hat{\boldsymbol{W}}_{j^*}(t) + \alpha(\hat{\boldsymbol{X}} - \hat{\boldsymbol{W}}_{j^*}) \quad (7-7)$$

其中,α 为学习率,$0 < \alpha \leqslant 1$,α 会随着学习的进展而减小,即调整的程度越来越小,趋于聚类中心。

归一化后的权值向量经过调整后,不再是单位向量,因此要对学习调整后的向量重新进行归一化,即步骤(3)完成后回到步骤(1)继续训练,直到学习率 α 衰减到 0 或小于规定的阈值。

经过训练之后,竞争层每个神经元的权值向量即成为一类输入向量的聚类中心。当向网络输入一个样本时,竞争层中哪个神经元获胜时输出为1,当前输入向量就归为哪类,从而实现分类功能。

竞争学习神经网络的输入向量之间的距离可以作为聚类依据,传统模式识别算法中常用的衡量向量之间相似度的方法有欧氏距离法、余弦法、内积法、汉明距离法、曼哈顿距离法、切比雪夫距离法等。

1. 欧氏距离法

设 $\boldsymbol{X}, \boldsymbol{X}_i$ 为两个向量,则它们之间的欧氏距离 d 可以表示为如式(7-8)所示。

$$d = \|\boldsymbol{X} - \boldsymbol{X}_i\| = \sqrt{(\boldsymbol{X} - \boldsymbol{X}_i)^{\mathrm{T}}(\boldsymbol{X} - \boldsymbol{X}_i)} \quad (7-8)$$

其中,d 越小,$\boldsymbol{X}$ 与 $\boldsymbol{X}_i$ 就越接近,即两者越相似;当 $d=0$ 时,$\boldsymbol{X} = \boldsymbol{X}_i$。以 $d = T$ 为距离判断依据,根据图 7-3 中的样本数据,可以对输入样本进行如图 7-3 的聚类分析:

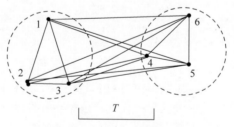

图 7-3 基于欧氏距离的相似性测量

由图 7-3 可知,d_{12}、d_{23}、d_{31}、d_{45}、d_{56}、d_{46} 均小于 T,而 $d_{1i} > T(i=4,5,6)$,$d_{2i} > T(i=4,5,6)$,$d_{3i} > T(i=4,5,6)$,故可以将输入样本 $\boldsymbol{X}_1, \boldsymbol{X}_2, \boldsymbol{X}_3, \boldsymbol{X}_4, \boldsymbol{X}_5, \boldsymbol{X}_6$ 分为两个类(由图中两个虚线圆圈表示)。

2. 余弦法

设 $\boldsymbol{X}, \boldsymbol{X}_i$ 为两个向量,其夹角余弦如式(7-9)所示。

$$\cos\varphi = \frac{XX^T}{\|X\|\|X_i\|} \tag{7-9}$$

其中,φ 越小,X 与 X_i 就越接近,即两者越相似;当 $\varphi=0$ 时,$\cos\varphi=1$,$X=X_i$。以 $\varphi=\varphi_0$ 为距离判断依据,可以进行与欧氏距离类似的聚类分析。余弦法的测量如图 7-4 所示。

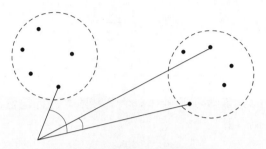

图 7-4 基于余弦法的相似性测量

3. 内积法

两个样本向量的相似度还可以利用内积来描述,即式(7-10)。

$$X^T X_i = \|X\|\|X_i\|\cos\varphi \tag{7-10}$$

内积值越大,样本向量的相似度越高。

4. 汉明距离法

汉明距离指两个向量之间不同值的个数。它通常用于比较两个相同长度的二进制字符串。它还可以通过计算两个字符串中不同字符的数量来比较它们之间的相似程度。

5. 曼哈顿距离法

曼哈顿距离也称为出租车距离或城市街区距离,常用来表示两个点在标准坐标系上的绝对轴距总和,以坐标点 $i(x_i,y_i)$ 和 $j(x_j,y_j)$ 为例,两点之间的曼哈顿距离如式(7-11)所示。

$$D(i,j) = |x_i - x_j| + |y_i - y_j| \tag{7-11}$$

6. 切比雪夫距离法

切比雪夫距离定义为两个向量在任意坐标维度上的最大差值。以坐标点 $i(x_i,y_i)$ 和 $j(x_j,y_j)$ 为例,两点之间的切比雪夫距离计算公式如式(7-12)所示。

$$D(i,j) = \max(|x_i - x_j|, |y_i - y_j|) \tag{7-12}$$

【例 7-1】 若某一基本竞争神经网络的输入层有 5 个神经元,竞争层有 3 个神经元。网络的 6 个学习样本为 $X^1=(1,0,0,0,0)^T$,$X^2=(1,0,0,0,1)^T$,$X^3=(1,1,0,1,0)^T$,$X^4=(1,1,0,1,1)^T$,$X^5=(0,0,1,1,0)^T$,$X^6=(0,0,1,1,1)^T$,请通过训练将此 6 个样本进行分类。

解:

(1) 分析。在对学习样本进行分类之前,先对 6 个学习样本之间的距离(即两个二进制输入向量对应位置的不同状态的个数)进行分析,得到表 7-1。

表 7-1　例 7-1 中 6 个学习样本的汉明距离

	X^1	X^2	X^3	X^4	X^5	X^6
X^1	0	1	2	3	3	4
X^2	1	0	3	2	4	3
X^3	2	3	0	1	3	4
X^4	3	2	1	0	4	3
X^5	3	4	3	4	0	1
X^6	4	3	4	3	1	0

(2) 按照前文描述的竞争学习规则对 6 个学习样本进行记忆训练,假定学习速率为 0.5,网络的初始连接权值如下:

$$W = \begin{pmatrix} 0.1 & 0.2 & 0.3 \\ 0.2 & 0.1 & 0.2 \\ 0.2 & 0.2 & 0.1 \\ 0.3 & 0.2 & 0.2 \\ 0.2 & 0.3 & 0.2 \end{pmatrix}$$

(3) 网络的学习过程如下:

$t=1, X^1 = (1,0,0,0,0)^T$。

竞争层的各个神经元的净输入为:

$$s_1 = w_{11}x_1 + w_{21}x_2 + w_{31}x_3 + w_{41}x_4 + w_{51}x_5$$
$$= 0.1 \times 1 + 0.2 \times 0 + 0.2 \times 0 + 0.3 \times 0 + 0.2 \times 0 = 0.1,$$
$$s_2 = w_{12}x_1 + w_{22}x_2 + w_{32}x_3 + w_{42}x_4 + w_{52}x_5$$
$$= 0.2 \times 1 + 0.1 \times 0 + 0.2 \times 0 + 0.2 \times 0 + 0.3 \times 0 = 0.2,$$
$$s_3 = w_{13}x_1 + w_{23}x_2 + w_{33}x_3 + w_{43}x_4 + w_{53}x_5$$
$$= 0.3 \times 1 + 0.2 \times 0 + 0.1 \times 0 + 0.2 \times 0 + 0.2 \times 0 = 0.3。$$

因此,竞争层的各个神经元的输出为:

$$y_1 = 0, \quad y_2 = 0, \quad y_3 = 1。$$

调整后的连接权值如下:

$$w_{13} = 0.3 + 0.5 \times (1/1 - 0.3) = 0.65,$$
$$w_{23} = 0.2 + 0.5 \times (0/1 - 0.2) = 0.1,$$
$$w_{33} = 0.1 + 0.5 \times (0/1 - 0.1) = 0.05,$$
$$w_{43} = 0.2 + 0.5 \times (0/1 - 0.2) = 0.1,$$
$$w_{53} = 0.2 + 0.5 \times (0/1 - 0.2) = 0.1。$$

$t=2, X^2 = (1,0,0,0,1)^T$。

竞争层的各个神经元的净输入为:

$$s_1 = w_{11}x_1 + w_{21}x_2 + w_{31}x_3 + w_{41}x_4 + w_{51}x_5$$
$$= 0.1 \times 1 + 0.2 \times 0 + 0.2 \times 0 + 0.3 \times 0 + 0.2 \times 1 = 0.3,$$
$$s_2 = w_{12}x_1 + w_{22}x_2 + w_{32}x_3 + w_{42}x_4 + w_{52}x_5$$
$$= 0.2 \times 1 + 0.1 \times 0 + 0.2 \times 0 + 0.2 \times 0 + 0.3 \times 1 = 0.5,$$

$$s_3 = w_{13}x_1 + w_{23}x_2 + w_{33}x_3 + w_{43}x_4 + w_{53}x_5$$
$$= 0.65 \times 1 + 0.1 \times 0 + 0.05 \times 0 + 0.1 \times 0 + 0.1 \times 1 = 0.75。$$

因此,竞争层的各个神经元的输出为:
$$y_1 = 0, \quad y_2 = 0, \quad y_3 = 1。$$

调整后的连接权值如下:
$$w_{13} = 0.65 + 0.5 \times (1/2 - 0.65) = 0.575,$$
$$w_{23} = 0.1 + 0.5 \times (0/2 - 0.1) = 0.05,$$
$$w_{33} = 0.05 + 0.5 \times (0/2 - 0.05) = 0.025,$$
$$w_{43} = 0.1 + 0.5 \times (0/2 - 0.1) = 0.05,$$
$$w_{53} = 0.1 + 0.5 \times (1/2 - 0.1) = 0.3。$$

$t = 3, \boldsymbol{X}^3 = (1,1,0,1,0)^{\mathrm{T}}$。

竞争层的各个神经元的净输入为:
$$s_1 = w_{11}x_1 + w_{21}x_2 + w_{31}x_3 + w_{41}x_4 + w_{51}x_5$$
$$= 0.1 \times 1 + 0.2 \times 1 + 0.2 \times 0 + 0.3 \times 1 + 0.2 \times 0 = 0.6,$$
$$s_2 = w_{12}x_1 + w_{22}x_2 + w_{32}x_3 + w_{42}x_4 + w_{52}x_5$$
$$= 0.2 \times 1 + 0.1 \times 1 + 0.2 \times 0 + 0.2 \times 1 + 0.3 \times 0 = 0.5,$$
$$s_3 = w_{13}x_1 + w_{23}x_2 + w_{33}x_3 + w_{43}x_4 + w_{53}x_5$$
$$= 0.575 \times 1 + 0.05 \times 1 + 0.025 \times 0 + 0.05 \times 1 + 0.3 \times 0 = 0.675。$$

因此,竞争层的各个神经元的输出为:
$$y_1 = 0, \quad y_2 = 0, \quad y_3 = 1。$$

调整后的连接权值如下:
$$w_{13} = 0.575 + 0.5 \times \left(\frac{1}{3} - 0.575\right) = 0.4542,$$
$$w_{23} = 0.05 + 0.5 \times \left(\frac{1}{3} - 0.05\right) = 0.1917,$$
$$w_{33} = 0.025 + 0.5 \times \left(\frac{0}{3} - 0.025\right) = 0.0125,$$
$$w_{43} = 0.05 + 0.5 \times \left(\frac{1}{3} - 0.05\right) = 0.1917,$$
$$w_{53} = 0.3 + 0.5 \times \left(\frac{0}{3} - 0.3\right) = 0.15。$$

……

按照上述过程多次学习后,网络模型会得到如下分类结果,其与通过汉明距离分析的结果完全一致。

$$A \text{ 类} \begin{cases} \boldsymbol{X}^1 = (1,0,0,0,0)^{\mathrm{T}} \\ \boldsymbol{X}^2 = (1,0,0,0,1)^{\mathrm{T}} \end{cases}$$

$$B \text{ 类} \begin{cases} \boldsymbol{X}^3 = (1,1,0,1,0)^{\mathrm{T}} \\ \boldsymbol{X}^4 = (1,1,0,1,1)^{\mathrm{T}} \end{cases}$$

$$C \text{ 类} \begin{cases} \boldsymbol{X}^5 = (0,0,1,1,0)^\mathrm{T} \\ \boldsymbol{X}^6 = (0,0,1,1,1)^\mathrm{T} \end{cases}$$

在竞争神经网络进行学习训练时,如果神经元的数量足够多,且具有相似输入向量的各种样本作为输入向量时,其对应的神经元输出为 1;而对于其他类型的输入向量,其对应的神经元输出为 0。所以,竞争型网络具有对输入向量进行学习分类的能力。若输入向量没有明显的分类特征,网络会出现振荡现象,可能无法正确分类。

除了熟悉的"胜者为王"学习规则,还有对其改进后得到的 Kohonen 权值学习规则。它们的区别是"胜者为王"学习规则只有竞争获胜的神经元才能调整权值向量;而对于 Kohonen 权值学习规则来说,其获胜神经元及周围神经元要使用不同的权值向量。它以获胜神经元为中心,设定一个邻域半径,该邻域半径内所有的神经元都按照其与获胜神经元的距离远近不同程度而调整权值,随着训练次数不断减小,半径逐渐减小为 0。自组织特征映射权值的学习规则也是常见的自组织特征映射神经网络(SOM)的竞争学习规则。

另外,在竞争神经网络中,某些神经元有可能始终无法赢得竞争,其初始值远离所有样本向量,因此无论训练多久都无法成为获胜神经元,这种神经元被称为"死神经元"。

为了解决"死神经元"带来的问题,专家学者们提出了阈值学习规则:让很少获胜的神经元拥有较大的阈值,使其在输入向量与权值相似性不太高的情况下也有可能获胜;而对于那些经常获胜的神经元则给予较小的阈值。相当于先将"死神经元"的响应半径增大,能够吸引样本之后再缩小半径。阈值学习规则可以有效解决"死神经元"问题。同时,当输入空间的一个区域包含很多输入向量时,输入向量密度大的区域将吸引更多的神经元,这样会导致更细的分类;而输入向量稀疏处则恰好相反。

竞争神经网络权值和阈值的初始值、学习率、训练样本的顺序、训练时间和训练次数等都会影响网络的分类效率和结果。

7.3 自组织神经网络原理

7.3.1 自组织神经网络的概念

自组织神经网络是一种无监督学习网络,它是指当神经网络接收外界输入模式时,神经网络将会自动分为不同的对应区域,各区域对输入模式具有不同的响应特征。SOM 主要有保序映射、数据压缩和特征提取,三个典型的功能。

1. 保序映射

SOM 的保序映射可以将任意的高维输入映射到低维空间,并且可以将数据内部的某些关系与性质表现为在低维输出空间上的特征映射。比如将高维数据映射为二维的图形关系,可以在映射过程中保持原本的拓扑结构不变。由图 7-5 和图 7-6 可以看出数据的拓扑结构基本得到了保留。

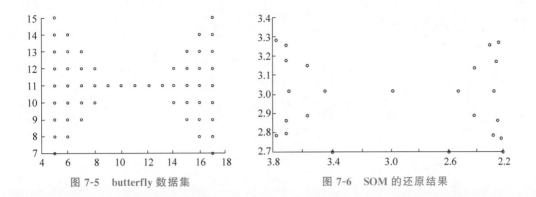

图 7-5　butterfly 数据集　　　　　　图 7-6　SOM 的还原结果

2．数据压缩

SOM 的数据压缩可以将样本数据在拓扑结构不变的情况下投射到低维空间，使任何一个高维的样本数据都可以在 SOM 中对应到一个区域，即将高维数据压缩为低维数据。SOM 训练结束后，在高维空间输入相近的样本，其输出相应的位置也相近。

3．特征提取

SOM 的特征提取可以将高维空间的样本数据向低维空间进行映射，其输出层相当于低维特征空间。即 SOM 可以减少数据维度，提取出有效的特征，供后续使用；在提高运算速度的同时，不改变数据的最终结果。

7.3.2　自组织神经网络的结构

SOM 是一种只有输入层和输出层（竞争层）的神经网络，输入层的形式与 BP 神经网络相同，输出层中的每一个结点都代表一个需要聚合的类。当信号输入时，SOM 会在输出层中找一个与其最匹配的激活结点（winning neuron）。因此，SOM 对于不同的任务，需要为输出层设置不同的拓扑结构，如果需要一维输出阵列，则让输出层神经元按照一维阵列排列，如图 7-7 所示；而对于二维平面阵，让每个输出层的神经元都会与其他神经元侧向连接，排列成平面，如图 7-8 所示。

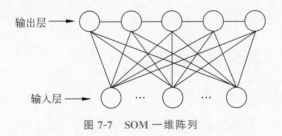

图 7-7　SOM 一维阵列

SOM 模型主要由四部分组成：①处理单元阵列：接受事件输入，并且形成对这些信号的"判别函数"；②比较选择机制：对①中形成的"判别函数"比较，并选择一个具有最大函数值的处理单元；③局部互联：激活③选中被选择的处理单元及其邻近处理单元；④自适应过程：修正③中被激活的处理单元的参数，增加②中"判别函数"的输出值。详细过程如下。

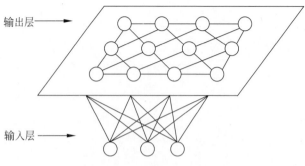

图 7-8 SOM 二维平面阵

设网络的输入 $X \in R^n$，输出神经元 i 与输入层单元的连接权值 $W_i \in R^n$，则输出神经元 i 的输出 o_i 为式(7-13)。

$$o_i = W_i X \tag{7-13}$$

网络响应输出单元为 k，该单元的确定是通过胜者为王策略得到的，即 $o_k = \max\{o_i\}$。由于 SOM 竞争层星型连接，故式(7-13)修正为式(7-14)。

$$\begin{aligned} o_i &= \sigma\Big(\varphi_i + \sum_{i \in S_i} r_k o_i - o_k\Big) \\ \varphi_i &= \sum_{j=1}^{n} W_{ij} x_i \\ o_k &= \max\{o_i\} - \varepsilon \end{aligned} \tag{7-14}$$

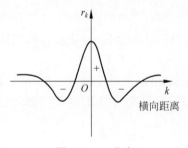

图 7-9 r_k 分布

其中，W_{ij} 为输出神经元 j 与输入神经元 i 的连接权值；x_i 为神经元 i 的输出；$\sigma(\cdot)$ 为激活函数；ε 为 $(0,1)$ 之间的较小值；r_k 为系数通常与权值及横线连接结构有关，并满足如图 7-9 所示的分布；φ_i 为与神经元 i 相连接的神经元集合。

因此可以得到 SOM 模型的权值修正规则如式(7-15)所示。

$$W_{ij}(t+1) = W_{ij}(t) + \infty \cdot o_i(t)(x_i - x_b) \tag{7-15}$$

其中，x_i 为神经元 i 的输出；x_b 为输出神经元输出阈值；∞ 为比例系数。

7.3.3 自组织神经网络的设计

1. 输出层的设计

输出层神经元数量设定和训练集样本的类别数相关，但是实际应用中无法确定类别数。如果神经元结点数少于类别数，则不足以区分全部模式，训练的结果将相近的模式类合并为一类；相反，如果神经元结点数多于类别数，则有可能分得过细，或者出现"死神经元"，即在训练过程中，某个结点从未获胜过且远离其他获胜结点，因此它们的权值从未更新。

如果无法确定类别数，可先设定较多的结点数，以便较好地映射样本的拓扑结构，如果分类过细再酌情减少输出结点。采用重新初始化权值的方法可以解决"死神经元"问题。

2. 输出层结点排列的设计

输出层的结点排列形式根据实际应用的需要来确定，排列形式需要直观地反映出实际问题的物理意义。例如，二维平面可以直观地表现旅行路径类的问题；对于一般的分类问题，一个输出神经元能代表一个模式类，用一维阵列表示出的意义明确、结构简单。

3. 权值初始化问题

权值初始化的基本原则是使权值的初始位置与输入样本的大概分布区域充分重合，避免出现大量的初始"死神经元"。权值初始化一般有两种方法：一是从训练集中随机抽取 m 个输入样本作为初始权值；二是先计算出全体样本的中心向量，在该中心向量的基础上迭加小随机数作为初始权值；也可以将权向量的初始位置确定在样本群中，即离中心近的点。

4. 优胜邻域的设计

为了使输出平面上相邻神经元对应的权值向量之间既有区别又有一定的相似性，保证当获胜结点对某一类模式产生最大响应时，其邻域结点也能产生较大响应。邻域的形状可以是正方形、正六边形或者菱形，优势邻域的大小用邻域的半径表示。

5. 学习率的设计

为了快速捕捉到输入向量的大致结构，在训练开始时，学习率可以选取较大的值，之后以较快的速度下降，最后逐渐调整到 0。这样可以精细地调整权值，使之符合输入空间的样本分布结构。

7.3.4 自组织神经网络的权值调整域

在 SOM 中，每个神经元与其相邻的神经元存在关联。在其每次的权值更新过程中，除获胜神经元的权值会被更新以外，其拓扑邻域内的近邻神经元也会被修正。拓扑邻域会在迭代过程中逐步变小，最后只对单个神经元的连接权值向量进行微调，这是 SOM 最明显的特征之一。因此，如果网络中的任何位置发生变化，其近邻神经元也会因此受到影响，其影响程度与距离有关。在变化过程中，每个区域代表一类输入向量，即要用若干权值向量来表示一个数据集（输入向量），每个权值向量表示某一类输入向量的均值。通过训练，使得每个权值向量都位于输入向量聚类的中心。

SOM 获胜神经元对其邻近神经元的影响是由近及远的，由兴奋逐渐转变为抑制。在权值调整的过程中，不仅要对获胜神经元的权值向量进行调整，也对其周围的神经元的权值向量进行不同程度地调整。常见的调整方式有如下几种。

(1) 墨西哥草帽函数：获胜神经元有最大的权值调整量，邻近的神经元有较小的权值调整量；离获胜神经元距离越远，权值调整量越小；达到某一距离时，权值调整量为零；当距离再远一些时，权值调整量为负，更远又回到零，如图 7-10(a)所示。由于墨西哥草帽函数计算复杂，影响网络的收敛性，因此在 SOM 中通常采用它的简化函数，如大礼帽函数等。

(2) 大礼帽函数：它是墨西哥草帽函数的一种简化，图像趋势与墨西哥草帽函数类似，但其对权值的调整不是平滑的，如图 7-10(b)所示。

(3) 厨师帽函数：它是大礼帽函数的一种简化，获胜神经元有最大的权值调整量，直到某一距离后,权值调整量为零。与大礼帽函数不同的是权值没有负值,如图 7-10(c)所示。

(4) 高斯函数:图像趋势与墨西哥草帽类似,但整体较缓,没有负值,如图 7-10(d)所示。

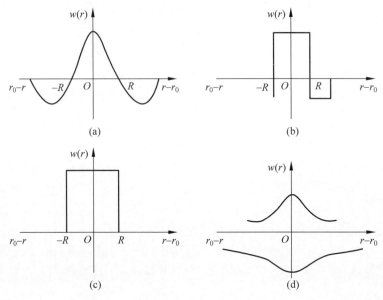

图 7-10 权值调整函数

以获胜神经元为中心设定一个邻域半径 R,以半径 R 的圆的范围称为优胜邻域。在 SOM 学习算法中,优胜邻域内的所有神经元均按距离获胜神经元的远近来调整权值。优胜邻域的初值通常很大,但其会随着神经网络训练次数的增加而不断收缩,最终收缩至半径为 0。选择不同的获胜邻域调整方式,在单步的过程中对于表示兴奋和抑制的神经元效果是不同的,但相同的是,兴奋的神经元会逐渐接近最后稳定的结果,抑制的神经元在单步中可以认为是不变化的。

7.3.5 自组织神经网络的运行原理与学习算法

SOM 的运行分为训练和工作两个阶段。在训练阶段,网络接受随机输入的训练集中的样本,对某个特定的输入模式,输出层会有某个神经元产生最大响应而获胜;而在训练开始阶段,输出层哪个位置的结点将对哪类输入模式产生最大响应是不确定的。当输入模式的类别改变时,二维平面的获胜神经元也会改变。获胜神经元周围的结点因侧向相互兴奋作用也会产生较大的响应,于是获胜神经元及其优胜邻域内的所有神经元所连接的权值向量均向输入方向作不同程度的调整。网络通过自组织方式,用大量训练样本调整网络权值,最后使输出层各结点成为对特定模式类敏感的神经元,对应的内星权向量成为各输入模式的中心向量。并且当两个模式类的特征接近时,这两类的神经元在位置上也接近。从而在输出层形成能反映样本模式类分布情况的有序特征图。

SOM 训练结束后,输出层各神经元与各输入模式类的特定关系就已经确定,此时的神经网络可用作模式分类器。当输入一个模式时,网络输出层代表该模式类的特定神经元将产生最大响应,从而将该输入自动归类。应当指出的是,当向网络输入的模式不属于网络训练过程中见过的任何模式类时,SOM 只能将它归入最接近的模式类。

SOM算法的学习步骤如下。

（1）参数初始化：随机选取小值对竞争层（输出层）各神经元的连接权值进行赋值，并进行归一化处理，得 $\hat{w}_j, j=1,2,\cdots,m$，$m$ 为输出层神经元的个数，建立初始优胜领域 $N_j^*(0)$，对初始化学习率 η 随机赋值。

（2）接受输入样本：从训练集中随机选取一个输入数据进行归一化处理，得到 $\hat{x}^p$；$p=1,2,\cdots,n$；n 为输入层神经元数目。

（3）寻找获胜神经元：从 $\hat{x}^p$ 与所有 $\hat{w}_j$ 的内积中找到最大 j^*。

（4）定义优胜邻域 $N_j^*(t)$，以 j^* 为中心确定 t 时刻的权值调整域，一般初始邻域 $N_j^*(0)$ 较大（约为总结点的 50%～80%），训练时 $N_j^*(t)$ 会逐渐收缩，如图 7-11 所示。

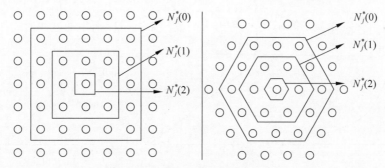

图 7-11　优胜邻域随时间 t 的变化

获胜神经元 j^* 决定了兴奋神经元拓扑邻域的空间位置。确定激活神经元 j^* 之后，需要更新和它邻近的结点。确定邻域如式（7-16）所示。

$$T_{i,j^*}(t)=\exp\left(-\frac{S_{i,j^*}^2}{2\sigma^2(t)}\right) \tag{7-16}$$

其中，$S_{i,j}$ 表示神经元 i 和 j 之间的距离；T_{ij} 表示以获胜神经元为中心的拓扑邻域且包含这一组兴奋（合作）神经元，通常 T_{ij} 为单峰函数，如高斯函数；σ 是拓扑邻域的有效宽度，它度量了靠近获胜神经元的兴奋神经元在学习过程中的参与程度。由此可见，邻域函数依赖于获胜神经元和兴奋神经元在输出空间上的位置距离，不依赖于原始输入空间的距离度量。在二维网格的情况下，$S_{i,j}^2=\|r_j-r_i\|$，r_j 是兴奋神经元在输出网格中的位置向量，r_i 是获胜神经元在输出网格中的位置向量。

在 SOM 中还有一个特征是拓扑邻域的大小会随着时间收缩。这要求拓扑邻域函数 T_{ij} 的有效宽度 σ 要随着时间减小。对于 σ 依赖于时间 t 如式（7-17）所示。

$$\sigma(t)=\sigma_0\times\exp\left(-\frac{t}{T_1}\right) \tag{7-17}$$

其中，σ_0 是 σ 的初始值；T_1 是一时间常数；距离神经元 j^* 越远，邻域内的神经元更新的比例越低。

在网络进行学习的初始阶段，拓扑邻域 T_{ij} 应该包含以获胜神经元为中心的所有神经元，然后随着时间 t 慢慢收缩（即迭代的次数增加），宽度 $\sigma(t)$ 呈指数下滑，拓扑邻域也以相应的方式收缩，T_{ij} 会减少到仅有围绕获胜神经元的少量邻居神经元或者只剩下获胜神经元。在网络初始阶段 σ_0 的初始值通常为输出网格的半径，时间常数为：$T_1=\dfrac{1000}{\log(\sigma_0)}$

(1000 不是固定值)。

(5) 调整权重,对优胜邻域 $N_j^*(t)$ 内的所有神经元调整权重,如式(7-18)所示。

$$w_{ij}(t+1) = w_{ij}(t) + \eta(t,N) \times [x_i^p - w_{ij}(t)]$$
$$i = 1,2,\cdots,n; \quad j \in N_j^*(t) \tag{7-18}$$

其中,i 是输入层神经元的序标。式(7-18)中,$\eta(t,N)$ 是训练时间 t 和邻域内第 j 个神经元与获胜神经元 j^* 之间的拓扑距离 N 的函数,该函数一般有式(7-19)所示的规律。

$$t \uparrow \to \eta \downarrow, \quad N \uparrow \to \eta \downarrow \tag{7-19}$$

即随着时间(离散的训练迭代次数)变长、拓扑距离的增大,学习率都会逐渐降低。学习率函数的形式一般可以写成如式(7-20)。

$$\eta(t,N) = \eta(t) e^{-N} \tag{7-20}$$

其中,$\eta(t)$ 可采用 t 的单调下降函数,又称退火函数。如图 7-12 所示的这些形式都符合要求。

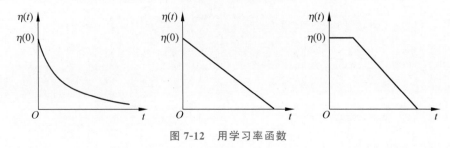

图 7-12　用学习率函数

(6) 结束检查,查看学习率是否减小到 0,或者是否已经小于阈值,如果不满足则回到步骤(2)。算法流程图如图 7-13 所示。

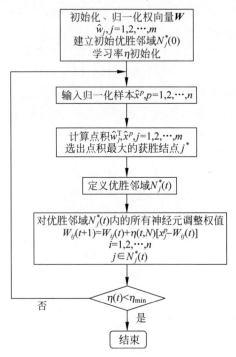

图 7-13　SOM 算法流程图

7.3.6 自组织神经网络应用实例

SOM 在医学、交通、环境、电力等多领域有广泛的应用。SOM 在医学领域应用于医疗风险分析、脑电信号特征提取、指纹识别等；在交通领域常应用于事故分析、交通堵塞诊断等；在环境方面应用于污水检测与处理、汛情分析与预警等。在本节主要介绍 SOM 在金银花分类中的应用。

1. 应用背景

现代医学证明，微量元素对人体健康、生长发育和疾病防治有密切的关系，中药药用价值与其富含的微量元素有直接的关系。而中药材生产的地域性较强，药物质量、疗效、微量元素含量及分布与药材的品种、产地密切相关。

金银花为忍冬科植物，其干燥花蕾或初开的花，具有清热解毒、凉散风热之功效。我国金银花资源丰富，在全国各地都有分布，传统以河南和山东为地道产区。由于我国地域辽阔，金银花产地不一，品种繁多，金银花的质量鉴别十分重要，见表 7-2。

表 7-2 不同产地金银花药材每 100g 的微量元素含量 （单位：mg）

元素	河南封丘	河南新密	山东平邑	江苏南京	云南昆明	广西桂林
Ba	11.8	10.8	22.3	9.6	28.7	11.1
Co	0.15	0.25	0.23	0.21	0.38	0.31
Cr	0.95	0.63	0.96	2.1	7.7	7.48
Cu	13.5	15.3	14.7	16.8	20.47	12.54
Mn	27.9	32.5	52.5	61.4	52.5	78.8
Ni	1.8	2.0	8.1	6.2	5.16	2.5
P	2640	4010	3690	3460	3041	3702
Pb	0.31	0.33	0.23	0.52	10.95	1.31
Sr	34.9	11.1	24.7	12.3	25.05	6.61
Ti	7.9	3.5	4.9	5.2	29.47	7.89
Zn	13.0	20.8	22.6	25.9	30.71	30.93
K	22 720	22 580	22 260	33 310	29 168	31 392
Na	14.4	0.3	0.3	2.2	41.48	51.56
Al	211	146	65.6	81.9	352.8	236.0
Fe	476	290	286	364	274.2	138.0
Mg	2520	2530	2760	2830	2770	3662
Ca	2850	4550	3800	4200	6716	6572

2. SOM 的设计

由于数据样本数为 6，变量为 17 个。因此，SOM 的输入模式为 $\boldsymbol{X}_k = (X_1^k, X_2^k, \cdots, X_n^k)$，$k=1,2,\cdots,n$；$n=17$，竞争层网络结构为 6×4。

分类结果如下。

(1) 当训练步数小于 5 时，封丘、新密、平邑所产金银花为一类，南京、桂林、昆明所产金银花为一类。这样的分类结果是符合生产实际的,封丘、新密、平邑都属于暖温带大陆性季风气候的北方地区,年均气温为14℃左右,年均降水量为600mm左右,传统上这三地所产金银花为地道金银花。南京、桂林、昆明属于亚热带润湿季风气候区,雨水丰沛,为非地道金银花产区。这体现了气候和地域对金银花品质分类的影响。

(2) 当训练步数为10时,封丘、新密、平邑所产金银花为一类,南京所产金银花为一类,昆明和桂林所产金银花为一类。这说明地道产区金银花所含微量元素含量差异相对较小,非地道产区金银花所含微量元素含量差异相对较大。从地理位置上看,南京地区位于我国南北分界线附近,而昆明和桂林位于我国南方地区。因而,南京所产金银花与南方桂林、昆明所产金银花在微量元素含量有一定差异是合理的。这也体现了地理位置对金银花分类的影响。

(3) 当训练步数为60时,地道产区封丘所产金银花为一类,新密和平邑所产金银花聚为一类;而非地道产区南京、昆明、桂林所产金银花各自分为一类。从文献资料发现,地道产区封丘种植在黄淮海平原,河南新密种植在山区,山东平邑多种植在山冈梯田,由于山地和平原在土质上的一些差异导致了所产金银花微量元素含量的海拔差距明显;昆明地处云贵高原,且两地土壤成分与其他产地也有所不同,故这两地所产金银花微量元素含量也有一定差异。这体现了地势和海拔对金银花分类的影响。

(4) 当训练步数为120时,6地所产金银花各自分为一类,这与实际情况相吻合,各地所产金银花在质量和微量元素含量等方面是不可能完全一致的。

SOM的应用不限于此,还可以应用于文本处理、语音处理等领域。SOM作为一种无监督学习网络,其结构和算法简单、信息的存储能力较强,具有联想和学习能力,因此也常被应用于故障分析、数据整合等方面。

7.4 改进的自组织神经网络模型

SOM作为一种无监督神经网络,通过学习输入数据的统计特征,生成一个将输入数据进行低维、离散性映射的神经网络,具有鲁棒性强、对初始值不敏感、不容易陷入局部最优等优点。但是由于SOM通过神经元竞争学习进行分类,神经网络具有算法迭代时间长、不存在统一的目标函数、可视化质量不佳等缺点。针对SOM存在的问题,研究者后续对SOM进行了改进。

7.4.1 采用混合高斯模型的自组织神经网络

针对SOM不存在统一的目标函数、不是概率模型等缺陷,可基于混合高斯模型(Gaussian Mixture Model)来改善。基于此改进方式的SOM包括Generative SOM、Generative Topographic Mapping(GTM)、Bayesian SOM等,下面分别进行简要介绍。

Generative SOM是SOM的概率推广,是基于变分或期望最大化算法来学习类似SOM的概率混合模型。变分期望最大化算法类似于自组织特征映射算法,可用于任何能找到标准期望最大化算法的混合模型。现假设使用高斯混合模型期望最大化算法使负自由能最大化可由式(7-21)确定。

$$F(Q,\theta) = E_Q \log p(x,s;\theta) + H(Q)$$
$$= L(\theta) - D_{KL}(Q \parallel p(s \mid x;\theta)) \tag{7-21}$$

其中,Q 是隐藏变量的分布;H 表示分布的熵;D_{KL} 表示两个概率分布之间的 KL 散度。

GTM 是一种非线性潜变量模型,该模型的参数可以通过期望最大化算法来确定。潜变量模型的目的是找到 D 维空间 $t=(t_1,t_2,\cdots,t_D)$ 中数据分布 $p(t)$ 在潜变量 $x=(x_1,x_2,\cdots,x_L)$ 下的一种表示,可通过函数 $y(x;W)$ 映射实现,如式(7-22)所示,该映射由参数 W 控制,例如在前馈神经网络中,W 表示连接权值和阈值;$\phi(x)$ 表示的是基函数,例如在前馈神经网络中,$\phi(x)$ 表示的是神经元的激活函数。GTM 为 SOM 提供了一个原则性的替代方案,并且克服了 SOM 的大部分限制。

$$y(x;W) = W\phi(x) \tag{7-22}$$

Bayesian SOM 是一种基于混合高斯模型的无监督学习的神经网络,Bayesian SOM 的距离测度和邻域函数都被神经元的"在线"估计后验概率所取代,这样的后验概率在贝叶斯推理意义上,有助于逐渐提高对输入分布拥有较少先验知识的模型参数估计的准确性。对于 K 个有限的高斯混合,网络 Y 将 K 个单位放置于输入空间 X 中。每个单位是一个高斯核,其均值向量为 $\hat{m}_I$,协方差矩阵为 $\hat{\Sigma}_I$,先验(或混合参数)为 $\hat{P}(c_I)$。理论上,如果所有神经元的类条件概率密度函数没有明确的界,那么每次迭代应按照式(7-23)~式(7-25)进行更新:

$$\hat{m}_i(n+1) = \hat{m}_i(n) + \alpha(n)\hat{P}[c_i \mid x(n),\hat{\theta}_i][x(n) - \hat{m}_i(n)], \quad i \in \eta_v \tag{7-23}$$

$$\hat{\Sigma}_i(n+1) = \hat{\Sigma}_i(n) + \alpha(n)\hat{P}[c_i \mid x(n),\hat{\theta}_i] \times [x(n)-\hat{m}_i(n)][x(n)-\hat{m}_i(n)]^T, \quad i \in \eta_v \tag{7-24}$$

$$\hat{P}(c_i \mid n+1) = \hat{P}(c_i \mid n) + \alpha(n)\{\hat{P}[c_i \mid x(n),\hat{\theta}_i] - \hat{P}(c_i \mid n)\}, \quad i \in Y \tag{7-25}$$

Bayesian SOM 在几乎不增加计算成本的情况下提升了原始 SOM 的模式学习和分类能力。

7.4.2 动态自组织神经网络模型

传统 SOM 模型的网络结构和神经元个数需要预先指定,不能动态改变,这使得算法的迭代时间长,影响网络的收敛速度。为了解决这个问题,学者们提出了一种在网络学习过程中动态确定网络结构和神经元数目的思想。基于这种思想的动态 SOM 模型有:动态增长自组织映射模型(Growing Self-Organizing Maps,GSOM)、树型动态增长模型(Tree-Structured Growing Self-Organizing Maps,TGSOM)等。

1. GSOM 模型

GSOM 模型是由 Alahakon 等提出的一种典型的动态 SOM 模型,包括训练和测试两种活动模式,其中训练模式又包括初始阶段、增长阶段和稳定阶段。测试模式的主要任务是确定一组输入样本在已训练的网络中的位置。如果使用的是已知数据,该阶段可以被视为校准阶段;如果是未分类的数据,该阶段可以用来测量新输入样本与网络中现有集群的接近程度。GSOM 模型的竞争层在初始时由 4 个神经元构成正方形结构。在训练过程中,对于每一个输入样本,在当前的网络中寻找一个与其距离最近的竞争层神经元,按照与 SOM 模型相似的方法调整该神经元及其邻域的连接权值,然后计算该神经元的累积误差,若累积误差大于预先指定的生长阈值 GT(用扩展因子 SF 来计算),则在该神经元的邻域内找一个空闲位置生成一个新的神经元,如果该神经元的邻域内没有空闲位置,则将该神经元的累积误差分配给其邻域内的神经元,其目的是将累积误差逐步扩散至网络边缘,以增大有空闲位置神经元的累积误差,使其满足生长条件。

GSOM 模型虽然在生长过程中动态生成神经元,保持了初始状态时规则的二维平面结构,训练结果有较好的可视化效果,但是该模型不能根据需求方便地在合适位置生成新的神经元,导致算法执行效率低。

2. TGSOM 模型

TGSOM 模型是由王莉、王正欧等提出的一种新的动态增长自组织映射模型。该模型与 GSOM 模型的不同点在于其采用了灵活的树型结构,可以根据需要方便地在任意合适位置生成新的神经元,因此算法执行效率明显高于 GSOM 模型。

TGSOM 模型的网络结构与传统 SOM 模型一样,由输入层和竞争层两部分组成。在初始状态时,网络的竞争层只有一个神经元(根结点 Root)。随着新的神经元生成,竞争层神经元以 Root 为根结点形成二维树型结构,并与输入层神经元实现全连接。

TGSOM 模型的处理过程和 GSOM 模型类似,首先初始化网络,对根结点的权值向量进行随机赋值,并根据用户需求计算生长阈值 GT。然后从样本集中随机选取一个训练样本,从当前网络中寻找与其距离最近的竞争层神经元,计算该神经元与输入样本的误差 E(输入样本与其距离最近的神经元的距离),并使用生长阈值 GT 决定网络是否生成新的神经元。若累积误差大于生长阈值 GT,作生长操作,即生成一个新神经元;否则作调整操作,即调整该神经元与其邻域的连接权值。

TGSOM 模型虽然利用扩展因子来控制网络的生长速度,实现了层次聚类,并克服了 Alahakon 等提出的 GSOM 模型的缺点,提高了网络的可视化效果和训练速度,但是由于该模型生长阈值 GT 的计算和聚类精度不同,扩展因子 SF 的选取是经验性的,因此该模型仍然存在缺陷。

微课视频

7.5 本章实践

为了更加深刻地理解 SOM,我们通过前面 7.3.5 节介绍的 SOM 的学习算法,利用 Kohonen 算法使用 Python 语言实现 SOM。

由之前的介绍可知,SOM 是一种竞争学习型的无监督神经网络,它将高维空间中相似的样本点映射到网络输出层中的邻近神经元。代码实现步骤与 Kohonen 算法的学习步骤差不多,主要步骤如下。

(1) 初始化。权值使用较小的随机值进行初始化,并对输入向量 X 和权值作归一化处理:

$$X' = \frac{X}{\|X\|} \tag{7-26}$$

$$W' = \frac{W}{\|W\|} \tag{7-27}$$

其中，$\|X\|$ 和 $\|W\|$ 分别为输入的样本向量和权值向量的欧几里得范数。

(2) 找出获胜神经元。将样本输入网络，样本与权值向量点积，点积值最大的输出神经元赢得竞争(或者计算样本与权值向量的欧几里得距离，距离最小的神经元赢得竞争)，记为获胜神经元。

(3) 更新权值。对获胜神经元拓扑邻域内的神经元进行权值更新，并对学习后的权值重新归一化。

$$w(t+1) = w(t) + \eta(t,N) \times (x - w(t)) \tag{7-28}$$

其中，$\eta(t,N)$ 是学习率 η 关于训练时间 t 和与获胜神经元的拓扑距离 N 的函数，一般有

$$\eta(t,N) = \eta(t)\mathrm{e}^{-N} \tag{7-29}$$

其中，$\eta(t)$ 是学习率 η 的单调递减函数。同时也更新学习率和拓扑邻域 N，N 随时间增大而减小。

判断是否收敛。如果学习率 $\eta \leqslant \eta_{\min}$ 或达到预设的迭代次数，结束算法。

具体实现主要代码如下。

(1) 创建 SOM 网络类。同时定义一些函数：计算邻域半径、计算学习率等。

```
# 计算邻域半径
def GetN(self, t):
    # 时间 t，这里用迭代次数来表示时间
    # 返回一个整数，表示拓扑距离，时间越大，拓扑邻域越小
    a = min(self.output)
    return int(a - float(a) * t / self.iteration)
# 计算学习率
def Geteta(self, t, n):
    # n 为拓扑距离，返回学习率
    return np.power(np.e, -n) / (t + 2)
```

还有更新权值函数：拓扑距离越近，更新幅度就越大。找到邻居函数：获得邻域内的点(更新权值的范围)。

```
# 更新权值
def updata_W(self, X, t, winner):
    N = self.GetN(t)
    print(N)
    E = []
    for x, i in enumerate(winner):
        to_update = self.getneighbor(i[0], N)
        for j in range(N + 1):
            e = self.Geteta(t, j)
            E.append(e)
            for w in to_update[j]:
                self.W[:, w] = np.add(self.W[:, w], e * (X[x, :] - self.W[:, w]))
                # 拓扑距离越近，变化越大
```

```python
        return E
    # 找到邻居
    def getneighbor(self, index, N):
        # index:获胜神经元的下标
        # N: 邻域半径
        # 返回一个集合列表,分别是不同邻域半径内需要更新的神经元坐标
        a, b = self.output
        length = a * b

        def distance(index1, index2):
            i1_a, i1_b = index1 // a, index1 % b
            i2_a, i2_b = index2 // a, index2 % b
            return np.abs(i1_a - i2_a), np.abs(i1_b - i2_b)

        ans = [set() for i in range(N + 1)]
        for i in range(length):
            dist_a, dist_b = distance(i, index)
            if dist_a <= N and dist_b <= N:ans[max(dist_a, dist_b)].add(i)
        return ans
```

训练 SOM。

①归一化输入样本和权值矩阵;②计算输出结点,并找出其中的获胜结点。

(2) 更新权值。

```python
# 训练 SOM
def train(self):
    # Y:训练样本与形状为 batch_size * (n * m)
    # winner:一个一维向量,batch_size 个获胜神经元的下标
    # 返回值是调整后的 W
    count = 0
    while self.iteration > count:
        train_X = self.X[np.random.choice(self.X.shape[0], self.batch_size)]
        # 归一化
        normal_W(self.W)
        normal_X(train_X)
        train_Y = train_X.dot(self.W)  # 30 * 25
        # 找出获胜结点
        winner = np.argmax(train_Y, axis=1).tolist()
        # 更新权值
        a = self.updata_W(train_X, count, winner)
        count += 1
    return self.W
```

(3) 运行 SOM。给定的数据集中每三个是一组,分别是西瓜的编号、密度、含糖量。处理数据后传入 SOM 进行训练,最终 SOM 会自动为这些西瓜分类。

```
# 数据集：每三个一组，分别是西瓜的编号、密度、含糖量
data = """
1,0.697,0.46,2,0.774,0.376,3,0.634,0.264,4,0.608,0.318,5,0.556,0.215,
6,0.403,0.237,7,0.481,0.149,8,0.437,0.211,9,0.666,0.091,10,0.243,0.267,
11,0.245,0.057,12,0.343,0.099,13,0.639,0.161,14,0.657,0.198,15,0.36,0.37,
16,0.593,0.042,17,0.719,0.103,18,0.359,0.188,19,0.339,0.241,20,0.282,0.257,
21,0.748,0.232,22,0.714,0.346,23,0.483,0.312,24,0.478,0.437,25,0.525,0.369,
26,0.751,0.489,27,0.532,0.472,28,0.473,0.376,29,0.725,0.445,30,0.446,0.459"""
# 处理数据
a = data.split(',')
dataset = np.mat([[float(a[i]), float(a[i + 1])] for i in range(1, len(a) - 1, 3)])

som = SOM(dataset, (5, 5), 1, 30)
som.train()
res = som.train_result()
classify = {}
for i, win in enumerate(res):
    if not classify.get(win[0]):
        classify.setdefault(win[0], [i])
    else:
        classify[win[0]].append(i)
D = []                      # 归一化的数据分类结果
for i in classify.values():
    D.append(dataset[i].tolist())
draw(D)
```

因为没有指定分成几类，所以最终得到的分类结果不唯一。图 7-14 是其中一个分类结果。

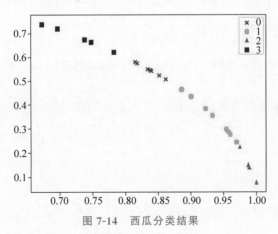

图 7-14　西瓜分类结果

综上，实现 SOM 的程序流程图如图 7-15 所示。

SOM 虽然属于无监督学习，可以将相邻关系强加在簇质心上，有利于聚类结果的解释，但是 SOM 实现时必须要指定邻域函数、网格类型等参数，并且缺乏具体的目标函数，不保证收敛。这就导致 SOM 有某些局限性，需要以后不停继续探索。

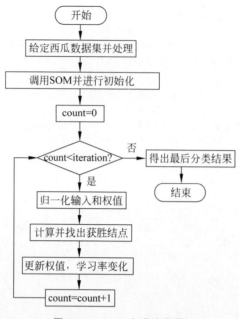

图 7-15 SOM 实现流程图

7.6 习题

1. 请举一个例子,以阐述基于欧氏距离的相似性测量及聚类是如何进行的。
2. 自组织神经网络由输入层和竞争层组成,初始权向量已归一化为

$$\hat{W}_1(0) = \begin{pmatrix} 1 \\ 0 \end{pmatrix} \quad \hat{W}_2(0) = \begin{pmatrix} 0 \\ -1 \end{pmatrix}$$

设训练集中共有 4 个输入模式,均为单位向量,为

$$\{X_1, X_2, X_3, X_4\} = \{1\angle 45°, 1\angle -135°, 1\angle 90°, 1\angle -180°\}$$

试用胜者为王学习方法调整权值,写出迭代一次的调整结果。

3. 试述 SOM 的主要功能。
4. 请写出 SOM 的几种权值调整函数,并画出函数图像。

第 8 章

深度神经网络

CHAPTER 8

深度神经网络(Deep Neural Network,DNN)是一种具备两个及两个以上隐藏层的深度学习神经网络框架。与浅层神经网络类似,深度神经网络能够通过网络结构为输入和输出建立非线性的映射关系,但深度神经网络可以完成更高层次的非线性映射,准确率更高。目前深度神经网络已经广泛的应用于语音识别、图像识别、自动驾驶、机器翻译等领域。

下面将对深度神经网络进行详细的介绍。

8.1　深度神经网络概述

深度神经网络主要有两类网络结构：前馈结构和循环结构。采用前馈结构的神经网络进行计算时，每层神经元的计算是在前层神经元输出的基础上进行的，输出层的输出结果即为神经网络的最终输出。采用循环结构的神经网络进行计算时，每层神经元的计算既与前层的神经元相关，又与前一时刻本层神经元的状态相关，此类神经网络常用于处理时序性数据。

层与层之间采用全连接的方式连接，前一层的神经元与后一层所有神经元的深度神经网络叫作全连接神经网络(Fully Connected Neural Network，FCNN)，也被称为多层感知机(Multi-Layer Perceptron，MLP)。全连接神经网络的网络结构使得整个神经网络的参数随着网络层次的增加呈指数增长，既增加了神经网络计算量，又使神经网络容易陷入过拟合。

卷积神经网络(Convolutional Neural Network，CNN)在传统前馈结构的深度神经网络基础上，引入权值共享与局部连接的网络结构，在减少神经网络参数量的同时，增加了神经网络的泛化能力。目前卷积神经网络已广泛应用于图像识别、目标检测等领域的各项任务中。

循环神经网络(Recurrent Neural Network，RNN)是一种具有循环结构的深度神经网络，其特征可以根据时间顺序记忆前面时刻的输入并对后续的输入产生影响。但由于信息是沿时间传递的，这使得神经网络在进行误差反向传播的过程中，容易出现梯度消失和梯度爆炸的问题，后续提出的长短期记忆网络(Long Short-Term Memory Network，LSTM)在一定程度上缓解了这些问题。

深度神经网络具有从原始数据中提取深层抽象特征的能力，使得其在许多领域中完成任务的准确率达到、甚至超越了人类的水平。然而伴随深度神经网络准确率的提高，神经网络的结构变得越来越复杂，神经网络的参数变得越来越多，这为神经网络的训练和使用增加了更多的成本。因此，对深度神经网络进行特定的优化，提高神经网络的准确率的同时，找到降低成本的方法也是当前研究的重要方向。

8.2　深度神经网络的网络结构

在前面对感知机的介绍，为大家打开了一扇了解神经网络的大门，从结构简单的神经网络出发，逐步深入地了解更为复杂的神经网络模型(深度学习模型)。对于本章的深度神经网络，其网络结构可以理解为有很多隐藏层的神经网络，其中"很多"一般指网络模型中有两层以上的隐藏层。全连接神经网络是众多深度神经网络模型的基础，本章主要以全连接神经网络结构为例，介绍深度神经网络的计算过程及优化方法。

8.2.1　深度神经网络的基本结构

深度神经网络和基于感知机模型的浅层神经网络类似，根据位置和功能的不同，神经网络的内部结构主要分为：输入层、隐藏层和输出层，如图 8-1 所示。

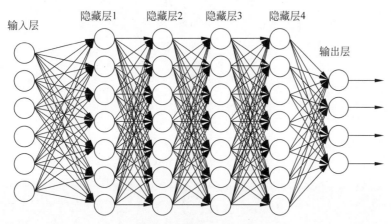

图 8-1 深度神经网络全连接结构

深度神经网络的层与层之间为全连接,也就是说,第 i 层的任意一个神经元一定与第 $i+1$ 层的任意一个神经元相连。深度神经网络的神经元在结构上与感知机中的神经元一样,但是由于激活函数不同,使得深度神经网络的神经元具有更好的非线性映射能力,深度神经网络的神经元结构如图 8-2 所示。

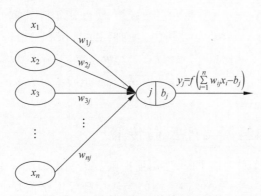

图 8-2 深度神经网络的神经元结构

图 8-2 中,$x_i(i=1,2,\cdots,n)$ 表示的是神经元 j 前一层神经元 i 的输出,$w_{ij}(i=1,2,\cdots,n)$ 表示的是前一层神经元 i 到本层神经元 j 的连接权值,b_j 表示的是神经元 j 的偏置量,y_j 表示的是神经元 j 的输出,$f(\cdot)$ 表示的是神经元 j 的激活函数,根据激活函数的选取不同,有不同的表现形式。

8.2.2 深度神经网络的前向传播

假设一个深度神经网络中神经元的激活函数是 $\sigma(z)$,如图 8-3 所示是深度神经网络中 $l-1$ 层到 $l+1$ 层神经元信息计算的过程,图中 x_j^k 上标 k 表示的是神经元所在的层次,下标 j 表示的是当前层神经元的编号。

图 8-3 中第 l 层的输出为:

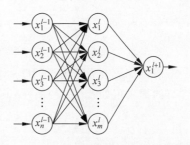

图 8-3 三层深度神经网络

$$x_1^l = \sigma\left(\sum_i^n w_{i1} x_i^{l-1} + b_1^l\right) \tag{8-1}$$

$$x_2^l = \sigma\left(\sum_i^n w_{i2} x_i^{l-1} + b_2^l\right) \tag{8-2}$$

$$x_3^l = \sigma\left(\sum_i^n w_{i3} x_i^{l-1} + b_3^l\right) \tag{8-3}$$

$$x_m^l = \sigma\left(\sum_i^n w_{im} x_i^{l-1} + b_m^l\right) \tag{8-4}$$

第 $l+1$ 层的输出为：

$$x_1^{l+1} = \sigma\left(\sum_i^m w_{i1} x_i^l + b_1^{l+1}\right) \tag{8-5}$$

将上面的例子一般化，假设第 $l-1$ 层共有 m 个神经元，则对于第 l 层的第 j 个神经元的输出 x_j^l 的计算过程如式(8-6)所示。

$$x_j^l = \sigma\left(\sum_{k=1}^m w_{jk}^l x_k^{l-1} + b_j^l\right) \tag{8-6}$$

其中，如果 $l=2$，则与之相对应的 x_k^1 即为输入层的 x_k。

由于深度神经网络的神经元数量和层数较多，可使用矩阵计算的形式表示神经网络的计算过程，如式(8-7)所示，设第 $l-1$ 层有 m 个神经元，l 层有 n 个神经元，则 $l-1$ 层到 l 层神经元之间的连接权矩阵用 $\boldsymbol{W}^l(w_{ij}^l, i=1,2,\cdots,m, j=1,2,\cdots,n)$ 表示，$\boldsymbol{b}^l(b_1^l, b_2^l, \cdots, b_n^l)$ 表示的是第 l 层的偏置量向量，$\boldsymbol{x}^l(x_1^l, x_2^l, \cdots, x_n^l)$ 表示的是第 l 层的输出向量。

$$\boldsymbol{x}^l = \sigma(\boldsymbol{W}^l \boldsymbol{x}^{l-1} + \boldsymbol{b}^l) \tag{8-7}$$

8.2.3 深度神经网络的反向传播

前向传播计算训练样本的输出时，使用损失函数来度量训练样本计算出的输出和训练样本的真实标签之间的误差。深度神经网络与浅层神经网络的反向传播算法计算原理相同，都是根据前向传播计算训练样本的输出，使用损失函数来度量训练样本计算出的输出和训练样本的真实标签之间的误差，然后根据误差对神经网络的连接权值和偏置求偏导，使用优化算法对其数值进行更新，通过不断迭代使神经网络的计算输出尽可能接近样本标签。

损失函数通常作为衡量神经网络输出与真实值之间误差的工具，根据不同的数据类型，需要选取对应的函数，对于数值型数据常用均方差公式作为损失函数，如式(8-8)所示，对于概率型数据常用交叉熵函数作为损失函数，在 8.3.1 节中将详细介绍。

$$J(\boldsymbol{W}, \boldsymbol{b}, \boldsymbol{x}, \boldsymbol{y}) = \frac{1}{2} \| \boldsymbol{x}^l - \boldsymbol{y} \|_2^2 \tag{8-8}$$

除了损失函数之外，还需要用梯度下降法迭代求解深度神经网络每一层的 $\boldsymbol{W}, \boldsymbol{b}$。

假设第 l 层为输出层，其输出为 $\boldsymbol{a}^l$，其计算过程如式(8-9)所示，根据输出值和样本标签计算的损失值如式(8-10)所示，其中，$\boldsymbol{y}$ 表示的是样本的标签向量。

$$\boldsymbol{a}^l = \sigma(\boldsymbol{z}^l) = \sigma(\boldsymbol{W}^l \boldsymbol{a}^{l-1} + \boldsymbol{b}^l) \tag{8-9}$$

$$J(\boldsymbol{W}, \boldsymbol{b}, \boldsymbol{x}, \boldsymbol{y}) = \frac{1}{2} \| \boldsymbol{a}^l - \boldsymbol{y} \|_2^2 \tag{8-10}$$

根据损失函数计算公式,对 $\boldsymbol{W}^l$ 和 $\boldsymbol{b}^l$ 求偏导,获取其更新梯度,如式(8-11)、式(8-12)所示。

$$\frac{\partial J(\boldsymbol{W},\boldsymbol{b},\boldsymbol{x},\boldsymbol{y})}{\partial \boldsymbol{W}^l} = (\boldsymbol{a}^l - \boldsymbol{y})(\boldsymbol{a}^{l-1})^{\mathrm{T}} \odot \sigma'(\boldsymbol{z}^l) \tag{8-11}$$

$$\frac{\partial J(\boldsymbol{W},\boldsymbol{b},\boldsymbol{x},\boldsymbol{y})}{\partial \boldsymbol{b}^l} = (\boldsymbol{a}^l - \boldsymbol{y}) \odot \sigma'(\boldsymbol{z}^l) \tag{8-12}$$

其中,$\odot$ 表示的是 Hadamard 积,其计算规则是,对于两个相同维度的矩阵或向量,其相同位置数值相乘,如维度相同的向量 $\boldsymbol{A}(a_1,a_2,\cdots,a_n)^{\mathrm{T}}$ 和 $\boldsymbol{B}(b_1,b_2,\cdots,b_n)^{\mathrm{T}}$,其 Hadamard 积为 $\boldsymbol{A} \odot \boldsymbol{B} = (a_1b_1,a_2b_2,\cdots,a_nb_n)^{\mathrm{T}}$。

计算输出层的 $\boldsymbol{W},\boldsymbol{b}$ 的过程中,有中间依赖部分 $\dfrac{\partial J(\boldsymbol{W},\boldsymbol{b},\boldsymbol{x},\boldsymbol{y})}{\partial \boldsymbol{z}^l}$,把公共的部分 $\boldsymbol{\delta}^l$ 先进行计算,记为如式(8-13)所示。

$$\boldsymbol{\delta}^l = \frac{\partial J(\boldsymbol{W},\boldsymbol{b},\boldsymbol{x},\boldsymbol{y})}{\partial \boldsymbol{z}^l} = (\boldsymbol{a}^l - \boldsymbol{y}) \odot \sigma'(\boldsymbol{z}^l) \tag{8-13}$$

输出层梯度计算完成后,由输出层逐层向前计算各层梯度,神经网络第 l 层的输出,其梯度可以表示如式(8-14)所示。

$$\boldsymbol{\delta}^l = \frac{\partial J(\boldsymbol{W},\boldsymbol{b},\boldsymbol{x},\boldsymbol{y})}{\partial \boldsymbol{z}^l} = \left(\frac{\partial \boldsymbol{z}^l}{\partial \boldsymbol{z}^{l-1}} \frac{\partial \boldsymbol{z}^{l-1}}{\partial \boldsymbol{z}^{l-2}} \cdots \frac{\partial \boldsymbol{z}^{l+1}}{\partial \boldsymbol{z}^l}\right)^{\mathrm{T}} \frac{\partial J(\boldsymbol{W},\boldsymbol{b},\boldsymbol{x},\boldsymbol{y})}{\partial \boldsymbol{z}^l} \tag{8-14}$$

其中,$\boldsymbol{z}^l$ 表示的是神经网络第 l 层的输入总和,其计算过程如式(8-15)所示。

$$\boldsymbol{z}^l = \boldsymbol{W}^l \boldsymbol{a}^{l-1} + \boldsymbol{b}^l \tag{8-15}$$

计算出第 l 层的 $\boldsymbol{\delta}^l$ 后,根据式(8-15)即可计算出第 l 层的 $\boldsymbol{W}^l,\boldsymbol{b}^l$ 的梯度,如式(8-16)和式(8-17)所示。

$$\frac{\partial J(\boldsymbol{W},\boldsymbol{b},\boldsymbol{x},\boldsymbol{y})}{\partial \boldsymbol{W}^l} = \boldsymbol{\delta}^l (\boldsymbol{a}^{l-1})^{\mathrm{T}} \tag{8-16}$$

$$\frac{\partial J(\boldsymbol{W},\boldsymbol{b},\boldsymbol{x},\boldsymbol{y})}{\partial \boldsymbol{b}^l} = \boldsymbol{\delta}^l \tag{8-17}$$

使用数学归纳法对 $\boldsymbol{\delta}^l$ 进行求解,上述推导已求出第 l 层的 $\boldsymbol{\delta}^l$,假设第 $l+1$ 层的 $\boldsymbol{\delta}^{l+1}$ 已求出来,下面对 $\boldsymbol{\delta}^l$ 进行求解,如式(8-18)所示。

$$\boldsymbol{\delta}^l = \frac{\partial J(\boldsymbol{W},\boldsymbol{b},\boldsymbol{x},\boldsymbol{y})}{\partial \boldsymbol{z}^l} = \left(\frac{\partial \boldsymbol{z}^{l+1}}{\partial \boldsymbol{z}^l}\right)^{\mathrm{T}} \frac{\partial J(\boldsymbol{W},\boldsymbol{b},\boldsymbol{x},\boldsymbol{y})}{\partial \boldsymbol{z}^{l+1}} = \left(\frac{\partial \boldsymbol{z}^{l+1}}{\partial \boldsymbol{z}^l}\right)^{\mathrm{T}} \boldsymbol{\delta}^{l+1} \tag{8-18}$$

从式(8-18)可以看出,通过求解 $\dfrac{\partial \boldsymbol{z}^{l+1}}{\partial \boldsymbol{z}^l}$,然后用归纳法递推 $\boldsymbol{\delta}^l$ 和 $\boldsymbol{\delta}^{l+1}$,进而可以推导 $\boldsymbol{z}^{l+1}$ 和 $\boldsymbol{z}^l$ 的关系,如式(8-19)所示。

$$\boldsymbol{z}^{l+1} = \boldsymbol{W}^{l+1} \boldsymbol{a}^l + \boldsymbol{b}^{l+1} = \boldsymbol{W}^{l+1} \sigma(\boldsymbol{z}^l) + \boldsymbol{b}^{l+1} \tag{8-19}$$

继续推导可得到式(8-20)。

$$\frac{\partial \boldsymbol{z}^{l+1}}{\partial \boldsymbol{z}^l} = \boldsymbol{W}^{l+1} \mathrm{diag}(\sigma'(\boldsymbol{z}^l)) \tag{8-20}$$

将式(8-20)代入 $\boldsymbol{\delta}^l$ 和 $\boldsymbol{\delta}^{l+1}$ 的关系式(8-18)得到如式(8-21)所示。

$$\boldsymbol{\delta}^l = \left(\frac{\partial \boldsymbol{z}^{l+1}}{\partial \boldsymbol{z}^l}\right)^{\mathrm{T}} \boldsymbol{\delta}^{l+1} = (\boldsymbol{W}^{l+1} \mathrm{diag}(\sigma'(\boldsymbol{z}^l)))^{\mathrm{T}} \boldsymbol{\delta}^{l+1} \tag{8-21}$$

梯度下降法根据神经网络每次训练时的样本数不同主要有三个变种：批量(batch)梯度下降法、小批量(mini-batch)梯度下降法和随机(stochastic)梯度下降法。其中，随机梯度下降法计算每一个样本的误差对神经网络的参数更新一次；批量梯度下降法计算每组样本的平均误差对神经网络的参数更新一次；小批量梯度下降法与批量下降法计算方法相同，只是每组样本的数量有区别。

8.3 深度神经网络的优化

深度神经网络使用加深神经网络层次结构的方式增加模型的特征提取能力，使得模型可以处理更复杂的任务，但深层次的结构也为模型带来了新的问题，如模型参数量的增加使得模型训练速度变慢且容易过拟合，模型层次加深使得误差在反向传播的过程中容易出现梯度消失或梯度爆炸的问题，从而使模型得不到充分训练。为了解决深度神经网络存在的问题，下面将从模型的损失函数的选择、参数优化和正则化三方面介绍深度神经网络的优化方法。

8.3.1 损失函数的选择

损失函数作为神经网络衡量计算误差的关键函数，对模型的参数更新起到关键作用，选取合适的损失函数能够有效地提升模型的性能，常用的损失函数有均方差损失函数、交叉熵损失函数、对数似然损失函数等。

1. 均方差损失函数

在回归任务中，模型的输出一般是实值，任务关注的是模型输出的实值与真实值之间的差别，均方差损失函数是以神经网络输出值与样本真实值之间的欧氏距离作为衡量标准，用来衡量误差的标准，同时函数计算简单，求梯度方便，适用于作为回归类型任务的损失函数。

2. 交叉熵损失函数

在分类任务中，模型的输出一般是各个类别的准确率，任务关注的是模型输出的最大概率的类别是否与样本的标签类别相同，交叉熵函数可以用来衡量两个概率分布之间的差异，分类任务可以通过最小化交叉熵来得到目标概率分布的近似分布。二分类时每个样本的交叉熵损失函数的形式如式(8-22)所示。

$$J(w,b,a,y) = -[y\ln a + (1-y)\ln(1-a)] \tag{8-22}$$

交叉熵函数对 W 和 b 求偏导，将计算得到的损失通过梯度反向传递到前一层的神经元，其计算过程如式(8-23)所示。

$$\delta^l = \frac{\partial J(w,b,a^l,y)}{\partial z^l} = -y(1-a^l) + (1-y)a^l = a^l - y \tag{8-23}$$

由式(8-23)可知，此时 δ^l 梯度表达式里面不包含 $\sigma'(z)$。使用交叉熵，得到的 δ^l 梯度表达式也不包含 $\sigma'(z)$，通过这种方式计算所得的权值和阈值表达式也不包含 $\sigma'(z)$，缓解了反向传播收敛速度慢的问题。

3. 对数似然损失函数

传统的深度神经网络模型无法做到对分类问题的求解,实现分类问题要求样本真实类别对应的神经元输出应无限接近或等于1,非真实样本类别对应的神经元输出应无限接近或等于0。深度神经网络分类模型要求是输出层神经元输出概率的值在0~1,同时所有输出值之和为1。将传统的深度神经网络输出层第 i 个神经元的激活函数定义为

$$a_i^l = \frac{e^{z_j^l}}{\sum_{j=1}^{n^l} e^{z_j^l}} \tag{8-24}$$

其中,n^l 是输出层第 l 层的神经元个数,即分类问题的类别数。$\sum_{j=1}^{n^l} e^{z_j^l}$ 作为归一化因子保证了所有的 a_i^l 之和为1,因此,所有的 a_i^l 都在 $(0,1)$ 之间。

式(8-24)是 softmax 函数的特殊形式,softmax 函数的一般形式如式(8-25)所示。

$$S_i = \frac{e^i}{\sum_j e^j} \tag{8-25}$$

softmax 函数作为归一化指数函数,可以将一个含任意实数的 k 维向量"压缩"到另一个 k 维实向量 $\sigma(z)$ 中,使得每一个元素的范围都在 $(0,1)$ 之间,并且所有元素的和为1。

4. 梯度爆炸和梯度消失

梯度爆炸是指神经网络在反向传播的过程中,需要对激活函数进行求导,如果导数大于1,那么随着网络层数的增加,梯度更新将会朝着指数爆炸的方式增加。同样,如果导数小于1,那么随着网络层数的增加,梯度更新会朝着指数衰减的方式减少,这就是梯度消失。

对于无法完美解决的梯度消失和梯度爆炸问题,目前有很多学者对其进行研究,一个可能部分解决梯度消失问题的办法是使用 ReLU 激活函数,ReLU 激活函数在卷积神经网络中得到了广泛的应用,这使得在卷积神经网络中梯度消失不再是绝对问题,同样在 LSTM 中门控单元能够降低梯度爆炸发生的概率。

8.3.2 参数优化

神经网络的超参数可以分为全局和局部两类,通常包括学习率、批次大小、优化器、迭代次数、激活函数等。本节以7个算法来对参数的调整以及深度神经网络的优化训练进行简要介绍。

1. 梯度下降法(Batch Gradient Descent,BGD)

神经网络发展至今,优化算法层出不穷,但大多都与梯度下降有关。梯度下降法是求解函数最小值的迭代优化算法,在前面的章节中已详细讲解过,此处不再赘述。梯度下降法示意图如图8-4所示。

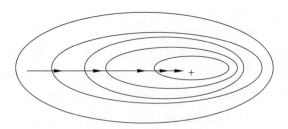

图 8-4 梯度下降法示意图

2. 小批量梯度下降法（Mini-Batch Gradient Descent，MBGD）

在工业数据环境下，直接对大数据执行梯度下降法训练往往处理速度缓慢，这时将训练集分割成小的子集进行训练至关重要。被分割成的小子集称为小批量（mini-batch）。对每一个小批量同时执行梯度下降会大大提高训练效率。

假设随机抽取小批量 m 个样本 $\boldsymbol{X} = (x^1, x^2, \cdots, x^m)$，$m$ 个样本的损失函数如式(8-26)所示。

$$J(\theta_0, \theta_1) = \frac{1}{2m} \sum_{i=1}^{m} (h_\theta(x^i) - y^i)^2 \tag{8-26}$$

计算损失函数的梯度，如式(8-27)所示。

$$g = \frac{\partial J(\theta_0, \theta_1)}{\partial \theta_j} = \frac{1}{m} \sum_{i=1}^{m} (h_\theta(x^i) - y^i) x_j^i \tag{8-27}$$

参数更新如式(8-28)所示。

$$\theta_j \leftarrow \theta_j - \eta g \tag{8-28}$$

批量梯度下降通常会设置随着迭代的进行不断降低的学习率 η，这样有助于算法的收敛。同时，批量的选取也至关重要，小批量很难利用多核并行处理，运算速度慢；大批量的回报通常小于线性，但下降方向准确度较高。

3. 随机梯度下降（Stochastic Gradient Descent，SGD）

当小批量的训练样本数设置为 1 时，小批量梯度下降法就变成了随机梯度下降法。SGD 虽然以单个样本为训练单元，训练速度较快，但牺牲了向量化运算所带来的便利性，在较大数据集上效率较低。随机梯度下降示意图如图 8-5 所示。

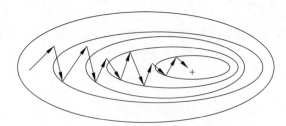

图 8-5 随机梯度下降示意图

SGD 有速度快、容易实现的优点；但同时存在着很多缺点，例如，可能会陷入局部最小值，最终会一直在最小值附近波动，并不会达到最小值并停留在此；下降速度慢、选择合适的学习率比较困难；在所有方向上有统一的缩放梯度，不适用于稀疏数据等。

4. 带动量的梯度下降法（Gradient Descent with Momentum，GDM）

假设梯度下降的横向为参数 W 的下降方向，纵向为偏置 b 的下降方向，神经网络希望在纵轴上的震荡幅度较小，学习速度较慢；而在横轴上学习速度较快。无论是小批量梯度下降还是随机梯度下降，都不能避免这个问题。带动量的梯度下降法被提出用来解决这个问题，它考虑历史梯度的加权平均值作为速率对网络进行优化。带动量的梯度下降法如图 8-6 所示。

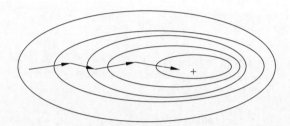

图 8-6 带动量的梯度下降法

GDM 梯度如式(8-29)和式(8-30)所示：

$$V_{dW^l}^t = \beta V_{dW^l}^{t-1} + (1-\beta)dW^l \tag{8-29}$$

$$V_{db^l}^t = \beta V_{db^l}^{t-1} + (1-\beta)db^l \tag{8-30}$$

迭代更新公式如式(8-31)和式(8-32)所示：

$$W^l = W^l - \alpha V_{dW^l}^t \tag{8-31}$$

$$b^l = b^l - \alpha V_{db^l}^t \tag{8-32}$$

β 是参数，以第 l 层隐藏层的权重矩阵 W^l 为例（偏置 b 同理，通常可以不对 b 进行动量梯度下降），在第 t 步的迭代中，权重 W 的真实梯度为 dW^l，然后利用指数加权平均梯度 $V_{dW^l}^t$ 代替第 t 次迭代的真实梯度。

如果把梯度下降看成是一个球从山上往下滚动，那么 $V_{dW^l}^t$ 可以看成是在时刻 t 的速度，$V_{dW^l}^t$ 受到上一时刻的速度、摩擦力以及加速的影响，则 $V_{dW^l}^{t-1}$ 为上一时刻的速度；$V_{dW^l}^{t-1}$ 乘以 β 是因为有摩擦力的存在，下一时刻的速度缩小为上一刻的速度的 $\frac{1}{\beta}$；而又由于重力提供了加速度 $(1-\beta)dW^l$，因此得到式(8-29)。所以这种梯度下降被称为带动量的梯度下降。

5. 自适应梯度下降（Adaptive Gradient Descent，AdaGrad）

在一般的优化算法中，目标函数自变量都采用统一的学习率进行迭代更新，但是实际数据中可能存在这样一种情况：有些参数已经接近最优，只需要进行微调，而另一些参数还需要做较大调整。这种情况可能会在样本较少的情况下出现，如含有某一特征的样本出现较少，因此被代入优化的次数也较少，这样就导致不同参数的更新不平衡，AdaGrad 梯度下降法用来处理这类问题。

AdaGrad 梯度下降法的基本思想是对每个参数自适应地调节它的学习率,自适应的方法就是对每个参数乘以不同的系数,并且这个系数是由之前累积的梯度大小的平方和决定,也就是说,变动大的参数赋予较小的学习率,变动小的参数赋予较大的学习率。

AdaGrad 梯度下降的更新如式(8-33)~式(8-36)所示。

$$W_t^l = W_{t-1}^l - \frac{\alpha}{\sqrt{\sum_{i=1}^{t-1}(dW_i)^2 + \varepsilon}} \cdot dW_{t-1}^l \qquad (8\text{-}33)$$

$$b_t^l = b_{t-1}^l - \frac{\alpha}{\sqrt{\sum_{i=1}^{t-1}(db_i)^2 + \varepsilon}} \cdot db_{t-1}^l \qquad (8\text{-}34)$$

$$(dW_i)^2 = W_i \odot W_i \qquad (8\text{-}35)$$

$$(db_i)^2 = b_i \odot b_i \qquad (8\text{-}36)$$

其中,t 为当前迭代次数,$\odot$ 是 Hadamard 积。$\sum_{i=1}^{t-1}(dW_i)^2$ 与 $\sum_{i=1}^{t-1}(db_i)^2$ 分别表示历史前 $t-1$ 个权重梯度 dW 的 Hadamard 求和与前 $t-1$ 个偏置梯度 db 的 Hadamard 求和。ε 是用来避免出现分母为 0 情况的平滑参数,通常取 1e-8。

AdaGrad 梯度下降算法的优点:由于每次更新时,学习率 α 除以了前 $t-1$ 个梯度的和,所以不同的参数拥有不同的学习率,增加了罕见但信息丰富的特征的影响,适合处理稀疏数据。同时,梯度随着累加逐渐增大,可以达到衰减学习率的效果,减少了在最后收敛时期的摆动。AdaGrad 梯度下降算法的缺点:存在需要计算二阶动量的问题,并且因为梯度不断累加且单调递增,学习率会单调递减至一个非常小的值,使训练过程提前结束。为解决 AdaGrad 梯度下降算法导致学习率消失的问题,可使用 RMSprop 梯度下降算法来改善。

6. 均方根传递算法(Root Mean Square Prop,RMSprop)

为了缓解 AdaGrad 梯度下降算法导致学习率衰减过快的问题,首先想到降低分母里的平方和项,由此引申出 RMSprop 算法,RMSprop 算法的基本思想是将平方和变为加权平方和,即不累加全部历史梯度,只关注过去一段时间的平均值,从而减少过远梯度对学习率的影响。RMSprop 算法的加权平方和如式(8-37)和式(8-38)所示。

$$S_{dW_t^l} = \beta S_{dW_{t-1}^l} + (1-\beta) \times (dW)^2 = \beta S_{dW_{t-1}^l} + (1-\beta) \times dW \odot dW \qquad (8\text{-}37)$$

$$S_{db_t^l} = \beta S_{db_{t-1}^l} + (1-\beta) \times (db)^2 = \beta S_{db_{t-1}^l} + (1-\beta) \times db \odot db \qquad (8\text{-}38)$$

其中,$\beta = 0.999$。

RMSprop 算法的迭代更新如式(8-39)和式(8-40)所示。

$$W_t = W_{t-1} - \frac{\alpha}{\sqrt{S_{dW_t^l} + \varepsilon}} \cdot dW_t \qquad (8\text{-}39)$$

$$b_t = b_{t-1} - \frac{\alpha}{\sqrt{S_{db_t^l} + \varepsilon}} \cdot db_t \qquad (8\text{-}40)$$

其中，W 为权重；b 为偏置；$\dfrac{\alpha}{\sqrt{S_{\mathrm{d}W_t^l}} + \varepsilon}$ 为学习率；S 为 W 或 b 的加权平方和。RMSprop 算法通过引入加权平方和，避免了计算二阶动量带来的持续累积，从而缓解训练过程提前结束的问题。

7. 自适应矩估计算法（Adaptive Moment Estimation，Adam）

Adam 算法是在 GDM 算法的基础上融合了 RMSprop 算法而实现，是一种可以替代传统随机梯度下降过程的一阶优化算法，能够基于训练数据迭代更新权重。相较于 GDM 算法，无论是 RMSprop 算法还是 Adam 算法，其中的改进思路都在于如何让横轴上的学习更快以及让纵轴上的学习更慢，而 Adam 算法在 GDM 算法的基础上，引入了平方梯度，并对速率进行了偏差纠正。具体计算公式如式(8-41)～式(8-46)所示。

梯度的指数加权平均如式(8-41)和式(8-42)所示。

$$V^t_{\mathrm{d}W_t^l} = \beta_1 V^{t-1}_{\mathrm{d}W} + (1-\beta_1) \mathrm{d}W_t^l \tag{8-41}$$

$$V^t_{\mathrm{d}b_t^l} = \beta_1 V^{t-1}_{\mathrm{d}b} + (1-\beta_1) \mathrm{d}b_t^l \tag{8-42}$$

梯度的加权平方和如式(8-43)和式(8-44)所示。

$$S_{\mathrm{d}W_t^l} = \beta_2 S_{\mathrm{d}W_{t-1}^l} + (1-\beta_2) \times (\mathrm{d}W)^2 = \beta_2 S_{\mathrm{d}W_{t-1}^l} + (1-\beta_2) \times \mathrm{d}W \odot \mathrm{d}W \tag{8-43}$$

$$S_{\mathrm{d}b_t^l} = \beta_2 S_{\mathrm{d}b_{t-1}^l} + (1-\beta_2) \times (\mathrm{d}b)^2 = \beta_2 S_{\mathrm{d}b_{t-1}^l} + (1-\beta_2) \times \mathrm{d}b \odot \mathrm{d}b \tag{8-44}$$

迭代更新公式如式(8-45)和式(8-46)所示。

$$W_t = W_{t-1} - \frac{\alpha}{\sqrt{S_{\mathrm{d}W_t^l} + \varepsilon}} \cdot V_{\mathrm{d}W_t^l} \tag{8-45}$$

$$b_t = b_{t-1} - \frac{\alpha}{\sqrt{S_{\mathrm{d}b_t^l} + \varepsilon}} \cdot V_{\mathrm{d}b_t^l} \tag{8-46}$$

参数含义参考 GDM 和 RMSprop 梯度下降算法。

Adam 算法的超参数设置时，学习率 α 需要尝试一系列的值，来寻找比较合适的参数；β_1 常用的默认值为 0.9；β_2 建议为 0.999；ε 不会影响算法表现，建议为 8~10；β_1、β_2、ε 通常不需要调试。

Adam 算法优点颇多，不仅有着计算高效、所需内存少、梯度对角缩放的不变性等优秀特性，还适合解决含大规模数据和参数的优化问题，在解决非稳态目标以及包含很高噪声或稀疏梯度的问题时具有很好的适用性，并且可以很直观地解释超参数，基本上只需要极少量地调参。

8.3.3 正则优化

和普通的机器学习算法一样，深度神经网络也会遇到过拟合的问题，需要考虑泛化，正则化是常用的手段之一。正则化是机器学习中一种常用的技术，其主要目的是控制模型复杂度，减小过拟合。最基本的正则化方法是在原目标（代价）函数中添加惩罚项，对复杂度高的模型进行"惩罚"。

1. 深度神经网络的 L1 正则化和 L2 正则化

基本的正则化方法包括 L1 正则化和 L2 正则化，两者原理类似，本节重点讲述深度神经网络的 L2 正则化。深度神经网络的 L2 正则化通常的做法是只针对连接权值矩阵 w，而不针对偏置向量 b。假设每个样本的损失函数是均方差损失函数，则所有的 m 个样本的损失函数如式(8-47)所示。

$$J(w,b) = \frac{1}{2m}\sum_{i=1}^{m}\|a^l - y\|_2^2 \tag{8-47}$$

加上了 L2 正则化后的损失函数如式(8-48)所示。

$$J(w,b) = \frac{1}{2m}\sum_{i=1}^{m}\|a^l - y\|_2^2 + \frac{\lambda}{2m}\sum_{i=2}^{l}\|w\|_2^2 \tag{8-48}$$

其中，λ 为正则化超参数，实际使用时需要进行调整。

使用 L2 正则化的损失函数进行反向传播的算法流程与没有使用正则化的损失函数的流程完全一样，区别仅仅在于 W 的梯度迭代更新公式由 $w^l = w^l - \alpha\sum_{i=1}^{m}\delta^{i,l}(a^{x,l-1})^T$ 变为 $w^l = w^l - \alpha\sum_{i=1}^{m}\delta^{i,l}(a^{x,l-1})^T - \alpha\lambda w^l$。

2. 深度神经网络通过集成学习的思路正则化

除了常见的 L1 正则化和 L2 正则化，深度神经网络还可以通过集成学习的 Bagging 思路正则化。常用的机器学习 Bagging 算法中，随机森林是最流行的，它通过随机采样构建若干个相互独立的弱决策树学习器，最后采用加权平均法或者投票法决定集成的输出。深度神经网络中的 Bagging 思路和随机森林的 Bagging 思路不同之处在于使用的不是若干决策树，而是若干网络。

首先我们要对原始的 m 个训练样本进行有放回地随机采样，构建 N 组 m 个样本的数据集，然后分别用这 N 组数据集去训练深度神经网络，即采用前向传播算法和反向传播算法得到 N 个深度神经网络模型的 W,b 参数组合，最后对 N 个深度神经网络模型的输出用加权平均法或者投票法决定最终输出。

深度神经网络本身就具有复杂性，而集成学习的 Bagging 思路应用于深度神经网络时又会使参数增加 N 倍，从而导致训练网络要花费更多的时间和空间。因此 N 的个数不能太多，一般限定为 5~10。

3. 深度神经网络通过随机失活(Dropout)正则化

随机失活(Dropout)最早于 2012 年被 Hinton 等提出，是一种防止神经网络出现过拟合现象的优化方法。其基本思想是在网络训练的每次迭代过程中，以一定的概率 P 随机舍弃网络中输入层或者隐藏层的部分神经元的连接权值，即随机将部分输入层神经元或者隐藏层的神经元输出设置为 0，对网络结构进行简化并更新网络中被保留神经元(输出为 1 的神经元)对应的参数。

深度神经网络通过 Dropout 正则化可以降低网络中神经元之间的相互依赖性，减少网络对某一特征的过度学习,有效防止网络的过拟合。

4. 深度神经网络通过增强数据集正则化

由于在深度神经网络的某些实际应用中,无法获得大量的训练数据,使得模型出现过拟合的现象,因此可以采用增强数据集的方式解决这个问题,提高模型的泛化能力。数据集增强是指利用有限的训练数据产生更多的等价数据扩展训练数据集,例如在图像数据集中常用的数据集增强方法有旋转、混合图像、噪声扰动、颜色变换等。

通过增强数据集对模型进行优化的方法多用于计算机视觉领域中,以图像识别为例,对于规模较小的训练集,可以通过对原始数据集中的图像进行平移或者旋转等方式得到一个新的图像,然后重复这类操作,扩大原始训练集的规模,以此来减少过拟合。值得注意的是,利用原始数据产生的新图像的特征与原始图像特征不同,但其特征对应的输出类别与原始图像相同。

8.4 深度神经网络的应用

目前深度神经网络被广泛应用于图像、音频、自动驾驶、医疗和经济等领域,例如在风险评估方面,利用深度神经网络对数据进行分析,有助于帮助用户降低投资风险;在自动驾驶方面,将深度神经网络应用于汽车环境感知(物体检测、语义分割等),可以提高智能汽车对环境感知的准确性和可靠性,为人类在自动驾驶领域迈出重要一步作出了贡献。下面重点介绍深度学习网络在语音识别、图像识别和个性化推荐领域的应用情况。

1. 深度神经网络在语音识别中的应用

传统的语音识别普遍采用基于高斯混合模型和隐马尔可夫(GMM-HMM)模型的声学模型,然而基于 GMM-HMM 模型的语音识别系统的效果达不到实用化水平,语音识别的研究和应用进入了瓶颈期。之后随着深度学习的兴起,深度神经网络开始应用于语音识别领域。2009 年,Hinton 等将深度置信网络(Deep Belief Network,DBN)应用在语音识别声学建模中,实验结果表明,在 TIMIT 这样的小词汇量连续语音识别数据库上,错误率降到了 20.7%。2011 年,深度神经网络在大词汇量连续语音识别上取得了突破。大量的研究结果表明,深度神经网络-HMM 声学模型的性能相比于传统的 GMM-HMM 声学模型有显著的提升,从此基于深度神经网络的模型开始取代 GMM-HMM 模型,成为主流的语音识别声学模型建模方法。

深度神经网络-HMM 模型和传统的 GMM-HMM 模型最大的不同是其替换了 GMM 模型,采用深度神经网络来建模语音观察概率。相比于 GMM 模型,使用深度神经网络的原因如下:

(1) GMM 模型只能采用单帧输入,深度神经网络可以将相邻的语音帧进行拼接作为输入特征,从而提供更多的上下文信息。

(2) 深度神经网络估计 HMM 模型状态的后验概率分布不需要对语音数据分布进行假设。

(3) GMM 模型要求输入的特征作去相关处理,深度神经网络的输入特征可以是多种特征的融合。

同时,由于基于深度神经网络的模型具有多层非线性变换的深层结构,能够学习到声纹信息中的深层特征,提升了语音识别模型对复杂数据(深度特征)的挖掘和学习能力。因此相比于传统的 GMM-HMM 模型,基于深度神经网络的模型表达和建模能力更强,可以更加充分地发挥大规模数据的作用。

2. 深度神经网络在图像识别领域的应用

图像识别起源于 20 世纪 40 年代,是计算机视觉领域的一个重要分支,现已普遍应用到人们的日常生活中,例如图像检索、人脸识别、车牌识别等。传统的图像识别分为特征提取和分类两部分,由于以浅层次结构模型为主,因此需要人工对图像进行预处理,存在识别准确率不高、训练时间长等问题。为了解决这些问题,研究人员决定研究更深层的网络结构模型,希望使用模型代替人工来自动提取特征。

深度神经网络通常以端到端的方式完成特征的提取与学习,并且通过自主学习数据隐含在内部的关系,使学习到的特征表达能力更强。深度神经网络应用在图像识别中的主要过程是:把图像样本集输入到深度神经网络模型,然后利用前向传播和后向传播算法使得损失函数最小化,并不断更新连接权值和偏置。模型经过反复迭代训练来确定较优的连接权值和偏置,训练结束后使用训练好的模型进行图像识别。近年来,深度学习在图像识别中取得了突出的成果,例如 Google 研究团队于 2019 年提出的 EfficientNet 模型。

3. 深度神经网络在个性化推荐场景中的应用

个性化推荐是处理信息过载问题的一种重要手段,它帮助人们从海量信息中找到符合自身偏好的内容。目前个性化推荐已经广泛应用于多个领域,例如电影和视频网站、音乐平台、电子商务等。

个性化推荐模型一般分为两个阶段:召回阶段和排序阶段。在召回阶段,模型评估出用户可能感兴趣的内容,过滤掉用户不感兴趣的内容。在排序阶段,模型对召回阶段筛选出来的结果统一打分并排序,选出最优 Top K。

个性化推荐的召回阶段和排序阶段都可以使用基于深度神经网络的模型,例如阿里巴巴的研究团队提出的用于召回阶段的深度推荐模型——TDM 模型,该模型通过结合树结构搜索与深度学习模型来解决从超大规模商品库中高效检索 Top K 商品的问题,将召回问题转化为层级化分类问题;Google 的研究团队提出的基于深度神经网络的深层向量化检索方法——YouTube 深度神经网络,该模型在召回阶段和排序阶段分别使用了一个深度神经网络来提高推荐系统性能。目前,基于深度神经网络的个性化推荐已经成为工业界和学术界研究的重点内容。

微课视频

8.5 本章实践

MNIST 手写数字集已经在前面章节介绍过,它是深度学习中的典型数据集。它是一套手写数字图像数据库,包含 60 000 个训练样本和 10 000 个测试样本。所有图像已经做过规范化及居中处理,它们拥有同样的固定尺寸,使用起来非常方便。

本节将使用深度神经网络来实现手写数字的识别功能。由前面知识可知,深度神经网络是由一个输入层、一个输出层和多个隐藏层组成的神经网络,这里我们建立一个包含两层隐藏层的深度神经网络来进行操作。主要执行步骤如下。

1. 加载 MNIST 数据集

input_data 封装了 MNIST 数据的下载、解析功能,read_data_sets()返回三部分数据:55 000 个训练样本 mnist.train,5000 个验证样本 mnist.validation(将原始的 60 000 个训练样本分开),10 000 个测试样本 mnist.test。

```
# 加载数据集
from tensorflow.examples.tutorials.mnist import input_data
mnist = input_data.read_data_sets("MNIST_data/", one_hot = True)
```

每个样本都包含一个手写数字图像 x 和一个对应的标签 y,训练集的图像和标签可以通过 mnist.train.images 和 mnist.train.labels 读取,验证集和测试集同理。图像的尺寸是 28×28 像素,每个像素值代表[0,1]的笔画强度,我们可以把图像数据理解为一个长度为 784 的数组,也就是一个 784 维的向量。标签的取值为[0,9],表示从 0~9 这 10 个数字,这里把标签处理成 10 维 one-hot 向量以方便对应深度神经网络的输出。

2. 建立深度神经网络模型

搭建一个拥有 2 个隐藏层的深度神经网络模型,第一层拥有 1024 个神经元,第二层拥有 625 个神经元,使用 ReLU 作为激活函数,并在输入层和隐藏层各层都使用 Dropout 机制,避免模型发生过拟合。

```
# 定义输入和输出
X = tf.placeholder(tf.float32, [None, 784])
Y = tf.placeholder(tf.float32, [None, 10])
p_keep_input = tf.placeholder(tf.float32)
p_keep_hidden = tf.placeholder(tf.float32)

# 初始化权值矩阵
def init_weights(shape):
    return tf.Variable(tf.random_normal(shape, stddev = 0.01))

w_h = init_weights([784, 1024])
w_h2 = init_weights([1024, 625])
w_o = init_weights([625, 10])

def model(X, w_h, w_h2, w_o, p_keep_input, p_keep_hidden):
    X = tf.nn.dropout(X, p_keep_input)
    h = tf.nn.relu(tf.matmul(X, w_h))                    # 第一层隐藏层
    h = tf.nn.dropout(h, p_keep_hidden)
    h2 = tf.nn.relu(tf.matmul(h, w_h2))                  # 第二层隐藏层
```

```
            h2 = tf.nn.dropout(h2, p_keep_hidden)
            return tf.matmul(h2, w_o)
```

3. 训练和评估深度神经网络模型

这里使用损失 loss 指标来衡量模型的好坏：loss 越接近 0，表明模型的输出越接近于真实的标签，然后选择最常用的交叉熵 cross-entropy 作为损失函数，使用 RMSProp 优化算法执行梯度下降。

```
# 定义损失函数
cost = tf.reduce_mean(tf.nn.softmax_cross_entropy_with_logits(logits = py_x, labels = Y))
# 使用 RMSProp 优化算法来执行梯度下降
train_op = tf.train.RMSPropOptimizer(0.001, 0.9).minimize(cost)
```

同时评估模型时，我们把模型输出的标签与真实的标签进行比较，并将比较结果转换为一个取值为 [0，1] 的浮点数作为准确率指标。

```
predict_acc = tf.reduce_mean(tf.cast(tf.equal(tf.argmax(py_x, 1), tf.argmax(Y, 1)), tf.float32))
```

4. 执行深度神经网络模型

整个训练过程指定最大迭代步数为 20000，每步使用 100 个一组的随机样本做训练，每训练 200 步输出一次训练准确率，全部训练结束后使用测试集 mnist.test 评估准确率。

```
epoch_count = 20000
batch_size = 100
keep_input = 0.8
keep_hidden = 0.75

with tf.Session() as sess:
    sess.run(tf.global_variables_initializer())
    step = 0
    for i in range(epoch_count):
        step += 1
        batch_x, batch_y = mnist.train.next_batch(batch_size)
        sess.run(train_op, feed_dict = {X: batch_x, Y: batch_y, p_keep_input: keep_input, p_keep_hidden: keep_hidden})
        if step % 200 == 0:
            loss, acc = sess.run([cost, predict_acc],feed_dict = {X: batch_x, Y: batch_y, p_keep_input: 1., p_keep_hidden: 1.})
            print("Epoch: {}".format(step), "\tLoss: {:.6f}".format(loss), "\tTraining Accuracy: {:.5f}".format(acc))
    print("Testing Accuracy: {:0.5f}".format(sess.run(predict_acc,
                                                feed_dict = {X: mnist.test.images,
Y: mnist.test.labels, p_keep_input: 1., p_keep_hidden: 1.})))
```

最终运行结果如图 8-7 所示。

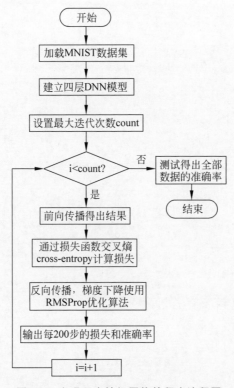

图 8-7 最终运行结果

此外,可以通过程序流程图 8-8 更加清晰地理解深度神经网络的实现步骤。

图 8-8 实现深度神经网络的程序流程图

深度神经网络是深度学习的基础,随着技术的不断发展,其层数越来越多,深度也越来越深,但层数的情况并不是越深越好,而是要根据实际问题、计算能力等来决定,有时候对于数据量小且简单的情况来说,层数太多反而容易过拟合。

8.6 习题

1. 什么是广义的 DNN？什么是狭义的 DNN？
2. 请简述 CNN 与 DNN 的区别。
3. DNN 的梯度更新方式有哪些？
4. 全连接 DNN 输入数据的方式是什么？

5. 设计神经网络时,神经网络的层数是不是越多越好?
6. 请简述 Dropout 和 Bagging 的正则化的异同。
7. 请简述输入数据归一化的原因(使数据处于同一数量级,具有相同的数据分布)。
8. 请简述什么样的数据集不适合用深度学习。
9. 请同学们尝试自己实现 DNN。

第9章

深度置信网络

CHAPTER 9

深度置信网络(Deep Belief Net,DBN)是 Hinton 于 2006 年提出的一种基于受限玻耳兹曼机的神经网络,它采用贪婪预训练的方法逐层训练组成神经网络的受限玻耳兹曼机,既提高了神经网络的训练效率,也改善了深度神经网络容易陷入局部最优的问题。

下面将对深度置信网络进行详细的介绍。

9.1　深度置信网络概述

在深层神经网络中常采用 BP 思想对网络参数进行更新，但是随着神经网络隐藏层数量的增加，误差在从输出层逐层前向传递的过程中会逐渐消失，即神经网络最前面的神经元得不到充分训练，使神经网络容易产生局部最优问题，而且神经网络的训练效率较低，训练需要的时间也比较长。Hinton 提出的 DBN 基于受限玻耳兹曼机神经网络结构，采用逐层训练的方式对神经网络的参数进行更新，可以缩短神经网络的训练时间，且神经网络不容易产生局部最优问题。

深度置信网络具体的发展历程如下。

2006 年，Hinton 提出了深度置信网络的思想。与传统神经网络不同，深度置信网络可以获取观测数据和标签的联合概率分布。深度置信网络解决了传统反向传播（BP）算法训练多层神经网络的难题：①需要大量含标签训练样本集；②收敛速度较慢；③可能因不合适的参数选择陷入局部最优。

2009 年，Pham 等将深度置信网络应用到一些音频分类任务中，用频谱图对深度置信网络进行训练，使深度置信网络可以学习音频数据的特征，从而对样本进行分类。

2010 年，Mohamed 等提出了用连续判别训练准则来优化深度置信网络的权值、状态变换参数及语言模型分数，描述并分析了提出的训练算法和策略，验证了基于序列训练准则学习的深度置信网络的性能优于基于框架准则的深度置信网络，但是与此同时产生的优化过程更加困难。

2011 年，Mohamed 等用梅尔频率倒谱系数和梅尔刻度滤波器训练深度置信网络产生高层受限玻耳兹曼机特征，用这个特征能够预测隐马尔可夫模型状态上的后验分布，用反向传递方法更新后，在 TIMIT 数据集识别与说话者无关的音素得到的性能优于其他方法。同年，Dahl 等提出了一种依赖语境的深度置信网络-隐马尔可夫模型（DBN-HMM），在来自 Bing 移动语音搜索任务的具有大型词汇的任意语音识别数据集上进行试验，得到的结果性能明显优于高斯混合-隐马尔可夫模型（GMM-HMM）。

9.2　深度置信网络的网络结构

DBN 是一种由多层神经元组成的概率生成模型，根据其运行的流程可以将其看作一种由多个 RBM 单元堆叠而成的神经网络，本节将详细介绍 DBN 的网络结构，并以 DBN-DNN 为例，介绍神经网络的训练过程。

9.2.1　深度置信网络的基础结构

在 DBN 中，每个 RBM 单元的前一层是后一层的显层，各个 RBM 单元之间，前一个 RBM 单元的输出层是后一个 RBM 单元的输入层。一个有三层隐藏层结构的 DBN 网络结构，如图 9-1 所示，其中 v 是显层，$h_i(i=1,2,3)$ 是隐藏层。由图 9-1 可以看出，DBN 可以看作一个由 3 个 RBM 单元堆叠而成的神经网络。

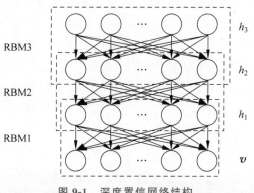

图 9-1 深度置信网络结构

单个 RBM 单元主要由可视层和隐藏层两部分组成,其结构如图 9-2 所示,RBM 单元同一层之间的神经元无连接,不同层之间的神经元全连接,其具体运行机制及原理可查看本书第 6 章。

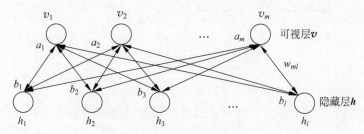

图 9-2 RBM 神经网络结构

通常将由多层受限玻耳兹曼机构成的神经网络称为 DBN,在 DBN 最后一层增加 BP 层后,便构成了标准型 DNN 结构的神经网络 DBN-DNN。

9.2.2 DBN-DNN 的训练过程

深度置信神经网络是由一个输入层、多个隐藏层、一个输出层组成,如图 9-3 所示。

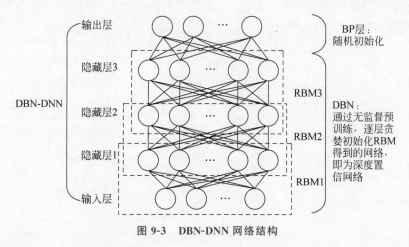

图 9-3 DBN-DNN 网络结构

深度置信神经网络的隐藏层由多个受限玻耳兹曼机堆叠而成,在受限玻耳兹曼机网络模型中,根据可见层和隐藏层的取值不同,可以将受限玻耳兹曼机分为两类:如果可见层和隐藏层均为二值分布,称为伯努利-伯努利受限玻耳兹曼机;如果可见层为实数,隐藏层为二值分布则称为高斯-伯努利受限玻耳兹曼机。

通过堆叠受限玻耳兹曼机可以产生两种结构:深度受限玻耳兹曼机(DBM)、深度置信网络 DBN,如图 9-4 所示。

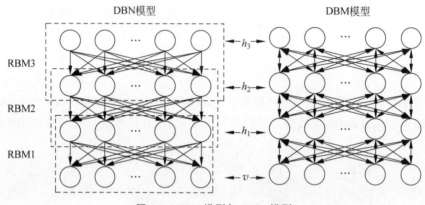

图 9-4　DBN 模型与 DBM 模型

深度受限玻耳兹曼机中的隐藏层分别受上下两层的影响,而在深度置信网络中的隐藏层只受一层的影响。虽然深度受限玻耳兹曼机的这种结构具有较高的鲁棒性,但其训练过程较为复杂。

多层受限玻耳兹曼机对输入数据重构的核心在于提取数据的特征,深度置信网络的训练过程可以分为无监督预训练和有监督反向微调两个过程。

1. 无监督预训练

无监督预训练主要是为了学习数据特征,需要分别对每一层的 RBM 进行充分的无监督训练,确保特征向量在映射到不同的特征空间时,都尽可能将更多的特征信息保存下来。训练过程如图 9-5 所示,将第一个输入层 v_1 和第一个隐藏层 h_1 作为预训练受限玻耳兹曼

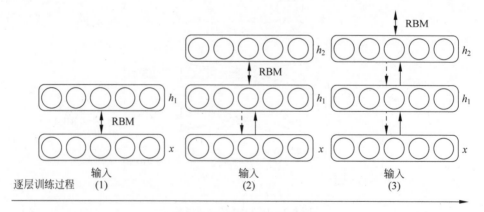

图 9-5　无监督预训练过程

机,训练结束后保持参数不变。将 h_1 作为输入层 v_2,与第二个隐藏层 h_2 组成第二个受限玻耳兹曼机,以此规则逐层进行训练。

在 RBM 中,v_i 表示可视层神经元,h_i 表示隐藏层神经元,N_v 和 N_h 分别表示可视层和隐藏层的神经元个数,任意两个相连的神经元 i,j 之间有一个权值 W_{ij} 表示其连接强度,每个神经元自身有一个偏置系数 b(对可视层神经元)和 c(对隐藏层神经元),则 RBM 的能量函数如式(9-1)所示。

$$E(v,h) = -\sum_{i=1}^{N_v} b_i v_i - \sum_{j=1}^{N_h} c_j h_j - \sum_{i=1}^{N_v}\sum_{j=1}^{N_h} W_{ij} v_i h_j \tag{9-1}$$

根据式(9-1)的能量函数可得状态(v,h)的联合概率分布,如式(9-2)所示。

$$P(v,h) = \frac{1}{Z}\mathrm{e}^{-E(v,h)} \tag{9-2}$$

其中,$Z = \sum_{v,h} \mathrm{e}^{-E(v,h)}$ 称为归一化因子,也称为配分函数。

由于受限玻耳兹曼机同层之间的神经元没有连接,因此隐藏层的神经元是否激活在给定可见层结点值的情况下是条件独立事件。同理,对于可见层神经元的激活状态在给定隐藏层结点值的情况下也是条件独立事件。

隐藏层神经元 h_j 被激活的概率如式(9-3)所示。

$$P(h_j = 1 \mid v) = \sigma\left(b_j + \sum_{i=1}^{N_v} W_{ij} v_i\right) \tag{9-3}$$

同理,可视层神经元被激活的概率如式(9-4)所示。

$$P(v_i = 1 \mid h) = \sigma\left(c_i + \sum_{j=1}^{N_h} W_{ij} h_j\right) \tag{9-4}$$

其中,σ 一般为 Sigmoid 函数,也可指定为其他激活函数。

隐藏层 h 对于可见层 v 的条件概率公式如式(9-5)所示。

$$P(h \mid v) = \prod_{j=1}^{N_h} P(h_j \mid v) \tag{9-5}$$

同理,可见层 v 对于隐藏层 h 的条件概率公式如式(9-6)所示。

$$P(v \mid h) = \prod_{i=1}^{N_v} P(v_i \mid h) \tag{9-6}$$

RBM 的工作原理为当输入向量样本 x 赋给可视层后,RBM 根据式(9-3)计算得出每个隐藏层神经元被激活的概率 $P(h_j|x), j=0,1,2,\cdots,N_h$,然后在$(0,1)$区间内随机选取一个值 τ 作为阈值,规定大于该阈值的神经元被激活,反之则不被激活,即

$$h_j = \begin{cases} 1, & P(h_j \mid x) \geqslant \tau \\ 0, & P(h_j \mid x) < \tau \end{cases} \tag{9-7}$$

至此,可确定隐藏层每个神经元的激活状态。同理,给定隐藏层时,可视层神经元的激活状态也可确定。

综上所述,给定输入的样本数据 x,采用对比散度算法(Contrastive Divergence,CD)对其训练,进行权值初始化的过程如下。

(1) 将 x 输入给可视层 $v^{(0)}$，利用式(9-3)计算得出第一个隐藏层中每个神经元被激活的概率 $P(h_j^{(0)}|v^{(0)})$。

(2) 从(1)中得出的概率分布中采取 Gibbs 抽样方法抽取一个样本，如式(9-8)所示。

$$h^{(0)} \sim P(h^{(0)} | v^{(0)}) \tag{9-8}$$

(3) 用 $h^{(0)}$ 重构可视层，即通过隐藏层反推可视层，利用式(9-3)计算可视层中每个神经元被激活的概率 $P(v_i^{(1)}|h^{(0)})$。

(4) 同理，从计算得到的概率分布中采取 Gibbs 抽样方法抽取一个样本，如式(9-9)所示。

$$v^{(1)} \sim P(v^{(1)} | h^{(0)}) \tag{9-9}$$

(5) 通过 $v^{(1)}$ 再次计算隐藏层中每个神经元被激活的概率，得到概率分布 $P(h^{(1)}|v^{(1)})$。

(6) 更新权重（λ 为学习率）。

$$W \leftarrow W + \lambda (P(h^{(0)} | v^{(0)}) v^{(0)T} - P(h^{(1)} | v^{(1)}) v^{(1)T}) \tag{9-10}$$

$$b \leftarrow b + \lambda (v^{(0)} - v^{(1)}) \tag{9-11}$$

$$c \leftarrow c + \lambda (P(h^{(0)} | v^{(0)}) - P(h^{(1)} | v^{(0)})) \tag{9-12}$$

在受限玻耳兹曼机的多层结构中，每增加一个隐藏层，其权值都会进行迭代调节，直至该层能够有效地模拟出前一层的输入。这是一种无监督的逐层贪婪预训练方法，可以对未被标记的数据进行无监督地聚类。

2. 有监督反向微调

预训练时，每一层 RBM 网络只能充分训练某个单一的 RBM，并不是对整个 DBN-DNN 结构充分训练，即每一层 RBM 网络只能确保自身层内的权值对该层特征向量映射达到最优，并不是对整个 DBN-DNN 的特征向量映射达到最优。反向传播将最终误差自上而下传至每层 RBM，在预训练阶段得出初始化参数的基础上，微调整个 DBN-DNN 网络。

下面介绍 DBN-DNN 结构的反向微调训练过程。

首先进行前向传播。利用 CD 算法预训练得到的 W,b 来确定相应隐藏层神经元的激活状态，然后逐层向上传播，将每一个隐藏层神经元的激励值计算出来并用指定的激活函数完成标准化，一般使用 Sigmoid 函数，如式(9-13)所示。

$$\sigma(h_j)^{(l)} = \text{Sigmoid}(h_j)^{(l)} = \frac{1}{1 + e^{-h_j}} \tag{9-13}$$

最后得出输出层的激励值和输出。

$$h^{(l)} = W^{(l)} \cdot h^{(l-1)} + b^{(l)} \tag{9-14}$$

$$\hat{X} = f(h^{(l)}) \tag{9-15}$$

其中，输出层的激活函数为 $f(\cdot)$，$\hat{X}$ 为输出层的输出值。

然后，采用最小均方误差准则的反向误差传播算法来更新整个网络的参数，则代价函数如式(9-16)所示。

$$E = \frac{1}{N} \sum_{i=1}^{N} (\hat{X}_i(W^{(l)}, b^{(l)}) - X_i)^2 \tag{9-16}$$

其中，E 为平均均方误差；$\hat{X}_i$ 和 X_i 分别表示输出层的实际输出和期望输出；$(W^{(l)}, b^{(l)})$ 表示在 l 层的有待学习的权重和偏置参数。

最后采用梯度下降法来更新网络的权重和偏置参数,更新方式如式(9-17)(λ 为学习率)所示。

$$(W^{(l)}, b^{(l)}) \leftarrow (W^{(l)}, b^{(l)}) - \lambda \frac{\partial E}{\partial (W^{(l)}, b^{(l)})} \tag{9-17}$$

模型迭代稳定后的参数即为深度置信网络的最终参数,深度置信网络的训练分为前向传播和反向微调两个过程,深度置信网络可以作为深度神经网络的预训练部分,并为网络提供初始权重,再使用反向传播或者其他判定算法作为调优的手段。这在训练数据较为缺乏时很有价值,因为不恰当的初始化权重会显著影响最终模型的性能,而预训练获得的权重在权值空间中比随机权重更接近最优的权重。这不仅提升了模型的性能,也加快了调优阶段的收敛速度。

9.3 改进的深度置信网络算法

深度置信网络通过逐层无监督学习进行训练,但训练过程中易产生大量冗余特征,进而影响特征提取能力。为了使模型更具有解释和辨别能力,受灵长类视觉皮层分析的启发,在无监督学习阶段的似然函数中引入惩罚正则项,使用 CD 训练最大化目标函数的同时,通过稀疏约束获得训练集的稀疏分布,可以使无标签数据学习到直观的特征表示。在稀疏表示中,深度置信网络具有可以用来解释学习特征的属性,即具备对应于输入有意义的方面以及捕获数据变化的因素。因此,为了实现深层结构中的稀疏特征,在 RBM 的最大似然函数中添加稀疏正则项,可以学习到有用的低级特征表示。

假设给定一个训练集$\{v^{(1)}, v^{(2)}, \cdots, v^{(m)}\}$,使用稀疏正则化的无监督预训练优化模型定义如式(9-18)所示。

$$F = F_{\text{unsup}} + \lambda F_{\text{sparse}} \tag{9-18}$$

其中,F_{unsup} 表示 RBM 的似然函数;λ 为正则化参数,反映数据分布相对于正则化项的相对重要性;F_{sparse} 表示任意稀疏的正则化函数。因此,增加稀疏正则化项后模型的目标函数如式(9-19)所示。

$$\text{maximize}_{\{W_{ij}, a_i, b_j\}} F = \text{maximize}_{\{W_{ij}, a_i, b_j\}} \left(\frac{1}{m} \sum_{l=1}^{m} \ln(P(v^{(l)})) + \lambda F_{\text{sparse}} \right) \tag{9-19}$$

通过定义稀疏正则项来减少训练数据的平均激活概率,确保模型神经元的"激活率"保持在相当低的水平,使得神经元的激活是稀疏的。拉普拉斯稀疏惩罚项 F_{sparse} 定义如式(9-20)所示。

$$\begin{cases} F_{\text{sparse}} = \sum_{j=1}^{n} L(q_j, p, u) \\ L(q_j, p, u) = \frac{1}{2b} e^{-\frac{|q_j - p|}{b}} \end{cases} \tag{9-20}$$

其中,$L(q_j, p, u)$ 为拉普拉斯概率密度函数;q_j 表示所给数据第 j 个隐藏单元的条件期望的平均值;p 是一个常数,控制 n 个隐藏单元 h_j 的稀疏度;u 表示位置参数,通过改变它的值可以用来控制稀疏的程度;q_j 表示如式(9-21)所示。

$$\begin{cases} q_j = \dfrac{1}{m}\sum_{l=1}^{m} E[h_j^{(l)} \mid v^{(l)}] \quad (h_j = 0 \mid 1) \\ q_j = \dfrac{1}{m}\sum_{l=1}^{m} P(h_j^{(l)} = 1 \mid v^{(l)}) = \dfrac{1}{m}\sum_{l=1}^{m} q_j^{(l)} \end{cases} \quad (9\text{-}21)$$

其中,$E(\cdot)$ 是给定数据的第 j 个隐藏单元的条件期望;m 是训练数据的数量;$q_j^{(l)} = g(\sigma_j)$ 是给出可见层 v 时,隐藏层单元 h_j 的激活概率;g 是 Sigmoid 函数。因此,可以得到更新后的目标函数如式(9-22)所示。

$$\text{maximize}_{\{W_{ij}, a_i, b_j\}} \left(\dfrac{1}{m}\sum_{l=1}^{m} \ln(P(v^{(l)})) + \lambda \left(\sum_{j=1}^{n} \dfrac{1}{2u} e^{-\dfrac{1}{u}\left|\dfrac{1}{m}\sum_{l=1}^{m} q_j^{(l)} - p\right|} \right) \right) \quad (9\text{-}22)$$

其中,$\dfrac{1}{m}\sum_{l=1}^{m} \ln(P(v^{(l)}))$ 为对数似然函数项,$\lambda \left(\sum_{j=1}^{n} \dfrac{1}{2u} e^{-\dfrac{1}{u}\left|\dfrac{1}{m}\sum_{l=1}^{m} q_j^{(l)} - p\right|} \right)$ 为稀疏正则项,其中 λ 为该项的参数,用来表示该项在目标函数中与数据分布之间的相对重要性。

对于对数似然函数的求解,采用 CD 算法可以很好地近似对数似然函数的梯度,对于稀疏函数的求解符合无约束优化问题,求导简单,因此使用梯度下降法对该函数进行逐步迭代求解。

改进后的模型中各参数的梯度计算如式(9-23)所示。

$$\begin{cases} \dfrac{\partial F}{\partial W_{ij}} = \dfrac{\partial}{\partial W_{ij}} \left(\dfrac{1}{m}\sum_{l=1}^{m} \ln(P(v^{(l)})) \right) + \dfrac{\partial F_{\text{sparse}}}{\partial W_{ij}} \\ \dfrac{\partial F}{\partial a_i} = \dfrac{\partial}{\partial a_i} \left(\dfrac{1}{m}\sum_{l=1}^{m} \ln(P(v^{(l)})) \right) \\ \dfrac{\partial F}{\partial b_j} = \dfrac{\partial}{\partial b_j} \left(\dfrac{1}{m}\sum_{l=1}^{m} \ln(P(v^{(l)})) \right) + \dfrac{\partial F_{\text{sparse}}}{\partial b_j} \end{cases} \quad (9\text{-}23)$$

对于过于稀疏的数据集,若没有隐藏层偏置项 b,改进模型的 W 对于数据的影响就会变小,很难激活一些隐藏层单元,因此隐藏层的偏置项直接控制隐藏单元的激活程度,使得隐藏层具备稀疏性;而 a 为输入空间的偏置项,仅控制一个单变量,其梯度根据输入数据的特征而波动,不对其进行正则化也不会导致太大方差。基于此,为了方便计算,稀疏正则项的梯度只对 W 和 b 进行了更新。

因此,改进的 RBM 学习算法过程如下。

> 输入:学习率 α,小批量 batches,训练样本以及对应的标签 $\{X, Y\} = \{(x^{(1)}, y^{(1)}), (x^{(2)}, y^{(2)}), \cdots, (x^{(n)}, y^{(n)})\}$,预训练最大迭代次数 T,稀疏正则项参数 λ,稀疏水平参数 p,位置参数 u。
>
> 输出:训练好的改进模型以及学习好的参数 $\{W'_{ij}, a'_i, b'_j\}$。

预训练阶段:

(1) 初始化网络参数:第一个 RBM 可见层结点的输出值 $v_1 = X$,W 初始化为正态分布 $(0, 0.01)$ 的数值,偏置 a 和 b 初始化为 0。

(2) 迭代计算隐藏层的激活状态 $P(h_{1j}=1\mid v_1)=\sigma\Big(\sum\limits_{i=1}^{N_v}W_{ij}v_{1i}+b_j\Big)$，抽取均匀分布的随机值 $u\sim U(0,1)$，从 $P(h_{1j}=1\mid v_1)$ 中抽取 $h_{1j}\in\{0,1\}$。

(3) 计算可见层激活状态 $P(v_{2i}=1\mid h_1)=\sigma\Big(\sum\limits_{j=1}^{N_h}W_{ij}h_{1j}+a_i\Big)$，抽取均匀分布的随机值 $u\sim U(0,1)$，从 $P(v_{2i}=1\mid h_1)$ 中抽取 $v_{2i}\in\{0,1\}$。

(4) 计算隐藏层的激活状态 $P(h_{2j}=1\mid v_2)=\sigma\Big(\sum\limits_{i=1}^{N_v}W_{ij}v_{2i}+b_j\Big)$。

(5) 利用 CD 算法更新参数如下所示。

$$\begin{cases} W\leftarrow mW+\alpha(P(h_1=1\mid v_1)v_1^T-P(h_2=1\mid v_2)v_2^T) \\ a\leftarrow ma+\lambda(v_1-v_2) \\ b\leftarrow mb+\lambda(P(h_1=1\mid v_1)-P(h_2=1\mid v_2)) \end{cases}$$

(6) 使用梯度下降法最小化稀疏正则化项。

$$\begin{cases} W\leftarrow W+\lambda\Big(\sum\limits_{j=1}^{n}\dfrac{\partial(L(q_j,u,b))}{\partial q_j}\times\dfrac{\partial(q_j)}{\partial\sigma}\times\dfrac{\partial(\sigma)}{\partial W_{ij}}\Big) \\ b\leftarrow b+\lambda\Big(\sum\limits_{j=1}^{n}\dfrac{\partial(L(q_j,p,u))}{\partial q_j}\times\dfrac{\partial(q_j)}{\partial\sigma}\times\dfrac{\partial(\sigma)}{\partial b_j}\Big) \end{cases}$$

拉普拉斯分布是一种连续的分布，与正态分布相比，具有更平坦的尾部。当固定期望概率 p 时，也就是说希望所有隐单元为相同的平均激活概率，这时改变位置参数 u 的大小，函数分布会随着 u 的变化有不同的分布曲线，从而使得同层中的不同隐藏单元根据数据特征的不同而得到不同的激活概率；而 λ 反映稀疏正则项和数据分布之间的相对重要性，值越大，对应的惩罚也越大。

根据函数分布曲线，在求解稀疏解的过程中，当 $P(h_j^{(l)}\mid v^{(l)})$ 接近 1 时，说明该单元表示重要的特征，需要对其进行惩罚；若 $P(h_j^{(l)}\mid v^{(l)})$ 不接近 0 或 1 时，表示该单元不能有效地表示，那么会得到梯度的最大值，并呈指数方式更新参数，使得激活概率接近 0，若 $P(h_j^{(l)}\mid v^{(l)})$ 接近 0 时，正则化的作用会更快地减弱。通过这种方式更易实现模型的稀疏化特征表示。

将稀疏正则化项引入到 DBN 中，基于改进后的 RBM 堆叠而成的 DBN 训练过程如下：

(1) 利用改进的 RBM 学习算法训练第一个 RBM。

(2) 通过第一层的特征训练好 $W^{(1)}$ 和 $b^{(1)}$，以及使用 $P(h^{(1)}\mid v^{(1)},W^{(1)},b^{(1)})$ 得到第二个 RBM 的输入特征，使用步骤(1)训练第二个 RBM。

(3) 使用第二层的特征训练好 $W^{(2)}$ 和 $b^{(2)}$，按照步骤(2)使用 $P(h^{(2)}\mid v^{(2)},W^{(2)},b^{(2)})$ 得到下一个 RBM 的输入特征。

(4) 递归地按照以上步骤直到训练到 $L-1$ 层。

(5) 通过对 L 层的 $W^{(L)}$ 和 $b^{(L)}$ 进行初始化，最终使用 $\{W^{(1)},W^{(2)},\cdots,W^{(L)}\}$ 和 $\{b^{(1)},b^{(2)},\cdots,b^{(L)}\}$ 组成一个具有 L 层的深度神经网络，输出层为有标签数据，使用 softmax 分类器作为输出层。

(6) 使用 $\{W^{(1)},W^{(2)},\cdots,W^{(L)}\}$ 和 $\{b^{(1)},b^{(2)},\cdots,b^{(L)}\}$ 作为整个网络的初始参数，使用

梯度下降算法微调整个 DBN 网络。

对于 DBN 而言，利用 RBM 的变体就可以通过指定"稀疏目标"来达到二进制隐藏单元的稀疏行为。但是现有方法需要事先设定"稀疏目标"，隐藏单元在某种状态下都具有相同的稀疏程度，而隐藏单元的稀疏度与给定的数据相关，每个隐藏单元的激活概率可能相同也可能不同。因此，针对上述问题，学者提出了一个改进的稀疏深度置信网络。它根据隐藏层结点的激活概率与稀疏系数之间的差距而具有不同的行为，并且具有可以控制稀疏力度的位置参数。

9.4 深度置信网络的应用

深度置信网络作为一种具有较强特征学习能力的深度学习模型，已经被广泛应用于多个领域中。例如，在医学领域用于病例诊断、医学图像识别等；在经济领域用于股票价格预测、银行信用等级评估等；在农业领域用于植物病虫害检测、农作物产量估计、植物种类识别等；在交通领域用于城市交通流预测、车牌识别等。下面主要介绍深度置信网络的人脸识别应用。

人脸识别主要对人脸图像的特征信息进行识别。由于深度置信网络具有较强的特征表达能力，能够自主提取样本数据的高层特征，从原始的特征中学习到更加抽象且高度可区分的特征，因此可以将深度置信网络应用于人脸识别，提高识别率。

使用深度置信网络进行人脸识别之前，首先要确定网络的结构和初始参数值（如迭代次数、学习率、稀疏性等）。网络中的可视层神经元个数由输入的特征向量维度决定，输出层（全连接网络层）的神经元个数由图像类别数决定。由于深度置信网络是逐层提取图像特征的，如果网络的隐藏层层数和各隐藏层的神经元数目过多会出现过拟合现象、过少则无法提取到图像的关键特征使得识别率偏低，故可以设置多种拓扑结构的深度置信网络模型对相同的训练样本进行识别，通过对比分析结果，确定使用效果较优的网络结构。

本节使用的深度置信网络属于有监督的深度置信网络，其模型结构如图 9-6 所示，最后一层的隐藏层和输出层构成一个分类器，用于分类，其中输出层以 softmax 函数为激活函数。

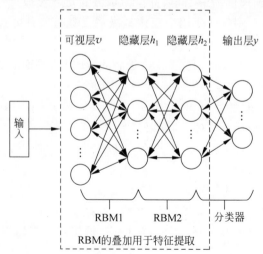

图 9-6 深度置信网络模型结构图

深度置信网络的结构和参数值确定好后,使用人脸图像数据库中的数据对该模型进行训练和测试,实现人脸识别,过程如图 9-7 所示。

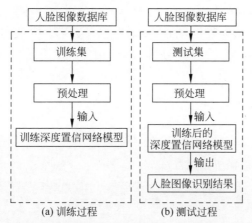

图 9-7　基于深度置信网络模型的人脸识别流程图

使用深度置信网络模型进行人脸识别的具体步骤如下。

(1) 将数据集划分为训练集和测试集,并采用归一化的方法分别对训练集和测试集中的人脸图像进行预处理,得到人脸图像的低层特征表示。

(2) 把训练集预处理后得到的低层特征输入给深度置信网络模型的可视层,网络开始采用逐层训练的方法进行无监督式的预训练,即每次只单独训练一个受限玻耳兹曼机单元,训练完一个受限玻耳兹曼机单元后,将该受限玻耳兹曼机单元的输出作为下一个受限玻耳兹曼机单元的输入,继续训练,直到把所有受限玻耳兹曼机单元训练结束,每个受限玻耳兹曼机单元采用 CD 算法更新参数。预训练结束后,此时网络的参数值在最有可能达到全局最优的范围内。最后一个受限玻耳兹曼机单元的输出可以看作图像的更高层次特征表示,获得样本数据特征。

(3) 使用带标签的训练样本进行有监督式的微调,首先将最后一层受限玻耳兹曼机的输出作为分类器的输入,以交叉熵为目标函数,采用共轭梯度算法对网络的分类器进行训练。分类器训练结束后,将预训练得到的多层受限玻耳兹曼机的参数值和分类器的参数值作为网络训练的初始值。然后利用梯度下降法,对包括分类器在内的整个深度置信网络进行微调,直至模型收敛。此时网络的参数值达到全局最优,训练样本的特征值存储在网络的各个参数值中。

(4) 将测试样本输入到训练好的模型,首先使用受限玻耳兹曼机叠加组成的网络进行特征提取,然后通过分类器进行人脸识别。

基于深度置信网络的人脸识别方法运行时间较短,效率较高,并且已经有很多研究人员对这种传统的基于深度置信网络模型的人脸识别方法进行了改进,使人脸识别系统的性能得到了进一步提升。

9.5　本章实践

传统的多层感知机或者神经网络的问题之一是反向传播可能总会导致局部最小值。DBN 可以通过额外的预训练过程解决局部最小值的问题。在反向传播之前做完预训练,这

微课视频

样可以使错误率在最优解的附近,再逐渐通过反向传播降低错误率。

DBN 主要分成两部分。第一部分是多层的 RBM,它可以用于预训练神经网络;第二部分是前馈反向传播网络,它可以使 RBM 堆叠的网络更加精细化。

使用常用的 MNIST 数据集实现 DBN 识别手写数字。本节实现代码基于 DBN-DNN 结构,其主要由三层 RBM 和一层 BP 构成。这个例子共使用了 3 个 RBM:第一个 RBM 的隐藏层单元个数为 500,第二个为 200,第三个为 50。具体实现步骤如下。

1. 加载 MNIST 数据集

使用 one-hot 编码标注的形式载入 MNIST 图像数据。

```
mnist = input_data.read_data_sets("MNIST_data/", one_hot = True)
trX, trY, teX, teY = mnist.train.images, mnist.train.labels, mnist.test.images,\
    mnist.test.labels
```

2. 构建 RBM 层

由于 DBN 的结构是由多个 RBM 堆叠而成的,所以首先定义 RBM 类,以便于之后组成 DBN 结构和进行 DBN-DNN 的预训练。这里不呈现完整的代码,只列出训练 RBM 的部分代码。

```
# 计算隐藏层神经元被激活的概率
def prob_h_given_v(self, visible, w, hb):
return tf.nn.sigmoid(tf.matmul(visible, w) + hb)

# 计算可见层神经元被激活的概率
def prob_v_given_h(self, hidden, w, vb):
return tf.nn.sigmoid(tf.matmul(hidden, tf.transpose(w)) + vb)

# 采样
def sample_prob(self, probs):
return tf.nn.relu(tf.sign(probs - tf.random_uniform(tf.shape(probs))))

# 预训练 train()主要实现
# CD-1 算法
h0 = self.sample_prob(self.prob_h_given_v(v0, _w, _hb))
v1 = self.sample_prob(self.prob_v_given_h(h0, _w, _vb))
h1 = self.prob_h_given_v(v1, _w, _hb)

# 计算正负梯度
positive_grad = tf.matmul(tf.transpose(v0), h0)
negative_grad = tf.matmul(tf.transpose(v1), h1)

# 更新权值和偏置
update_w = _w + self.learning_rate * (positive_grad - negative_grad) / tf.to_float(tf.
    shape(v0)[0])
update_vb = _vb + self.learning_rate * tf.reduce_mean(v0 - v1, 0)
update_hb = _hb + self.learning_rate * tf.reduce_mean(h0 - h1, 0)
```

3. 建立 DBN

```
# DBN 结构
RBM_hidden_sizes = [500, 200, 50]
# 三个 RBM 组合构成 DBN 结构
for i, size in enumerate(RBM_hidden_sizes):
    rbm_list.append(RBM(input_size, size))
    input_size = size
```

DBN 结构如图 9-8 所示。

4. 训练 RBM

使用 rbm.train() 开始预训练，单独训练堆中的每一个 RBM，并将当前 RBM 的输出作为下一个 RBM 的输入。

```
# 预训练
for rbm in rbm_list:
    # 训练单个 RBM
    rbm.train(inpX)
    # 并将当前训练好 RBM 的输出作为下一个 RBM 的输入
    inpX = rbm.rbm_outpt(inpX)
```

RBM 的训练结果，即 DBN 的预训练结果如图 9-9 所示。

```
RBM:  0    784 -> 500
RBM:  1    500 -> 200
RBM:  2    200 -> 50
```

```
New RBM:
Epoch: 0 reconstruction error: 0.041138
Epoch: 1 reconstruction error: 0.036302
Epoch: 2 reconstruction error: 0.033737
Epoch: 3 reconstruction error: 0.032369
Epoch: 4 reconstruction error: 0.031358
Epoch: 5 reconstruction error: 0.030687
Epoch: 6 reconstruction error: 0.030280
```

图 9-8 DBN 结构　　　　图 9-9 其中一个 RBM 的训练情况

RBM 训练好后，可以将学习好的输入数据的表示转换为有监督式的预测，比如一个线性分类器。特别地，本节使用该浅层神经网络最后一层的输出对数字识别分类。

5. 定义神经网络

使用以上预训练好的 RBMs 实现神经网络。其中反向微调的主要训练过程如下。

```
# 计算 DNN 中每层的输出结果(前向传播)
# len(self._sizes)表示 DBN - DNN 结构中 RBM 的个数
for i in range(1, len(self._sizes) + 2):
    _a[i] = tf.nn.sigmoid(tf.matmul(_a[i - 1], _w[i - 1]) + _b[i - 1])

# 定义代价函数
cost = tf.reduce_mean(tf.square(_a[-1] - y))
```

```
# 定义梯度下降算法来最小化代价函数(反向传播)
# self._learning_rate 表示学习率
train_op = tf.train.MomentumOptimizer(
                self._learning_rate, self._momentum).minimize(cost)
```

反向微调训练结果如图 9-10 所示。

最终进行测试,得出使用 DBN 进行手写数字识别的准确率。最终训练测试结果如图 9-11 所示。

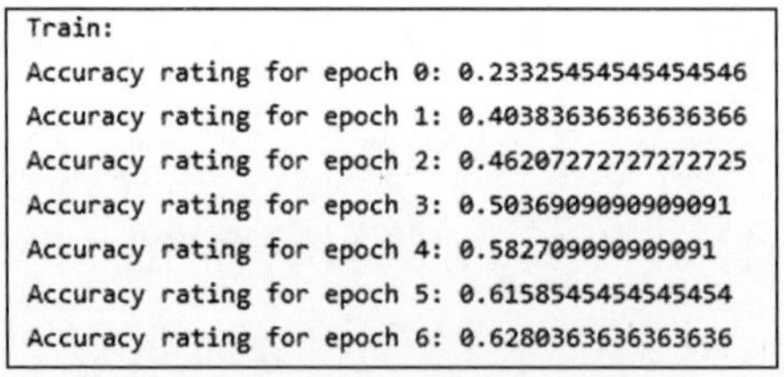

```
Train:
Accuracy rating for epoch 0: 0.23325454545454546
Accuracy rating for epoch 1: 0.40383636363636366
Accuracy rating for epoch 2: 0.46207272727272725
Accuracy rating for epoch 3: 0.5036909090909091
Accuracy rating for epoch 4: 0.582709090909091
Accuracy rating for epoch 5: 0.6158545454545454
Accuracy rating for epoch 6: 0.6280363636363636
```

图 9-10 反向微调训练结果

```
Test:
Accuracy rating : 0.9717
```

图 9-11 测试结果

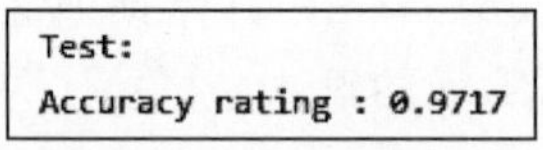

综上,该程序实现的具体流程如图 9-12 所示。

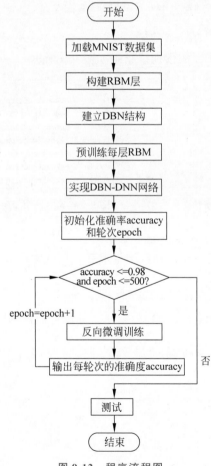

图 9-12 程序流程图

需要注意的是：DBN 在预训练过程中只进行特征学习，而无法进行决策。所以在 DBN 预训练完成后，需要将 DBN 扩展为神经网络，即添加输出层（根据分类结果指定输出层的结点数）。然后，用训练好的 DBN 的参数初始化 NN 的参数，进而再进行传统神经网络的训练（即进行前向传播，后向传播等），这样就完成了 DBN 的预训练-微调过程。此时可以进行判断、分类等。

9.6 习题

1. 请简述有哪些对 BP-DNN 进行改进的方法。
2. 请画出深度置信神经网络(DBN-DNN)结构示意图。
3. 请画出基于 RBM 构建的两种模型图：DBN 模型和 DBM 模型。
4. DBN 的训练过程主要分为两步：预训练和微调训练。为什么要进行这两步训练？有什么好处？
5. DBN 训练的本质是什么？
6. 请概述一下 DBN 的训练过程。
7. 卷积深度置信网络 CDBN 对 DBN 进行了什么关键的改进？有什么作用？
8. CDBN 的组成单元与 DBN 的有哪些区别？并画图说明。
9. 请简单说明 DBN 有什么优点，应用领域有哪些。
10. 请尝试实现深度置信网络 DBN。

第10章

卷积神经网络

CHAPTER 10

卷积神经网络(Convolutional Neural Network, CNN)是一类包含卷积计算,具有深度结构,可以实现局部连接、权重共享等特性的深层前馈神经网络。卷积神经网络在图像处理领域有出色的表现,近年来已经成为处理图像数据的主要算法之一。

接下来将对卷积神经网络进行详细的介绍。

10.1 卷积神经网络概述

卷积神经网络是基于生物视觉感知(visual perception)机制设计的,具有表征学习能力的深层神经网络。卷积是一种特殊的线性计算,卷积神经网络指那些至少有一层网络使用卷积计算来替代一般的矩阵乘法运算的网络。卷积神经网络根据数据形式和卷积核的不同可分为一维卷积神经网络、二维卷积神经网络及三维卷积神经网络等,其中一维卷积神经网络常用于处理序列类数据;二维卷积神经网络常用于图像类文本的识别任务;三维卷积神经网络常用于处理信息复杂的图像类数据,如医学图像、具有深度信息的图像等。

卷积神经网络的发展大致经历了三个阶段。

1. 理论萌芽阶段

20世纪60年代,Hubel等通过对猫视觉皮层细胞的研究,提出了感受野(receptive filed)这个概念,感受野主要是指听觉、视觉等神经系统中的一些神经元只接受其所支配的区域内的刺激信号。

20世纪80年代,Fukushima在感受野概念的基础之上提出了神经认知机(neocognitron)的概念。神经认知机基于感受野的思想,采用神经网络的方法对视觉系统进行建模,输入样本被分解成子模块,之后进入分层递阶式相连的特征平面进行处理。采用这种方式对图像进行处理,使得图像即使有位移和轻微变形也不影响神经网络的识别结果。神经认知机被认为是启发了卷积神经网络的开创性研究。

2. 实验发展阶段

1987年由Alexander等提出的应用于语音识别任务中的时间延迟神经网络(Time Delay Neural Network,TDNN)被认为是第一个一维卷积神经网络,其隐藏层由两个一维卷积核组成,对于处理过的语音信号,TDNN可以提取其频率域上平移不变的特征。

Yann LeCun在1989年构建了应用于计算机视觉问题的卷积神经网络LeNet。LeNet包含两个卷积层,2个全连接层。LeNet采用随机梯度下降法对神经网络的权重参数进行更新,其结构与现代的卷积神经网络十分接近。Yann LeCun在论述其网络结构时首次使用了"卷积"一词,"卷积神经网络"也因此得名。

在LeNet的基础上,1998年Yann LeCun及其合作者构建了更加完备的卷积神经网络LeNet-5,并在手写数字的识别问题上取得成功。它采用了局部连接和权值共享的计算方式:一方面减少了权值的数量,使得网络易于优化;另一方面降低了模型的复杂度,也就是降低了过拟合的风险。LeNet-5沿用了LeNet的学习策略,并在原有网络结构中加入了池化层,用于对输入特征进行筛选。

LeNet-5及其后产生的变体定义了现代卷积神经网络的基本结构,交替出现的卷积层-池化层被认为能够提取输入图像的平移不变特征。LeNet-5的成功使卷积神经网络的应用得到关注,微软在2003年使用卷积神经网络开发了光学字符读取(Optical Character Recognition,OCR)系统。其他基于卷积神经网络的应用研究也得以开展,包括人脸识别、手势识别等。

3. 深入研究阶段

到了 21 世纪,随着深度学习理论的提出和数值计算设备的改进,卷积神经网络得到了快速发展,并被应用于计算机视觉、自然语言处理等领域。

在 2006 年深度学习理论被提出后,卷积神经网络的表征学习能力广受关注,并随着数值计算设备的更新而得到发展。自 2012 年的 AlexNet 神经网络开始,得到 GPU 计算集群支持的复杂卷积神经网络多次成为 ImageNet 大规模视觉识别竞赛(ImageNet Large Scale Visual Recognition Challenge,ILSVRC)的优胜算法,如 2013 年的 ZFNet、2014 年的 VGG-Nets(Visual Geometry Group Networks,VGG-Nets)、GoogLeNet 和 2015 年的 ResNet 等。

10.2 卷积神经网络基本部件

传统卷积神经网络包含卷积层、池化层、全连接层等组件,采用 softmax 多类别分类器,采用多类交叉熵函数作为损失函数,一个典型的卷积神经网络如图 10-1 所示。

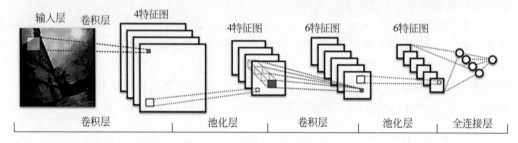

图 10-1 CNN 神经网络结构示例

卷积神经网络可以拥有多个卷积层和池化层,并且卷积层和池化层并非一一对应,还可以在多个卷积层的后边连接一个池化层。卷积神经网络拥有局部感知、权值共享、多核卷积等特点,有效地减少了网络中的参数量,保留图片的特征。

10.2.1 输入层

输入层(input layer)的作用是将数据传入卷积神经网络进行特征提取。卷积神经网络的数据输入格式保留了图片的结构信息,即神经网络输入层的通道数与图片通道数相等,如黑白图像对应卷积神经网络的输入为一通道的二维矩阵,而 RGB 图像对应卷积神经网络的输入为三通道二维矩阵。通常为了防止神经网络收敛慢、数据偏差大、激活函数无法激活等问题出现,图片数据在传输给卷积神经网络输入层之前需要进行数据预处理。

图像数据预处理主要有以下几种方法。

(1) 去均值化:为了使图像数据的样本分布中心为 0,需要所有的样本减去样本均值,去均值化操作可以减少样本偏差,从而提高神经网络的计算性能。

(2) 归一化:为了减少图像数据样本像素数值对计算结果的影响,需要对数据进行归一化处理,从而对样本数值进行约束。

(3) PCA 白化:为了降低输入图像数据的冗余性,通过对输入数据进行线性变化,对输入数据进行去相关操作,从而消除特征之间的相关性。

10.2.2 卷积层

卷积层(convolution layer)由多个特征面组成,每个特征面由多个神经元组成,它的每一个神经元通过卷积核与上一层特征面的局部区域相连。卷积层的作用是提取一个局部区域的特征,不同的卷积核相当于不同的特征提取器。通过卷积运算可以使原始信号的某些特征增强,并且降低噪声。由于卷积神经网络主要应用于图像处理,而图像为二维结构,因此为了更充分地利用图像的局部信息,通常将神经元组织为三维结构的神经层,其大小为高度$M×$宽度$N×$深度D,即神经元由D个$M×N$大小的特征映射构成。

特征映射(feature map)为一幅图像(或其他特征映射)在经过卷积提取到的特征,每个特征映射可以作为一类抽取的图像特征。为了提高卷积神经网络的表示能力,可以在每一层使用多个不同的特征映射,以便更好地表示图像的特征。

在输入层,特征映射就是图像本身。如果是灰度图像,就只有一个特征映射,输入层的深度$D=1$;如果是彩色图像,分别有RGB三个颜色通道的特征映射,输入层的深度$D=3$。

1. 卷积核

卷积神经网络中卷积层的核心单元是卷积核,卷积核的作用是通过一组通用的权值矩阵对范围内的数值进行卷积计算,卷积核的权值矩阵会随着模型迭代进行更新。输入数据与卷积核的计算方法如图10-2所示。

在卷积神经网络的卷积层中,关于卷积核的常见参数有大小(size)、深度(depth)、步长(stride)、填充(padding)。

2. 大小:卷积核的宽和高,影响输出结果的大小。

3. 深度:卷积层在提取特征时,需要使用卷积核的数量。

4. 步长:卷积核的步长是指卷积核在计算时,每次移动间隔的像素数量。

5. 填充:为了减少图片边缘特征数据的损失,在矩阵的边界上填充一些值,以增加矩阵的大小,通常用"0"来进行填充。

卷积核在使用时,没有万能的卷积核,对于这些参数,通常需要根据经验进行设置。卷积核具有的一个属性是局部性,即它只关注局部特征,"局部"的大小取决于卷积核的大小。常见的卷积核有锐化卷积核、均值卷积核、高斯模糊卷积核等。卷积核中值的设定不同会对图片的亮度等产生不同的影响,例如,当滤波器矩阵的值相加的结果大于1时,被滤波器处理之后的图像相对于原始图像会更亮。

在具体应用中通常利用多个卷积核,每个卷积核代表一种图像模式,如果某个图像块与此卷积核的卷积结果较大,则认为此图像块十分接近此卷积核。

设输入数据的尺寸为$W_1×H_1×D_1$,输出数据尺寸为$W_2×H_2×D_2$,卷积层中神经元的感受野尺寸为F,步长为S,卷积核数量为K,零填充数量为P,如式(10-1)所示。

$$\begin{cases} W_2 = \dfrac{W_1 - F + 2P}{S} + 1 \\ H_2 = \dfrac{H_1 - F + 2P}{S} + 1 \\ D_2 = K \end{cases} \quad (10\text{-}1)$$

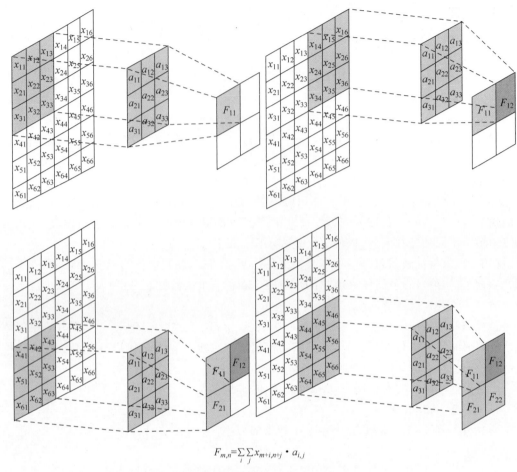

$$F_{m,n}=\sum_i \sum_j x_{m+i,n+j} \cdot a_{i,j}$$

图 10-2 卷积核运算示意图

若要保证输入和输出数据有相同的空间尺寸,通常步长设置为 $S=1$,零填充的值为 $P=\dfrac{F-1}{2}$。同时,要注意尺寸固定对步长的限制,由于要保证神经元整齐对称地滑过数据,因此要注意设置合适的参数,避免出现数据不完整的情况。

10.2.3 池化层

池化层(pooling layer),也称下采样层。池化层通常位于连续的卷积层中间,用于压缩数据和参数的数量,减小过拟合。池化层同样由多个特征面构成,通过去除数据中的无用信息,减少需要处理的数据量和计算复杂度。

池化层有以下几个作用。

(1) 特征不变性。池化其实就是在不改变图片表达的内容的基础上调整图片大小。换句话说,就是提取出图片中最能表达图像的关键特征。池化操作使模型更关注是否存在某些特征,而不是特征具体的位置,可以看作较强的先验使特征学习包含某种程度的自由度,能容忍一些特征微小的位移。

(2) 特征降维。一幅图像包含的信息量非常大,特征也很多,但有些是冗余信息或无用信息,池化层的操作就是要将这种不影响图像处理的数据去掉,把最重要的特征抽取出来。池化操作将源输入数据的一个子区域映射成为一个元素,从而使模型可以抽取出更广泛的特征。

(3) 在一定程度上防止过拟合,便于优化。池化操作减少了参数量,保留相对重要的特征信息,提升容错能力,可以在一定程度上防止过拟合。

(4) 扩大感受野。查看卷积操作后图像的一个像素对应回原图的像素范围,可以发现感受野扩大了。感受野就是一个像素对应回原图的区域大小。这样相当于从近处观察图片会丢失从远处观察一张图片所获得的信息。

池化层通常采用的方法有最大池化(max pooling)和平均池化(average pooling)。最大池化指从输入特征图的提取窗口中,输出每个通道的最大值。最大池化通常使用2×2的窗口、设置步幅2,其目的是将特征图下采样2倍。

最大池化法如图10-3所示。对于每个2×2的窗口,选出最大的数作为输出矩阵的相应元素的值。比如输入矩阵第一个2×2窗口中最大的数是6,那么输出矩阵的第一个元素就是6,以此类推,接下来输出矩阵的元素分别是8、3、4。

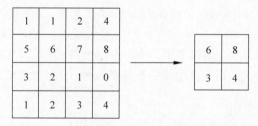

图 10-3 最大池化法

平均池化是将每个局部输入图块映射为取该图块各通道的平均值,如图10-4所示。

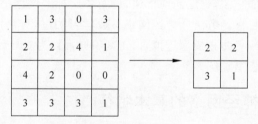

图 10-4 平均池化法

最大池化的效果往往比平均池化等方法更好。因为在特征中往往编码了某种模式或概念,不能确定在特征图的不同位置是否存在,观察不同特征的最大值相比于平均值能够给出更多的信息。但是过大的池化区域会减少神经元的数量,同时也会造成信息的损失。

10.2.4 激活层

为了给一个在卷积层中刚经过线性计算操作(只是数组元素依次相乘与求和)的系统引入非线性特征。在每个卷积层之后,通常会立即应用一个非线性层(或激活层,activation layer)。

常用的激活函数是非线性函数、双曲正切或 S 型函数，但研究者发现 ReLU 函数的效果会更好。因为采用 ReLU 函数激活的神经网络能够在准确度不发生明显改变的情况下，大幅度提升训练速度，加快模型的收敛，同时也改善调整各层权重时出现的"梯度消失"问题。

ReLU 函数有求梯度简单、收敛快等特点。激活层对输入内容的所有值都应用了函数 $f(x)=\max(0,x)$。也就是说，ReLU 把所有的负激活都变为零，不仅增加了模型的非线性特征，还不会影响卷积层的感受野。

10.2.5 全连接层

全连接层(FC Layer)的每一个结点都与上一层的所有结点相连。把之前提取到的特征综合起来，可以在整个卷积神经网络中起到"分类器"的作用。由于其全相连的特性，一般全连接层的参数也是最多的。全连接层的结构如图 10-5 所示。

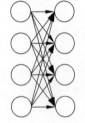

图 10-5 全连接层

在卷积神经网络中至少有一个全连接层，通常位于卷积层之后，层与层之间采用全连接的方式进行连接，全连接的主要作用是对卷积层提取出来的特征进一步提取出高层次的特征，将卷积层的特征进行合并或者采样，提取出其中具有区分性的特征，从而达到分类的目的。相对于卷积层，全连接层不共享权值，因此全连接层的参数相对较多。

10.2.6 目标函数

目标函数(object function)用来衡量该预测值与真实样本标记之间的误差。通常采用较多的目标函数，如交叉熵损失函数和 l_2 损失函数，分别用于分类和回归任务。目标函数求得的误差通过反向传播算法，逐层向前传递，更新各层神经网络的参数，通过误差更新神经网络参数的过程就是目标函数指导神经网络参数学习的过程。另外，为达到其他训练目标(如希望得到稀疏解)或者防止模型过拟合，正则项通常作为对参数的约束条件，也会加入到目标函数中一起指导模型训练。

10.2.7 卷积神经网络的基本特征

卷积神经网络被认为是第一个真正成功地采用多层次网络结构的深度学习网络，其泛化能力强，可以挖掘数据局部特征，它的权值共享结构网络类似于生物神经网络，通过结合局部感知区域、共享权重、空间或者时间上的降采样来充分利用数据本身包含的局部特征，并且一定程度的位移和变形对识别结果影响不大，这种扭曲不变性可以用来识别已经位移和变形的二维或三维图像。

卷积神经网络的特征提取层参数是通过训练数据学习得到的。隐藏层的参数个数和隐藏层的神经元个数无关，只和卷积核的大小和卷积核种类的多少有关。同一特征图的神经元共享权值。这种网络结构减少了神经网络的参数量，这也是卷积神经网络相比全连接神经网络而拥有的一大优势。一方面，共享局部权值这一特殊结构接近真实的生物神经网络，使卷积神经网络在图像处理、语音识别领域有着独特的优越性；另一方面，权值共享同时降低了网络的复杂性,且多维输入信号(语音、图像)可以直接输入网络的特点避免了特征提取和分类过程中数据重排的过程,提高了计算效率。

卷积神经网络具有一些传统神经网络没有的优点,如卷积神经网络容错能力强,样本在一定程度内的缺损和畸变对神经网络的计算结果影响不大;卷积神经网络运行速度快,可以通过并行计算的方式学习样本的特征,更新神经网络的参数;卷积神经网络学习能力强,多层局部特征提取可以使神经网络学习到样本更深层的特征。目前,卷积神经网络已被广泛应用于模式分类、目标检测、目标识别等领域。

10.3 卷积神经网络的网络结构

10.3.1 基本结构

卷积神经网络是一种具有多层结构的监督式学习神经网络,其基本结构包括输入层、卷积层、池化层、全连接层和输出层。卷积神经网络的输入层接收整个神经网络的输入,一般是几张图片的像素矩阵。卷积层是卷积神经网络的重要组成部分,卷积层的每一个神经元通过卷积核与上一层特征面的局部区域相连。池化层在不改变矩阵深度的同时压缩矩阵大小、降低图片分辨率,减少整个神经网络中的参数。池化层通常连接在卷积层后面来降低卷积层输出特征向量的维数,同时防止出现过拟合现象。卷积层和池化层通常会取若干层并交替连接。数据在经过多层卷积层和池化层的处理后,一般会经过1到2个全连接层来完成分类任务,第1个全连接层的输入是由卷积层和池化层进行特征提取和数据降维得到的特征图像。全连接层的每个神经元与前一层所有的神经元全连接。输出层主要实现分类功能,可以采用逻辑回归、softmax 或支持向量机等方法对输入图像进行分类。

10.3.2 前向传播

以彩色图片作为卷积神经网络的输入为例介绍卷积神经网络的运行过程。通过卷积神经网络的基本结构可知,其前向传播过程主要包括输入层的前向传播、卷积层的前向传播和池化层的前向传播。

1. 输入层到卷积层的前向传播

输入层到卷积层的前向传播过程是卷积神经网络传播过程的第一步。一般输入层连接的下一层都是卷积层,输入可以是任何维度的矩阵,前向传播的过程如式(10-2)所示。

$$a^2 = \sigma(z^2) = \sigma(a^1 * W^2 + b^2) \tag{10-2}$$

其中,上标代表层数;*代表卷积运算;z 表示输入;a 表示输出;σ 表示激活函数,一般是 ReLU 激活函数,W 表示对应的卷积核,b 表示偏置。

在此过程需要自定义的参数如下。

(1) 卷积核。卷积核的个数 k 决定输入层的输出矩阵个数,即第二层卷积层对应的输入矩阵个数。

(2) 卷积层中每个子矩阵的大小。一般定义成大小为 $f \times f$ 的方阵,其中 f 一般为奇数。

（3）填充 padding（以下简称 p）。为了卷积时更好地识别边缘，通常会在输入矩阵的周围加上若干圈 0 进行填充，再进行卷积，加 0 的圈数与 p 值相等。

（4）步长 stride（以下简称 s）。s 为卷积中每次移动的像素距离的大小。

2．隐藏层到卷积层的前向传播

由卷积神经网络的基本结构可知，卷积神经网络中可能会有多个卷积层，所以也就会有普通隐藏层（除输入层和输出层）到卷积层的前向传播，其主要过程和第一个过程相同。

假设第 l 层是卷积层，第 $l-1$ 层是隐藏层，隐藏层的输出是 M 个子矩阵对应的三维矩阵，则输出到卷积层的卷积核也会是 M 个对应的三维矩阵，前向传播的过程如式（10-3）所示。

$$a^l = \sigma(z^l) = \sigma(a^{l-1} * W^l + b^l) \tag{10-3}$$

其中，上标代表层数；$*$ 代表卷积运算；z 表示输入；a 表示输出；σ 表示激活函数，一般是 ReLU 激活函数；W 表示对应的卷积核；b 表示偏置。同时也可以写成 M 个子矩阵卷积后对应位置相加的形式，如式（10-4）所示。

$$a^l = \sigma(z^l) = \sigma\left(\sum_{k=1}^{M} z_k^l\right) = \sigma\left(\sum_{k=1}^{M} a_k^{l-1} * W_k^l + b^l\right) \tag{10-4}$$

需要自定义的参数同第一个过程，包括卷积核个数 k、卷积核子矩阵的维度 f、填充大小 p 和步长 s。

在前两个前向过程中，若输入矩阵规模为 $W_{l-1} \times H_{l-1} \times D_{l-1}$，在经过第 l 层卷积层后输出的矩阵规模为 $W_l \times H_l \times D_l$，其中：

$$W_l = \frac{W_{l-1} - f + 2p}{s} + 1 \tag{10-5}$$

$$H_l = \frac{H_{l-1} - f + 2p}{s} + 1 \tag{10-6}$$

$$D_l = k \tag{10-7}$$

其中，W_l、H_l、D_l 分别指第 l 层输出矩阵的宽度、高度和深度。

3．卷积层到池化层的前向传播

池化层的目的是缩小输入矩阵，防止过拟合现象的发生。若输入若干矩阵是 $N \times N$ 维，池化规模为 $r \times r$，则经过池化层后的输出矩阵规模都为 $\frac{N}{r} \times \frac{N}{r}$ 维。该步需要定义的参数，包括池化规模大小 r 和池化运算方式，池化的运算方式一般为最大池化或平均池化。

4．隐藏层到全连接层的前向传播

卷积神经网络中的全连接层就是全连接结构，因此隐藏层到全连接层的前向传播过程同深度神经网络的前向传播过程相同，如式（10-8）所示。

$$a^l = \sigma(z^l) = \sigma(W^l a^{l-1} + b^l) \tag{10-8}$$

此时的激活函数 σ 一般为 Sigmoid 或 Tanh 函数。需要自定义的参数包括全连接层的激活函数和全连接层各层神经元的个数。

经过一些全连接层后,最后一层为输出层,其与全连接层的区别为输出层的激活函数大多为 softmax 函数。

综上,卷积神经网络的前向传播过程如下。

输入:若干张图片样本,卷积神经网络的层数和其隐藏层类型;卷积层中,定义参数卷积核大小 k,卷积核子矩阵的维度 f,填充大小 p 和步长 s;池化层中,定义参数池化规模 r 和池化运算方式;全连接层中,定义参数全连接层的激活函数(除输出层)和全连接层各层的神经元个数。

输出:最终结果 a^l。

具体步骤如下。

(1) 根据参数 p 填充输入图片,填充原始图片边缘,得到输入矩阵 a^1;

(2) 初始化所有隐藏层的参数卷积核 W,偏置 b;

(3) for $l=2$ to $l-1$:

① 如果第 l 层是卷积层,则输出为:

$$a^l = \text{ReLU}(z^l) = \text{ReLU}(a^{l-1} * W^l + b^l) \tag{10-9}$$

② 如果第 l 层是池化层,则输出为:

$$a^l = \text{pooling}(a^{l-1}) \tag{10-10}$$

其中,pooling 函数指按照池化规模 k 和池化运算方式将输入矩阵缩小的过程。

③ 如果第 l 层是全连接层,则输出为:

$$a^l = \sigma(z^l) = \sigma(W^l * a^{l-1} + b^l) \tag{10-11}$$

(4) 输出层第 L 层,运算为:

$$a^L = \text{softmax}(z^L) = \text{softmax}(W^L * a^{L-1} + b^L) \tag{10-12}$$

以上就是卷积神经网络前向传播的全过程。

10.3.3 反向传播

神经网络进行反向传播,目的是求损失函数对 W 和 b 的偏导数,也就是求损失函数在 W 和 b 方向上的梯度分量,然后在梯度方向上更新 W 和 b,最终使损失函数降到最小。其中,在求解第 l 层的 W 和 b 时,有中间依赖部分 $\dfrac{\partial J(W,b,x,y)}{\partial z^l}$,记为梯度误差 δ^l。卷积神经网络若要套用深度神经网络的反向传播算法,需要解决如下问题。

(1) 池化层没有激活函数。可令池化层的激活函数为 $\sigma(z)=z$,即输出等于输入,此时池化层激活函数的导数为 1。

(2) 池化层的前向传播过程对输入数据进行了压缩,因此在池化层反向推导 δ^{l-1} 的方法和深度神经网络完全不同。

(3) 卷积神经网络的卷积层通过若干矩阵卷积求和得到输出的方式和深度神经网络的全连接层通过矩阵乘法得到输出的方式完全不同,因此卷积层反向递推的计算方式也和深度神经网络有所不同。

(4) 对于卷积层,由于 W 使用的运算是卷积,那么从 δ^l 推导出该层的所有卷积核的 W、b 的方式也不同。

(5) 另外要注意的是，一般神经网络中的 a^l 和 z^l 都只是一个向量，而卷积神经网络中的 a^l 和 z^l 都是三维矩阵，即由若干个输入的子矩阵组成。

针对以上问题，卷积神经网络的反向传播过程可通过如下方式实现。其中需要注意的是，由于卷积层中多个卷积核之间相互独立且处理方式完全相同，为降低算法公式的复杂度，以下提到的卷积核都是卷积层中若干卷积核中的一个。

1. 全连接层的反向传播

对于全连接层，可以按深度神经网络的反向传播算法递推上一层的梯度误差。已知全连接层的 δ^l，反向推导上一层隐藏层 δ^{l-1} 的计算如式(10-13)所示。

$$\delta^{l-1} = (\boldsymbol{W}^l)^T \boldsymbol{\delta}^l \odot \sigma'(\boldsymbol{z}^{l-1}) \tag{10-13}$$

2. 池化层的反向传播

由于在前向传播过程中，池化层的运算方式主要为最大池化或平均池化，而且池化的区域大小是已知的。池化层的作用是在缩小尺寸的同时减少误差，在反向传播过程中，这个过程要反过来。

在反向传播过程中，首先要把 δ^l 的所有子矩阵的矩阵大小还原成池化之前的大小。如果是最大池化，则把 δ^l 的所有子矩阵的各个池化区域的值放在之前做前向传播算法得到最大值的位置；如果是平均池化，则把 δ^l 的所有子矩阵的各个池化区域的值取平均值后放在还原后的子矩阵位置。这个过程一般叫作上采样。已知池化层的 δ^l，反向推导上一层隐藏层 δ^{l-1} 的计算如式(10-14)所示。

$$\delta^{l-1} = \text{upsample}(\boldsymbol{\delta}^l) \odot \sigma'(\boldsymbol{z}^{l-1}) \tag{10-14}$$

其中，upsample 函数的主要功能是实现池化误差矩阵的放大与误差的重新分配。此过程主要实现从缩小后的误差 δ^l 还原前向传播过程中较大区域对应的误差 δ^{l-1}。

3. 卷积层的反向传播

在深度神经网络中，已知 δ^{l-1} 和 δ^l 的递推关系与梯度表达式 $\dfrac{\partial z^l}{\partial z^{l-1}}$ 有关，如式(10-15)所示。

$$\delta^{l-1} = \frac{\partial J(\boldsymbol{W}, \boldsymbol{b})}{\partial \boldsymbol{z}^{l-1}} = \left(\frac{\partial \boldsymbol{z}^l}{\partial \boldsymbol{z}^{l-1}}\right)^T \frac{\partial J(\boldsymbol{W}, \boldsymbol{b})}{\partial \boldsymbol{z}^l} = \left(\frac{\partial \boldsymbol{z}^l}{\partial \boldsymbol{z}^{l-1}}\right)^T \boldsymbol{\delta}^l \tag{10-15}$$

在卷积神经网络中，由式(10-3)可知 z^l 和 z^{l-1} 的关系为：

$$\boldsymbol{z}^l = \boldsymbol{a}^{l-1} * \boldsymbol{W}^l + \boldsymbol{b}^l = \sigma(\boldsymbol{z}^{l-1}) * \boldsymbol{W}^l + \boldsymbol{b}^l \tag{10-16}$$

卷积层的反向传播公式和深度神经网络类似，区别在于卷积层对含有卷积的式子求导时，卷积核被旋转了 180°，公式中表示为 rot180。其中，翻转 180°的意思是上下翻转一次，再左右翻转一次，在深度神经网络中表示矩阵的转置。因此已知卷积层的 δ^l，反向推导上一层隐藏层 δ^{l-1} 的计算如式(10-17)所示。

$$\delta^{l-1} = \left(\frac{\partial \boldsymbol{z}^l}{\partial \boldsymbol{z}^{l-1}}\right)^T \boldsymbol{\delta}^l = \boldsymbol{\delta}^l * \text{rot180}(\boldsymbol{W}^l) \odot \sigma'(\boldsymbol{z}^{l-1}) \tag{10-17}$$

有了以上结论，就可以递推出每一层的梯度误差 δ^l。

下面是卷积神经网络的反向传播过程,以最基本的批量梯度下降法为例来描述反向传播算法:

输入:m张图片样本,卷积神经网络模型的层数L和所有隐藏层的类型;对于卷积层,要定义卷积核的大小k、卷积核子矩阵的维度f、填充大小p、步幅s;对于池化层,要定义池化区域大小r和池化运算方式;对于全连接层,要定义全连接层的激活函数(输出层除外)和各全连接层的神经元个数;梯度迭代参数中的迭代步长α,最大迭代次数MAX与停止迭代阈值e。

输出:卷积神经网络模型各隐藏层与输出层的$\boldsymbol{W}$、$\boldsymbol{b}$。

具体步骤如下:

(1) 随机初始化各隐藏层与输出层的各$\boldsymbol{W}$、$\boldsymbol{b}$的值;

(2) for t = 1 to MAX:

(2-1) for i = 1 to m:

① 将卷积神经网络的输入$\boldsymbol{a}^1$设置为x_i对应的矩阵;

② for l = 2 to $L-1$,根据下面3种情况进行前向传播算法计算:

如果当前是全连接层,则有:

$$\boldsymbol{a}^{i,l} = \sigma(\boldsymbol{z}^{i,l}) = \sigma(\boldsymbol{W}^l * \boldsymbol{a}^{i,l-1} + \boldsymbol{b}^l) \tag{10-18}$$

如果当前是卷积层,则有:

$$\boldsymbol{a}^{i,l} = \sigma(\boldsymbol{z}^{i,l}) = \sigma(\boldsymbol{W}^l * \boldsymbol{a}^{i,l-1} + \boldsymbol{b}^l) \tag{10-19}$$

如果当前是池化层,则有:

$$\boldsymbol{a}^{i,l} = \text{pool}(\boldsymbol{a}^{i,l-1}) \tag{10-20}$$

③ 对于输出层第L层:

$$\boldsymbol{a}^{i,L} = \text{softmax}(\boldsymbol{z}^{i,L}) = \text{softmax}(\boldsymbol{W}^L * \boldsymbol{a}^{i,L-1} + \boldsymbol{b}^L) \tag{10-21}$$

④ 通过损失函数计算输出层的$\boldsymbol{\delta}^{i,L}$;

for $l=L-1$ to 2,根据下面3种情况进行反向传播算法计算:

如果当前是全连接层:

$$\boldsymbol{\delta}^{i,l-1} = (\boldsymbol{W}^l)^{\text{T}} \boldsymbol{\delta}^{i,l} \odot \sigma'(\boldsymbol{z}^{i,l-1}) \tag{10-22a}$$

如果当前是池化层:

$$\boldsymbol{\delta}^{i,l-1} = \text{upsample}(\boldsymbol{\delta}^{i,l}) \odot \sigma'(\boldsymbol{z}^{i,l-1}) \tag{10-22b}$$

如果当前是卷积层:

$$\boldsymbol{\delta}^{i,l-1} = \boldsymbol{\delta}^{i,l} * \text{rot}180(\boldsymbol{W}^l) \odot \sigma'(\boldsymbol{z}^{i,l-1}) \tag{10-23}$$

(2-2) for l = 2 to L,根据下面2种情况更新第l层的$\boldsymbol{W}^l$、$\boldsymbol{b}^l$。

如果当前是全连接层:

$$\boldsymbol{W}^l = \boldsymbol{W}^l - \alpha \sum_{i=1}^{m} \boldsymbol{\delta}^{i,l} (\boldsymbol{a}^{i,l-1})^{\text{T}} \tag{10-24}$$

$$\boldsymbol{b}^l = \boldsymbol{b}^l - \alpha \sum_{i=1}^{m} \boldsymbol{\delta}^{i,l} \tag{10-25}$$

如果当前是卷积层,对于每一个卷积核有:

$$\boldsymbol{W}^l = \boldsymbol{W}^l - \alpha \sum_{i=1}^{m} \boldsymbol{\delta}^{i,l} * \boldsymbol{a}^{i,l-1} \tag{10-26}$$

$$b^l = b^l - \alpha \sum_{i=1}^{m} \sum_{u,v} (\boldsymbol{\delta}^{i,l})_{u,v} \tag{10-27}$$

(2-3) 如果所有 W、b 的变化值都小于停止迭代阈值 e,则跳出迭代循环到步骤(3)。

(3) 输出各隐藏层与输出层的线性关系系数矩阵 W 和偏置向量 b。

10.4 改进的卷积神经网络

目前,卷积神经网络在图像的特征提取方面得到了广泛应用,在下文中将重点解释两点:①卷积核作为卷积的重要结构;②分布式作为许多深度学习模型所拥有的结构特征。与此同时,列举了两种比较经典的网络模型,以便更好地理解卷积神经网络。

10.4.1 AlexNet 神经网络

1. AlexNet 神经网络模型概述

AlexNet 神经网络是 Hinton 和他的学生 Alex,以 LeNet 神经网络为基础设计的一种卷积神经网络模型,该模型主要包含 5 个卷积层与 3 个全连接层,这种深层次的网络结构使 AlexNet 神经网络可以提取图像的高维特征。在 2012 年 ImageNet 竞赛中,AlexNet 以远超第二名的成绩夺冠,为深度学习的进一步发展奠定了基础。

2. AlexNet 神经网络模型的结构

AlexNet 主要由 8 层神经网络构成,其中前 5 层为卷积层,后 3 层为全连接层,其结构如图 10-6 所示。

第一层卷积层输入维度为(224,224,3),使用 96 个维度为(11,11,3)的卷积核进行卷积计算(由于采用两组 GPU 进行并行计算,所以卷积核也为两组,每组 48 个),步长为 4。之后采用 3×3 步长为 2 的池化单元进行重叠池化,得到维度为(27,27,48)的两组输出。

第二层卷积层采用两组,每组 128 个维度为(5,5,48)的卷积核对第一层卷积层的输出进行卷积计算,步长为 1。之后采用 3×3 步长为 2 的池化单元进行重叠池化,得到两组维度为(13,13,128)的输出。

第三层卷积层采用两组,每组 192 个维度为(3,3,128)的卷积核对第二层卷积层的输出进行卷积计算,边缘填充为 1,步长为 1。得到输出两组(13,13,192)的输出。

第四层卷积层采用两组,每组 192 个维度为(3,3,192)的卷积核对第三层卷积层的输出进行卷积计算,边缘填充为 1,步长为 1。得到输出两组(13,13,192)的输出。

第五层卷积层采用两组,每组 128 个维度为(3,3,192)的卷积核对第四层卷积层的输出进行卷积计算,边缘填充为 1,步长为 1。之后采用 3×3 步长为 2 的池化单元进行重叠池化,得到两组维度为(6,6,128)的输出。

第六层全连接层采用 4096 个维度为(6,6,256)的卷积核,得到维度为(4096,1,1)的输出。

第七层全连接层采用 4986 个神经元与第六层输出全连接。

第八层输出层采用 1000 个神经元与第七层的神经元全连接。

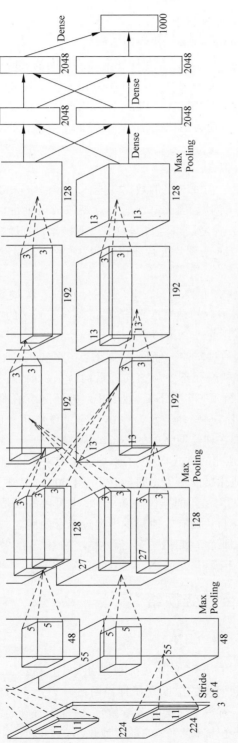

图 10-6 AlexNet 的网络结构

3. AlexNet 神经网络模型的特点

AlexNet 神经网络模型主要有以下特点。

1) 用 ReLU 函数替换 Sigmoid 函数作为激活函数

神经网络中常用的 Sigmoid 函数存在着梯度饱和或梯度消失的问题。为了解决这些问题，AlexNet 中使用了 ReLU 函数替代 Sigmoid 函数作为激活函数。ReLU 函数在反向传播过程中，因为输出部分的导数恒常为 1，因此可以解决梯度饱和的问题。此外，由于 ReLU 能够使一部分神经元输出为 0，使得网络更加稀疏，降低了参数之间的依存度，可以缓解过拟合问题。

2) 使用数据增强抑制过拟合

由于神经网络参数量巨大，需要充足的数据才能使神经网络得到有效训练，但在实际应用中很可能出现数据量不足的问题，因此可以通过对图像数据进行翻转、裁剪、光照变化等操作产生新的数据。AlexNet 神经网络对数据做了以下操作，用以增加数据量。

（1）随机裁剪，对 256×256 的图片进行随机裁剪到 227×227，然后进行水平翻转，得到新的数据。

（2）测试时，对图像左上、右上、左下、右下、中间分别做 5 次裁剪，然后翻转，在对图像进行 10 次裁剪过程之后对裁剪后的结果求平均值，得到用于测试的数据。

3) 使用 Dropout 参数正则化抑制过拟合

在神经网络中，Dropout 通过修改神经网络本身结构来实现。通过预先设定的概率将某一层的神经元置为 0，这个神经元不参与前向和后向传播，如同在网络中被删除了一样，同时保持输入层与输出层神经元的个数不变，然后按照神经网络的学习方法进行参数更新。在下一次迭代中，又重新随机将一些神经元置为 0，直至训练结束。Dropout 是 AlexNet 中的一大创新，并且已经成了现在神经网络中的必备结构之一。

AlexNet 全部使用最大池化的方式，避免了平均池化带来的模糊化的效果，并且步长小于池化核的尺寸，这样一来池化层的输出之间会有重叠和覆盖，提升了特征的丰富性。此前的 CNN 神经网络一直使用平均池化的操作。Dropout 也可以看成是一种模型组合，通过它每次可以生成不同的网络结构，从而有效地减少模型过拟合的问题。此外，AlexNet 还有更深的网络结构，支持多 GPU 训练等多种优点。但 AlexNet 中还存在着速度慢、准确率低的缺点，所以针对这些问题，又出现了 VGG-Nets 神经网络。

10.4.2 VGG-Nets 神经网络

1. VGG-Nets 神经网络模型的概述

VGG-Nets 神经网络是牛津大学计算机视觉组（visual geometry group）和 Google DeepMind 公司的研究员一起研发的深度卷积神经网络。VGG-Nets 探索了卷积神经网络的深度与其性能之间的关系，省去了大量的超参数定义，而专注于构建卷积层的简单网络，通过反复堆叠 3×3 的小型卷积核和 2×2 的最大池化层，VGG-Nets 成功地构筑了 16~19 层深的卷积神经网络。VGG-Nets 相比之前的网络结构错误率大幅下降。VGG-Nets 的结构简洁、拓展性强、迁移到相似任务中泛化能力强，目前在计算机视觉领域的众多任务中，

VGG-Nets 依然经常被用来提取图像特征。

2. VGG-Nets 网络模型的结构

VGG-Nets 神经网络虽然网络层次更深，但网络结构比 AlexNet 更简洁，如图 10-7 所示网络深度为 16 的 VGG-Nets 记作 VGG-16。VGG-16 神经网络主要由 13 层卷积层和 3 层全连接层构成，卷积层的输出维度与输入维度是一致的，模型的下采样完全是通过最大池化来实现。与 AlexNet 神经网络相同，VGG-16 神经网络最后 3 层为 3 个全连接层，卷积后的输出通道数从 64 开始，然后每一次最大池化后通道数将翻倍直到通道数为 512。

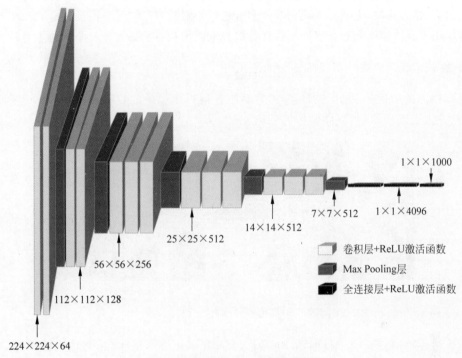

图 10-7　VGG-16 神经网络结构图

3. VGG-Nets 网络模型的特点

VGG-Nets 相比其他模型，有以下特点：

（1）小卷积核。相比于 AlexNet 神经网络采用了各个尺寸的卷积核，VGG-Nets 神经网络全部采用 3×3 卷积核进行卷积计算，采用 3×3 卷积核的卷积层比采用大尺寸卷积核的卷积层参数量更小；

（2）小池化核。相比 AlexNet 神经网络的 3×3 的池化核，VGG-Nets 神经网络全部为 2×2 的池化核；

（3）层数更深特征图更宽。基于 VGG-Nets 神经网络前两个特点，其卷积核专注于扩大通道数、池化核专注于缩小宽和高，使得模型架构上更深更宽的同时，计算量的增加放缓。

VGG-Nets 神经网络也存在着一些缺点，比如计算需要耗费更多的资源，并且使用了更多的参数，导致更多的内存占用，其中绝大多数的参数都是来自于第一个全连接层等，随着研究的深入，VGG-Nets 神经网络模型也将逐步完善。

10.5 卷积神经网络的应用

卷积神经网络作为一种深度学习模型,具有较强的特征学习和表达能力,并且局部连接和权值共享的特点使其在提取图像特征的过程中能够降低数据重建的复杂度,抑制图像平移、缩放带来的影响,因此卷积神经网络在计算机视觉领域中扮演着重要的角色。但是这并不意味着卷积神经网络仅局限于计算机视觉领域,它在自然语言处理领域和语音识别领域等其他科学领域也是研究热点之一,具体实际应用有医学图像识别、遥感图像分类、情感分析、地质储层参数预测、行人侦测、交通标志识别等。本节通过介绍卷积神经网络在目标检测和文本分类方面的应用来具体说明卷积神经网络在计算机视觉领域和自然语言处理领域的使用方法。

1. 卷积神经网络在目标检测方面的应用

目标检测的示例如图 10-8 所示,其主要任务是对图像中的目标进行定位和识别,被广泛应用于遥感、医学诊断、视频监控等领域。

图 10-8 对图像中的猫狗进行检测的示例

传统目标检测方法的过程如图 10-9 所示,首先采用穷举的策略,对输入的图像进行候选框的选取(通常使用滑动窗口方式通过设置不同大小、不同长宽比的窗口对输入图像进行遍历),然后提取每个窗口中的图像信息的特征(通常使用尺度不变特征变换、方向梯度直方图等方法),图像局部特征提取完之后使用分类器(SVM、DPM 等)进行识别得到一组分数,为了使不同类别的分数之间的差异更明显,最后采用非极大值抑制(Non-Maximum Suppression,NMS)算法提取分数最高的窗口,去掉模型预测后的多余选框,找到目标对象

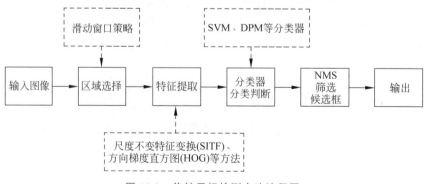

图 10-9 传统目标检测方法流程图

的最佳位置,实现物体的检测。

由于传统的目标检测方法使用人工设计的特征,提取方法泛化能力差,并且基于滑动窗口的区域选择策略缺乏针对性,使得传统的检测方法存在检测准确度低、速度慢、实时性差、鲁棒性不强等问题。为了解决这些问题,研究人员做了进一步研究,将卷积神经网络引入目标检测领域,提出了基于卷积神经网络的目标检测方法,典型的算法有 R-CNN、Fast R-CNN、YOLO、SSD 等,下面以 R-CNN 算法为例,介绍卷积神经网络在目标检测领域的应用。

使用 R-CNN 算法实现目标检测的过程如图 10-10 所示。首先输入一张图像,利用选择性搜索(selective search)算法在该图像中选取大约 2000 个候选区域(region proposal),然后将每个候选区域都缩放成固定大小(227×227)的图像并输入到预训练好的卷积神经网络(该卷积神经网络是在 AlexNet 基础上的修改)中进行特征提取,特征提取结束后,将提取到的特征向量输入到每一类的分类器中进行分类,最后使用回归器修正候选区域中目标的位置,得到目标位置信息。

图 10-10　R-CNN 目标检测算法流程图

近年来,研究人员提出了很多优秀的基于卷积神经网络的目标检测算法,很好地解决了传统目标检测算法中存在的一些问题,提升了目标检测的精确性和鲁棒性,卷积神经网络在目标检测方面发挥了越来越重要的作用。

2. 卷积神经网络在文本分类方面的应用

随着卷积神经网络在计算机视觉领域和语音识别领域取得了成功,推动了卷积神经网络在自然语言处理领域上的发展,使得卷积神经网络在文本分类方面也取得了不错的成果。其中,文本分类任务要求模型在预定分类体系下根据文本的特征(内容或属性)将给定文本与一个或多个类别相关联,用于处理文本分类任务的算法被广泛应用于垃圾邮件过滤、主题分类、情感分析等多个领域。

传统文本分类的过程如图 10-11 所示,首先对文本数据集进行预处理(中文文本预处理过程主要包括分词和去停用词等过程)去掉文本中无意义的部分,获得文本关键信息,然后

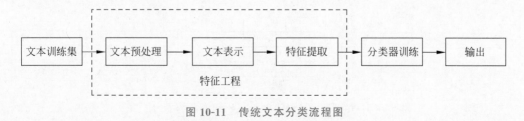

图 10-11　传统文本分类流程图

进行文本表示(传统的文本表示模型有布尔模型、词袋模型等),把预处理后的信息转化成计算机能够理解的表达,文本表示结束后进行特征提取,最后选择合适的分类器对文本特征进行分类,得到文本类别。

由于传统文本分类方法存在特征表达能力不强、人工特征工程复杂等问题,因此研究人员对其进行了改进,将卷积神经网络引入文本分类领域,使用卷积神经网络可以代替复杂的人工特征提取方式,自主获取文本特征,实现端到端地解决问题,提高文本分类的准确率。下面以 Yoon Kim 等提出的用于文本分类的卷积神经网络 TextCNN 为例,介绍卷积神经网络在文本分类领域的应用。

基于卷积神经网络进行文本分类的过程如图 10-12 所示,首先对文本进行预处理得到文本关键信息,然后采用文本的分布式表示方式(例如 word2vec)将预处理后的文本信息用类似图像数据结构的词向量矩阵表示,并将其作为卷积神经网络的输入与多个卷积核进行卷积操作,通过最大池化的方法进行降采样操作,得到输入文本的多个特征表示,最后将提取到的特征拼接在一起,输入到一个全连接层中,再经过 softmax 层,获取在分类标签上的概率分布,文本分类任务完成。

图 10-12 基于卷积神经网络的文本分类流程图

如图 10-13 所示,用于处理文本数据的卷积神经网络与用于处理图像数据的卷积神经网络相比,最大的不同是卷积操作不同,即用于处理文本数据的卷积神经网络的卷积核宽度与词向量维度相同,并且通过垂直遍历词向量矩阵的方式进行卷积操作。

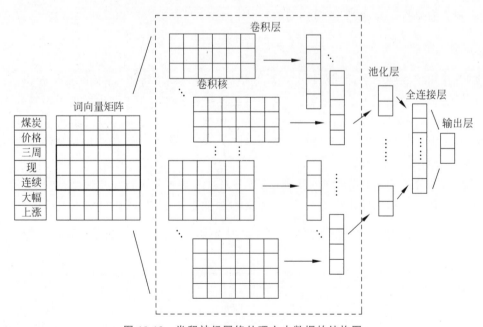

图 10-13 卷积神经网络处理文本数据的结构图

目前，卷积神经网络已经成为文本分类领域中的一种重要方法，其强大的特征表达能力为解决传统文本分类方法存在的问题提供了有效的途径和思路，越来越多的研究人员深入研究基于卷积神经网络的文本分类算法，改善现有的卷积神经网络存在的缺陷，进一步提升文本分类算法性能。

10.6 本章实践

微课视频

MNIST 是一个手写数字图片的数据集，其拥有 6 万个可用于训练的样本及 1 万个测试样本。本节采用卷积神经网络对 MNIST 数据集的手写数字进行分类识别。首先，根据数据集设计 CNN 的结构，如图 10-14 所示。

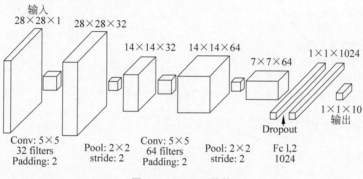

图 10-14　CNN 结构

此处采用的 CNN 网络模型包括两个卷积层和两个池化层，还有最后的全连接层。代码及其详细解释如下。

1. 获取 MNIST 数据集并初始化输入

下载 MNIST 数据集并存放到 MNIST_data 文件夹下。MNIST 数据集包含训练集和测试集两个部分，同时这些数据也被划分为输入数据集 images 和输出数据集 labels。

由于深度学习模型一般基于矩阵，原始数据需要格式化为矩阵。除此之外数据的取值范围应该尽可能一致，且波动范围小。MNIST 数据集的输入是 28×28 的格式，输出是 0~9 的数组，虽然已经满足矩阵格式，但还是需要依照具体的模型做适当调整。所以需要将输入数据归一化，改变其形状，把输入数据由二维数据转换成了四维数据：第二与第三维度对应的是照片的宽度与高度，最后一个维度是颜色通道数，本例子中是 1。归一化可以让优化器更快更好地找到误差最小值。

```
from tensorflow.examples.tutorials.mnist import input_data
mnist = input_data.read_data_sets('MNIST_data/', one_hot = True)

# 除以 255 是为了做归一化，把灰度值从 [0, 255] 变成 [0, 1]
input_x = tf.placeholder(tf.float32, [None, 28 * 28]) / 255.    # 输入
output_y = tf.placeholder(tf.int32, [None, 10])                 # 输出 10 个数字的标签

input_x_images = tf.reshape(input_x, [-1, 28, 28, 1])           # 改变形状之后的输入
```

2. 创建 CNN

按照前面所设计的 CNN 结构，以"卷积层＋池化层"的顺序构建两次，最后构建两个全连接层用于输出，其中含有 Dropout 层。

```python
# 构建我们的卷积神经网络：
# 第 1 层卷积
conv1 = tf.layers.conv2d(          # conv2d 指的是 2 维卷积
    inputs = input_x_images,       # 形状 [28, 28, 1]
    filters = 32,                  # 32 个过滤器，输出的深度(depth)是 32
    kernel_size = [5, 5],          # 过滤器在二维的大小是 (5 * 5)
    strides = 1,                   # 步长是 1
    padding = 'same',              # same 表示输出的大小不变，因此需要在外围补零 2 圈
    activation = tf.nn.relu        # 激活函数是 ReLU
) # 经过第一层卷积后输出的形状为 [28, 28, 32]
# 第 1 层池化(亚采样)
pool1 = tf.layers.max_pooling2d(
    inputs = conv1,                # 形状 [28, 28, 32]
    pool_size = [2, 2],            # 过滤器在二维的大小是(2 * 2)
    strides = 2                    # 步长是 2
) # 经过第 1 层池化后输出的形状 [14, 14, 32]

# 第 2 层卷积
conv2 = tf.layers.conv2d(
    inputs = pool1,                # 形状 [14, 14, 32]
    filters = 64,                  # 64 个过滤器，输出的深度(depth)是 64
    kernel_size = [5, 5],          # 过滤器在二维的大小是 (5 * 5)
    strides = 1,                   # 步长是 1
    padding = 'same',              # same 表示输出的大小不变，因此需要在外围补零 2 圈
    activation = tf.nn.relu        # 激活函数是 ReLU
) # 经过第二层卷积后输出的形状为 [14, 14, 64]

# 第 2 层池化(亚采样)
pool2 = tf.layers.max_pooling2d(
    inputs = conv2,                # 形状 [14, 14, 64]
    pool_size = [2, 2],            # 过滤器在二维的大小是(2 * 2)
    strides = 2                    # 步长是 2
) # 形状 [7, 7, 64]

# 平坦化(flat)。降维
flat = tf.reshape(pool2, [-1, 7 * 7 * 64]) # 形状 [7 * 7 * 64, ]

# 1024 个神经元的全连接层
dense = tf.layers.dense(inputs = flat, units = 1024, activation = tf.nn.relu)

# Dropout：丢弃 50 % (rate = 0.5)
dropout = tf.layers.dropout(inputs = dense, rate = 0.5)

# 10 个神经元的全连接层，这里不用激活函数来做非线性化了
logits = tf.layers.dense(inputs = dropout, units = 10)                    # 输出。形状为 [1, 1, 10]
```

3. 最小化损失函数

这里的损失函数采用交叉熵函数,使用 Adam 优化器来最小化误差,设置学习率为 0.001。最后计算精度,也就是预测值和实际标签的匹配程度。

```
# 计算误差
loss = tf.losses.softmax_cross_entropy(onehot_labels = output_y, logits = logits)
# onehot_labels 指的是实际的标签值,logits 指的是卷积神经网络的预测输出

# Adam 优化器来最小化误差,学习率 0.001
train_op = tf.train.AdamOptimizer(learning_rate = 0.001).minimize(loss)

# 计算精度
accuracy = tf.metrics.accuracy(
    labels = tf.argmax(output_y, axis = 1), predictions = tf.argmax(logits, axis = 1), )[1]
```

4. 训练 CNN 模型

创建完 CNN 后,就开始针对 MNIST 对该模型进行训练:训练数据集每 50 个数据为 batch,迭代 10000 次,输出每 100 次的损失和精度。

```
i = 0
# 训练 10000 步.
while i < 10001:
    batch = mnist.train.next_batch(50)    # 从 Train(训练)数据集里取 "下一个" 50 个样本
    train_loss, train_op_ = sess.run([loss, train_op], {input_x: batch[0], output_y: batch[1]})
    if i % 100 == 0:
        train_accuracy = sess.run(accuracy, {input_x: batch[0], output_y: batch[1]})
        print("第 {} 步的 训练损失 = {:.4f},测试精度 = {:.5f}".format(i, train_loss, train_accuracy))
    i = i + 1
```

5. 输出最终测试结果

测试数据集输出前 50 张图片的预测结果,与其预期结果相比较。同时计算前 1000 张图片的识别准确度。

```
# 测试: 打印 50 个预测值和真实值
test_x = mnist.test.images
test_y = mnist.test.labels
test_output = sess.run(logits, {input_x: test_x[:50]})
inferred_y = np.argmax(test_output, 1)
test_accuracy = sess.run(accuracy, {input_x: test_x[:1000], output_y: test_y[:1000]})
print('推测的数字:', inferred_y)                          # 推测的数字
```

```
print('真实的数字:', np.argmax(test_y[:50], 1))        # 真实的数字
print('测试精度:{:..5f}'.format(test_accuracy))        # 识别准确度
```

最终训练和测试的结果如图 10-15 所示。

```
第 9600 步的 训练损失=0.0002, 测试精度=0.98825
第 9700 步的 训练损失=0.1341, 测试精度=0.98837
第 9800 步的 训练损失=0.0014, 测试精度=0.98848
第 9900 步的 训练损失=0.0000, 测试精度=0.98860
第 10000 步的 训练损失=0.0001, 测试精度=0.98871
推测的数字: [7 2 1 0 4 1 4 9 5 9 0 6 9 0 1 5 9 7 3 4 9 6 6 5 4 0 7 4 0 1 3 1 3 4 7 2 7
 1 2 1 1 7 4 2 3 5 1 2 4 4]
真实的数字: [7 2 1 0 4 1 4 9 5 9 0 6 9 0 1 5 9 7 3 4 9 6 6 5 4 0 7 4 0 1 3 1 3 4 7 2 7
 1 2 1 1 7 4 2 3 5 1 2 4 4]
测试精度:0.98942
```

图 10-15　训练和测试结果

与此同时,可以通过程序流程图 10-16 来进一步了解实现 CNN 的步骤。

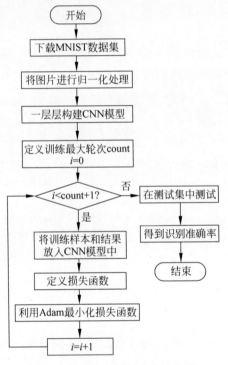

图 10-16　实现 CNN 程序流程图

CNN 模型是现在比较常用的网络模型,它能够克服深度学习里面的一些困难:
(1) CNN 大大减少了参数数量;
(2) Dropout 避免 CNN 模型进入过拟合状态;
(3) 激活函数用 ReLU 代替了 Sigmoid,避免了过拟合和不同层学习率差别大的问题;
(4) 用 GPU 计算更快,每次更新较少,但是可以训练很多次。

10.7 习题

1. 池化层反向传播是如何进行的？试选一种池化方式举例说明。
2. 在 CNN 前向传播过程中，经过第几层卷积层后，图像特征规模会如何变化？
3. 简述卷积层的作用。
4. 池化层有什么作用？在一个卷积神经网络中可以有多少个池化层？
5. 卷积神经网络经典结构中，最后 output 输出什么形式？
6. 请说出几种经典的卷积神经网络。
7. 以下为卷积后的特征矩阵，请问其在经过池化层由 2×2 进行最大池化和平均池化的结果分别是什么？

2	10	8	14
5	15	20	18
6	11	9	5
23	8	16	30

8. 在卷积神经网络中为什么要将全连接层等效为卷积层？
9. 简述 CNN 的实现与改进。

第 11 章

循环神经网络

CHAPTER 11

  循环神经网络(Recurrent Neural Network,RNN)是一类具有短期记忆能力的神经网络。如同卷积神经网络是专门用于处理二维数据信息(如图像)的神经网络,循环神经网络是专门用于处理序列信息的神经网络。后来以其为基础设计的双向循环神经网络(Bidirectional Recurrent Neural Network,Bi-RNN)和长短期记忆网络(Long Short-Term Memory Networks,LSTM)在自然语言处理领域的众多任务中展现出了出色的性能。

  下面将详细介绍循环神经网络的相关内容。

11.1 循环神经网络概述

循环神经网络是以序列数据为输入,在序列的演进方向进行递归,且所有结点(循环单元)按链式连接的神经网络。循环神经网络与前馈神经网络最大的区别就是循环神经元在某时刻的输出可以作为输入,再次输入到神经网络中,这种串联的网络结构非常适合处理时间序列数据,因此被广泛地应用于自然语言处理任务中处理具有上下文关系的文本数据。

循环神经网络进行计算时是沿输入序列进行的。将整个计算过程中的循环神经网络结构展开,可以知道循环神经网络的网络结构会重复出现参数共享,这种网络结构可以大大减少训练神经网络所需要的参数量;另一方面,共享参数也使得模型可以扩展到不同长度的数据上,所以循环神经网络可以处理不定长度的输入序列。虽然循环神经网络在设计之初是为了学习数据之间长期的依赖性,但是大量的实践表明,当数据长度过长时前期的数据对后期的数据影响较小,即标准的循环神经网络很难保存数据长期的信息。

循环神经网络的发展历史如下。

1986 年,Elman 等提出了专门用于处理序列数据的循环神经网络,循环神经网络可以扩展到更长序列的网络结构,使其可以处理可变长度的输入序列,虽然循环神经网络的诞生解决了传统神经网络在处理序列信息方面的局限性,但是沿序列串联的网络结构使得神经网络误差沿序列反向传播的过程中会逐渐消失,这使得标准循环神经网络存储序列上下文信息的范围有限,限制了模型的应用。

1997 年,Hochreiter 和 Schmidhuber 提出了 LSTM,用于解决标准循环神经网络时间维度的梯度消失问题。LSTM 神经网络结构与标准循环神经网络结构相似,只是 LSTM 神经网络使用 LSTM 单元替换了标准结构中的神经元结点,LSTM 单元使用输入门、输出门和遗忘门控制序列信息的传输,从而实现较大范围的上下文信息的保存与传输。

1998 年,Williams 和 Zipser 提出名为随时间反向传播(Back Propagation Through Time,BPTT)的循环神经网络训练算法。BPTT 算法的本质是按照时间序列将循环神经网络展开,展开后的网络包含 N(时间步长)个隐藏单元和一个输出单元,然后采用反向误差传播方式对神经网络的连接权值进行更新。

随后基于 LSTM 神经网络和标准循环神经网络改进的新模型陆续被应用到了生物信息科学、文本分类、自动文摘、语音识别、语言建模、机器翻译等领域,同时也被用于各类时间序列预测问题中。

11.2 循环神经网络的网络结构

以卷积神经网络为代表的前馈神经网络的输入数据和输出数据的形式是确定的,因此可以用来处理图像等形式固定的数据,但对于长度不固定的序列类数据,由于数据长短不一,且单元之间相互关联,难以拆分为独立单元用于计算,传统的前馈神经网络并不能进行有效处理。为了处理数据之间具有依赖性且输入形式为序列的数据,提出了网络结构可以延序列拓展的循环神经网络。下面将详细介绍循环神经网络的基本结构及计算流程。

11.2.1 基本结构

在循环神经网络中,神经元不但可以接受其他神经元的信息,也可以接受自身的信息,形成具有环路的网络结构。一个标准的循环神经网络结构层级展开图如图 11-1 所示,其左侧为折叠起来的结构图,右侧为展开来的结构图。其中,s 为一个神经元结点,x 表示输入样本,在标准的循环神经网络结构中隐藏层的神经元之间带有权重矩阵 W,结构中的"循环"体现在隐藏层;图右侧中 $t-1$、t、$t+1$ 表示时间序列,可知随着序列的不断推进,前一时刻的隐藏层状态会影响后一时刻的隐藏层状态。

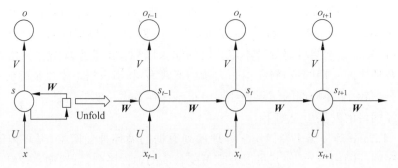

图 11-1 循环神经网络结构图

循环神经网络对于每一个时刻的输入,结合当前模型的状态,给出一个输出。循环神经网络当前的状态由上一时刻的状态和当前时刻的输入共同决定。从循环神经网络的结构可以看出,其最擅长解决的是与时间序列相关的问题。对于一个序列数据,可以将这个序列上不同时刻的数据依次传入循环神经网络的输入层,而输出可以是对序列中下一时刻的预测,也可以是对当前时刻信息的处理结果。循环神经网络要求每一时刻都有一个输入,但是不一定每一时刻都有一个输出。

循环神经网络的参数在不同时刻是共享的,为了将当前时刻的状态转换为最终的输出,循环神经网络需要另一个全连接神经网络完成此过程,不同时刻用于输出的全连接神经网络中的参数也是一致的。循环神经网络的总损失是所有时刻(或部分时刻)上损失的总和。循环神经网络的输入序列和输出序列不是固定的一对一关系,根据任务的不同循环神经网络输入与输出包含一对一、一对多、多对一、多对多关系,如图 11-2 所示。

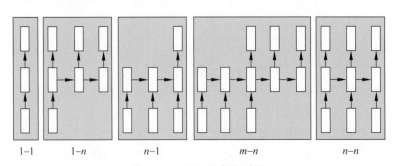

图 11-2 RNN 任务序列图

图 11-2 中各种输出与输入之间的关系对应到实际应用中如下。
(1) 图像分类：固定尺寸的输入到固定尺寸的输出，图像映射到类别。
(2) 图像标注：固定尺寸的输入到序列化的输出，图像映射到图像标注。
(3) 情绪分析：序列化的输入到固定尺寸的输出，识别语句到情绪的分类。
(4) 机器翻译：序列化的输入到序列化的输出，一种语言映射到另一种语言。
(5) 视频分类：同步的输入输出序列，每一个视频帧映射一个标签。

11.2.2 前向传播

以图 11-1 为例介绍标准 RNN 的前向传播过程，其中用 x_t 表示输入，s_t 表示隐藏层神经元，o_t 表示输出，U 是输入层到隐藏层的权重，W 是上一时刻隐藏层到当前时刻隐藏层的权重，V 是隐藏层到输出层的权重，我们定义 y_t 为序列在 t 时刻训练样本序列的真实输出，y_t^{hat} 是对 o_t 进行 softmax 计算后得到的预测值（由于 RNN 在分类领域的运用较多，因此常用 softmax 函数作为激活函数）。

在 $t=1$ 时刻，一般初始化输入 $s_0=0$，随机初始化 W、U、V，按照式(11-1)～式(11-3)进行计算：

$$s_1 = f(Ux_1 + Ws_0) \tag{11-1}$$

$$o_1 = g(Vs_1) \tag{11-2}$$

$$y_1^{hat} = \text{softmax}(o_1) \tag{11-3}$$

其中，$f(\cdot)$ 和 $g(\cdot)$ 均为激活函数，$f(\cdot)$ 可以是 Tanh、ReLU、Sigmoid 等激活函数，$g(\cdot)$ 通常是 softmax 函数。

时间继续向前推进，此时的状态 s_1 作为时刻 1 的记忆状态将参与下一个时刻的预测活动，如式(11-4)～式(11-6)所示。

$$s_2 = f(Ux_2 + Ws_1) \tag{11-4}$$

$$o_2 = g(Vs_2) \tag{11-5}$$

$$y_2^{hat} = \text{softmax}(o_2) \tag{11-6}$$

以此类推，可以得到式(11-7)和式(11-8)。

$$s_t = f(Ux_t + Ws_{t-1}) \tag{11-7}$$

$$o_t = g(Vs_t) \tag{11-8}$$

最终的输出值如式(11-9)所示。

$$y_t^{hat} = \text{softmax}(o_t) \tag{11-9}$$

还需注意的是，标准的 RNN 还有以下特点：
(1) 权值共享，在任意时刻 W、U、V 都是相等的。
(2) 每一个输入值 x 都只与它本身的那条路线建立权连接，不会和别的神经元连接。
(3) RNN 的结构可以捕捉长期依赖，但是由于其是单链的结构，距离远的信息会逐渐变弱。

11.2.3 反向传播

RNN 反向传播算法是通过梯度下降法进行迭代，并得到合适的 RNN 模型参数 U、V、

W。由于是基于时间的反向传播,所以 RNN 的反向传播也是随时间变化的反向传播算法。BPTT 算法是常用的训练 RNN 的方法,其实质还是 BP 算法,只不过 RNN 处理时间序列数据,所以要基于时间反向传播,故称为随时间反向传播。BPTT 的中心思想和 BP 算法相同需要求各个参数的梯度,沿着需要优化的参数的负梯度方向不断寻找更优的点直至收敛。

为了简化描述,损失函数定为交叉熵损失函数,输出的激活函数为 softmax 函数,隐藏层的激活函数为 Tanh 函数。假设 t 时刻的损失函数为 L_t,由于 RNN 在序列的每个位置都有损失函数,因此最终的损失 L 如式(11-10)所示:

$$L = \sum_{t=1}^{T} L_t \tag{11-10}$$

V 的梯度计算较为简单,计算过程如式(11-11)所示:

$$\frac{\partial L}{\partial V} = \sum_{t=1}^{T} \frac{\partial L_t}{\partial V} = \sum_{t=1}^{T} \frac{\partial L_t}{\partial o_t} \frac{\partial o_t}{\partial V} = \sum_{t=1}^{T} (y_t^{\text{hat}} - y_t)(s_t)^T \tag{11-11}$$

W、U 的梯度计算相对复杂。从 RNN 的模型可以看出,在反向传播时,某一序列位置 t 的梯度损失由当前位置的输出对应的梯度损失和序列索引位置 $t+1$ 时的梯度损失两部分共同决定。对于 W 在某一序列位置 t 的梯度损失需要反向传播逐步计算。首先,定义序列索引 t 位置的隐藏状态的梯度如式(11-12)所示。

$$\delta_t = \frac{\partial L}{\partial s_t} = \left(\frac{\partial o_t}{\partial s_t}\right)^T \frac{\partial L}{\partial o_t} = V^T (y_t^{\text{hat}} - y_t) \tag{11-12}$$

W、U 的梯度计算如公式(11-13)和式(11-14)所示,其中 diag 为对角矩阵:

$$\frac{\partial L}{\partial W} = \sum_{t=1}^{T} \text{diag}(1-(s_t)^2)\delta_t (s_{t-1})^T \tag{11-13}$$

$$\frac{\partial L}{\partial U} = \sum_{t=1}^{T} \text{diag}(1-(s_t)^2)\delta_t (x_t)^T \tag{11-14}$$

利用 BPTT 算法训练网络时容易出现梯度消失问题,当序列很长时问题较为严重,因此上面的 RNN 模型一般不能直接应用,需要进行优化,例如 LSTM 就是 RNN 中使用较为广泛的一个特例。

11.3 循环神经网络的优化算法

梯度消失会导致神经网络浅层网络的权值得不到更新,停止学习。梯度爆炸会导致神经网络的学习过程不稳定,参数变化太大。循环神经网络的最大缺陷就是存在梯度消失与梯度爆炸问题,这一缺陷使得循环神经网络在长文本中难以训练,因此诞生了很多关于循环神经网络的变种。循环神经网络的优化算法包括门控算法、深度算法等,各个算法的经典模型将在后续章节中详细介绍。

11.3.1 门控算法

门控算法是循环神经网络应对长距离依赖的可行方法,其设想是通过门控单元赋予循环神经网络控制其内部信息积累的能力,在学习时既能掌握长距离依赖,又能选择性地遗忘信息防止过载。门控算法基于时间的反向传播算法和实时递归学习算法进行学习。使用门控算法的经典模型包括长短期记忆神经网络和门控循环单元网络。

1. 长短期记忆网络

长短期记忆网络是最早被提出的循环神经网络算法,长短期记忆网络的单元包含三个门控,分别是输入门、遗忘门和输出门。其具体的单元结构如图 11-3 所示。

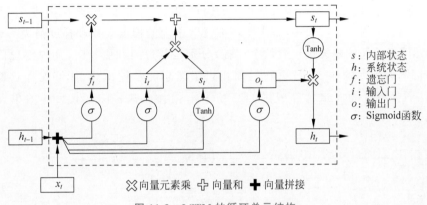

图 11-3　LSTM 的循环单元结构

其中,输入门 i 决定当前时间步的输入和前一个时间步的系统状态对当前时间步的内部状态的更新,遗忘门 f 决定前一个时间步的内部状态对当前时间步的内部状态的更新,输出门 o 决定当前时间步的内部状态对当前时间步的系统状态的更新。具体更新过程如式(11-15)～式(11-19)所示。

$$g_i^{(t)} = \text{Sigmoid}(w_i h^{(t-1)} + u_i X^{(t)} + b_i) \tag{11-15}$$

$$g_f^{(t)} = \text{Sigmoid}(w_f h^{(t-1)} + u_f X^{(t)} + b_f) \tag{11-16}$$

$$g_o^{(t)} = \text{Sigmoid}(w_o h^{(t-1)} + u_o X^{(t)} + b_o) \tag{11-17}$$

$$s^{(t)} = g_f^{(t)} s^{(t-1)} + g_i^{(t)} f_s(w h^{(t-1)} + u X^{(t)} + b) \tag{11-18}$$

$$h^{(t)} = g_o^{(t)} f_h(s^{(t)}) \tag{11-19}$$

其中,i、f、o 分别表示输入门、遗忘门和输出门;g 为随时间更新的门控,其通过一个 Sigmoid 激活函数转换成 0～1 的数值,作为一种门控状态;f_s、f_h 分别为内部状态和系统状态的激活函数,通常为 Tanh 函数。

长短期记忆网络内部主要有三个阶段:

(1) 忘记阶段。此阶段主要是通过 g^f 作为遗忘门控,对上一个时间步传进来的状态 $s^{(t-1)}$ 进行选择性忘记。

(2) 选择记忆阶段。此阶段主要是通过 g^i 作为输入门控,对输入 $X^{(t)}$ 进行选择性记忆。将以上两个阶段得到的结果相加,即可得到传输给下一个时间步的状态 s^t。

(3) 输出阶段。此阶段主要是通过 g^o 作为输出门控,控制当前时刻的内部状态 $s^{(t)}$ 有多少信息需要输出给外部状态 $h^{(t)}$。

长短期记忆网络通过门控来控制传输状态,记住需要长期记忆的信息,忘记不重要的信息,改善普通循环神经网络只会单纯进行记忆叠加的缺陷。但门控的引入也会导致参数变多,使得训练速度变慢,训练难度加大,因此很多时候需要使用参数更少但效果和长短期记忆网络相当的门控循环单元网络。

2. 门控循环单元网络

门控循环单元网络(Gated Recurrent Unit Networks,GRU)是长短期记忆网络的改进,其通过略去长短期记忆网络中贡献较小的门控和其对应的权重,来简化神经网络的网络结构,减少参数,以提升学习效率,解决循环神经网络中的梯度爆炸和梯度消失等问题。门控循环单元网络的循环单元仅包含两个门控,分别是复位门和更新门,其中复位门相当于长短期记忆网络单元的输入门,更新门则相当于遗忘门和输出门,能够保存长期序列中的信息,且不会随时间而被清除或因为与预测不相关而被移除。其具体的单元结构如图 11-4 所示。

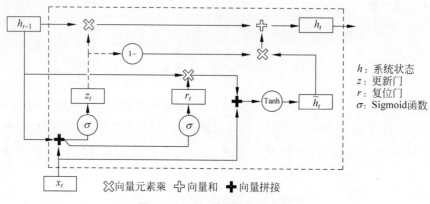

图 11-4 GRU 的循环单元结构

门控循环单元网络的更新方式如式(11-20)~式(11-22)所示。

$$h^{(t)} = g_z^{(t-1)} h^{(t-1)} + (1 - g_z^{(t-1)}) f_h [w h^{(t-1)} + (u X^{(t)}) g_r^{(t)} + b] \quad (11\text{-}20)$$

$$g_z^{(t)} = \text{Sigmoid}(w_z h^{(t-1)} + u_z X^{(t)} + b_z) \quad (11\text{-}21)$$

$$g_r^{(t)} = \text{Sigmoid}(w_r h^{(t-1)} + u_r X^{(t)} + b_r) \quad (11\text{-}22)$$

其中,z、r 分别表示更新门和复位门;g 为随时间更新的门控,其通过一个 Sigmoid 激活函数转换成 0~1 的数值,作为一种门控状态;f_h 为内部系统状态的激活函数,通常为 Tanh 函数。

对比长短期记忆网络与门控循环单元网络的更新规则可以发现,门控循环单元网络的参数总量更小,且参数更新顺序与长短期记忆网络不同,门控循环单元网络先更新状态再更新门控,因此当前时间步的状态使用前一个时间步的门控参数,长短期记忆网络先更新门控,并使用当前时间步的门控参数更新状态。门控循环单元网络的两个门控不形成自循环,而是直接在系统状态间递归,因此其更新方程不包含内部状态。

长短期记忆网络和门控循环单元网络还有很多变体,包括在循环单元间共享更新门和复位门参数,以及对整个链式连接使用全局门控,但研究表明这些改进版本相比于标准算法未体现出明显优势,其可能原因是门控算法的表现主要取决于遗忘门,而上述变体和标准算法使用的机制与遗忘门相近。

11.3.2 深度算法

循环神经网络的"深度"包含两个层面,即序列演进方向的深度和每个时间步上输入与输出间的深度。对前者,循环神经网络的深度取决于其输入序列的长度,因此在处理长序列时可以被认为是直接的深度网络;对后者,循环神经网络的深度取决于其链式连接的数量,单链的循环神经网络可以被认为是"单层"的。常见的使用深度算法的循环神经网络模型包括堆叠循环神经网络和双向循环神经网络。

1. 堆叠循环神经网络

堆叠循环神经网络(Stacked Recurrent Neural Network,SRNN)能够以多种方式由单层加深至多层,其中最常见的策略是使用堆叠的循环单元。参与构建堆叠的循环神经网络可以是简单循环神经网络或使用了门控算法的循环神经网络。使用简单循环神经网络构建的堆叠循环神经网络也被称为循环多层感知器(Recurrent Multi-Layer Perceptron,RMLP),是1991年被提出的深度循环神经网络。堆叠循环神经网络是在全连接的单层循环神经网络的基础上堆叠形成的深度神经网络。堆叠循环神经网络内循环单元的状态更新使用了其前一层相同时间步的状态和当前层前一时间步的状态。堆叠循环神经网络的更新方式如式(11-23)~式(11-25)所示。

$$h^{(t)[1]} = f(u^{[1]}h^{(t-1)[1]} + w^{[0]}X^{(t)[l-1]} + b^{[l-1]}) \tag{11-23}$$

$$h^{(t)[l]} = f(u^{[l]}h^{(t-1)[l]} + w^{[l-1]}h^{(t)[l-1]} + b^{[l-1]}) \tag{11-24}$$

...

$$o^{(t)} = vh^{(t)[L]} + c, \quad l \in \{1, 2, \cdots, L\} \tag{11-25}$$

其中,上标(t)、$[l]$分别表示时间步和层数;v、c是权重系数。

2. 双向循环神经网络

循环神经网络和长短期记忆网络都只能依据之前时刻的时序信息来预测下一时刻的输出,但在某些问题中,当前时刻的输出不仅和上一时刻的状态有关,还可能和下一时刻的状态有关系。比如预测一句话中缺失的单词不仅需要根据前文来判断,还需要考虑它后面的内容,真正做到基于上下文判断。因此,为解决这种不确定性,我们需要同时结合前后文来看,这就是双向循环神经网络的基本思想。

双向循环神经网络是至少包含两层的深度循环神经网络。双向循环神经网络中的循环模块可以是常规的循环神经网络、长短期记忆网络或门控循环网络。双向循环神经网络的结构和连接中有两种类型的联系,一种是向前的时间联系,这有助于从以前的表述中学习;另一种是向后的时间联系,这有助于从未来的表述中学习。双向循环神经网络的两个链式按相反的方向递归,输出的状态会在矩阵拼接后通过输出结点,其更新方式如式(11-26)~式(11-28)所示。

$$h^{(t)[1]} = f(u^{[1]}h^{(t-1)[1]} + w^{[1]}X^{(t)} + b^{[1]}) \qquad (11\text{-}26)$$
$$h^{(t)[2]} = f(u^{[2]}h^{(t+1)[2]} + w^{[2]}X^{(t)} + b^{[2]}) \qquad (11\text{-}27)$$
$$o^{(t)} = v(h^{(t)[1]} \oplus h^{(t)[2]}) + c \qquad (11\text{-}28)$$

其中，⊕表示矩阵拼接。

11.4 循环神经网络的应用

　　循环神经网络是一种用于处理和预测序列数据的深度学习模型，被广泛应用于多个领域中。例如在语音识别领域中被用于端到端建模，比如听音识别歌曲、社交软件常用的语音转文字等。在自然语言处理领域中被用于实现文本序列的分类和翻译，比如识别自然语言文本中的实体、分析用户评论数据进行情感分析等。在计算生物学领域中被用来分析各类包含生物信息的序列数据，比如识别 DNA 序列中的分割外显子和内含子的断裂基因、通过 RNA 序列识别小分子 RNA、使用蛋白质序列进行蛋白质亚细胞定位预测等。在地球科学领域中被用于建模和预测时间序列变量，比如构建水文模型对土壤湿度进行模拟、将地面遥感数据作为输入进行单点降水的临近预报等。由于文本数据是典型的序列数据，因此循环神经网络及其改进模型(如 LSTM、GRU 等)在自然语言处理领域中的应用更加广泛。下面以文本分类为例，详细介绍循环神经网络在自然语言处理中的应用。

　　基于循环神经网络的文本分类模型 TextRNN 如图 11-5 所示，当输入为序列信息时，循环神经网络会保留文本的顺序信息，自动选择特征进行分类，其主要过程是按照文本的单词顺序，在循环神经网络的每一个时间步长上输入文本中与之对应的单词的词向量，并计算当前时间步长上的隐藏状态，然后和下一个单词的词向量一起作为 RNN 单元的输入，计算下一个时间步长上 RNN 的隐藏状态，重复这个过程，直到处理完输入文本中的每一个单词。

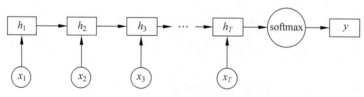

图 11-5　基于单向 RNN 的文本分类

　　但是由于传统的 RNN 存在梯度消失、梯度爆炸等问题，不擅长处理长文本分类任务，因此常采用能够更好地利用上下文特征信息的双向 LSTM(Bi-directional LSTM)实现文本分类任务，结构如图 11-6 所示。首先将输入到模型中的数据通过 embedding 层实现词嵌入，得到对应的固定维度的词向量，然后通过双向 LSTM 层提取句子向量的上下文信息，一般取前向 LSTM 和反向 LSTM 在最后一个时间步长上的隐藏状态进行拼接，最后输入到全连接层，并通过 softmax 层实现分类。

　　为了更好地理解双向 LSTM 的处理过程，以"我爱中国"这句话为例进行具体描述，过程如图 11-7 所示。其中前向 LSTM 单元用 LSTM_L 表示，反向 LSTM 单元用 LSTM_R 表示。依次向前向 LSTM 输入"我""爱""中国"，分别得到向量$\{\boldsymbol{h}_{L0}, \boldsymbol{h}_{L1}, \boldsymbol{h}_{L2}\}$；依次向后向

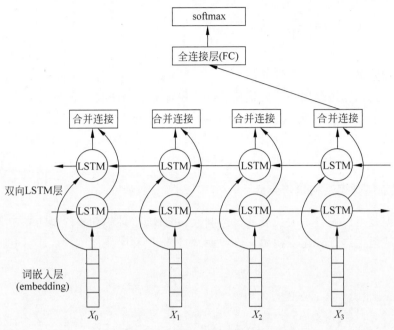

图 11-6 基于双向 LSTM 的文本分类

LSTM 输入"中国""爱""我"分别得到向量 $\{h_{R0}, h_{R1}, h_{R2}\}$，然后将最后得到的向量 h_{L2} 和 h_{R2} 进行拼接得到向量 h_c 作为全连接层的输入。

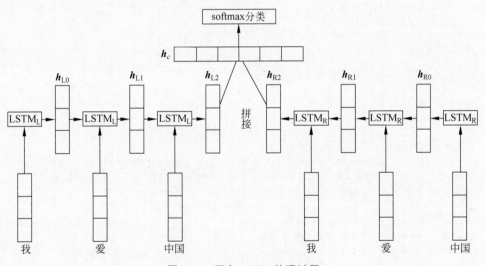

图 11-7 双向 LSTM 处理过程

目前，循环神经网络在文本分类任务中被广泛使用，在自然语言处理领域中具有重要意义，其中典型的 TextRNN 模型也常用于多任务的多标签文本分类中，并且研究人员通过改变 TextRNN 模型的结构来提升文本分类任务的性能，比如把 LSTM 单元换成 GRU 单元、引入注意力机制等。

11.5 本章实践

二进制加法采用从右到左计算的方式,其试图通过两个加数,去预测和的结果。如果让神经网络遍历这个二进制序列并且记住其某一位计算是否进位,这样网络就能进行正确的预测。利用 RNN 实现,就相当于有两个在每个时间步数上的输入(1 或者 0 加到每个数字的开头),这两个输入将会传播到隐藏层,隐藏层会记住是否有进位。预测值会考虑所有的信息,然后去预测每个位置(时间步数)正确的值。

1. 生成训练数据及初始化变量

训练数据是可以设置最大长度的二进制数,并且为了理解和查验是否正确,可以在实数与二进制的映射中进行转化。初始化学习率、输入输出和隐藏层维度大小,同时初始化每层的权值矩阵。

```python
# 训练数据生成
int2binary = {}
binary_dim = 8

largest_number = pow(2, binary_dim)
binary = np.unpackbits(
    np.array([range(largest_number)], dtype=np.uint8).T, axis=1)
for i in range(largest_number):
    int2binary[i] = binary[i]

# 初始化一些变量
alpha = 0.1                 # 学习率
input_dim = 2               # 输入的大小
hidden_dim = 8              # 隐藏层的大小
output_dim = 1              # 输出层的大小

# 随机初始化权重
synapse_0 = 2 * np.random.random((hidden_dim, input_dim)) - 1    # (8, 2)
synapse_1 = 2 * np.random.random((output_dim, hidden_dim)) - 1   # (1, 8)
synapse_h = 2 * np.random.random((hidden_dim, hidden_dim)) - 1   # (8, 8)

synapse_0_update = np.zeros_like(synapse_0)    # (8, 2)
synapse_1_update = np.zeros_like(synapse_1)    # (1, 8)
synapse_h_update = np.zeros_like(synapse_h)    # (8, 8)
```

2. 训练

训练时首先设置最大迭代次数,其次将两个输入数据转换成二进制,利用十进制加法记录正确答案。

```python
for j in range(10000):
    # 计算一个简单的加法(a + b = c)
```

```python
a_int = np.random.randint(largest_number / 2)        # int version
a = int2binary[a_int]                                # binary encoding

b_int = np.random.randint(largest_number / 2)        # int version
b = int2binary[b_int]                                # binary encoding

# 正确答案
c_int = a_int + b_int
c = int2binary[c_int]

# 待存放预测值
d = np.zeros_like(c)

overallError = 0

layer_2_deltas = list()                              # 输出层误差
layer_1_values = list()                              # 第一层的值(隐藏状态)
# 第一个隐藏状态需要 0 作为它的上一个隐藏状态
layer_1_values.append(np.zeros(hidden_dim))
```

然后进行 RNN 的前向传播, 每一步实际上就是二进制每位的计算: 首先从输入层传播到隐藏层(np.dot(X, synapse_0))。其次, 从之前的隐藏层传播到现在的隐藏层(np.dot(prev_layer_1, synapse_h))。layer_1_values[-1]就是取了最后一个存进去的隐藏层, 也就是之前的那个隐藏层。然后把两个向量加起来, 再通过 Sigmoid 函数进行计算。

为了结合之前的隐藏层信息与现在的输入, 把每个被变量矩阵传播过以后的信息加起来。

```python
# 前向传播: 在二进制编码中沿着位置移动
    for position in range(binary_dim):
        # 生成输入和输出
        X = np.array([[a[binary_dim - position - 1], b[binary_dim - position - 1]]])
        y = np.array([[c[binary_dim - position - 1]]]).T

        # hidden layer (input ~ + prev_hidden)
        layer_1 = sigmoid(np.dot(X, synapse_0) + np.dot(layer_1_values[-1], synapse_h))

        # output layer (new binary representation)
        layer_2 = sigmoid(np.dot(layer_1, synapse_1))

        # 计算预测误差(预测值与真实值的差)
        layer_2_error = y - layer_2
        layer_2_deltas.append((layer_2_error) * sigmoid_output_to_derivative(layer_2))
        overallError += np.abs(layer_2_error[0])
        d[binary_dim - position - 1] = np.round(layer_2[0][0])

        # 复制 layer_1 的值, 下次使用
        layer_1_values.append(copy.deepcopy(layer_1))

    future_layer_1_delta = np.zeros(hidden_dim)
```

截至目前，已完成所有的正向传播，得到输出层的导数，并将其存入列表。接下来进行反向传播，从最后一个时间点开始，持续反向到第一个时间点。

```python
for position in range(binary_dim):
    X = np.array([[a[position], b[position]]])
    layer_1 = layer_1_values[-position - 1]
    prev_layer_1 = layer_1_values[-position - 2]

    # 从列表中取出当前输出层的误差
    layer_2_delta = layer_2_deltas[-position - 1]
    # 计算当前隐藏层的误差
    layer_1_delta = (future_layer_1_delta.dot(synapse_h.T) + \
                    layer_2_delta.dot(synapse_1.T)) * sigmoid_output_to_derivative(layer_1)
    # 生成权值更新的量(但是还没真正的更新权值)
    synapse_1_update += np.atleast_2d(layer_1).T.dot(layer_2_delta)
    synapse_h_update += np.atleast_2d(prev_layer_1).T.dot(layer_1_delta)
    synapse_0_update += X.T.dot(layer_1_delta)

    future_layer_1_delta = layer_1_delta
# 完成反向传播，更新权值
synapse_0 += synapse_0_update * alpha
synapse_1 += synapse_1_update * alpha
synapse_h += synapse_h_update * alpha
# 别忘了重置 update 变量
synapse_0_update *= 0
synapse_1_update *= 0
synapse_h_update *= 0
```

3. 输出中间计算过程与效果

```python
if (j % 1000 == 0):
    print("Error:" + str(overallError))
    print("Pred:" + str(d))
    print("True:" + str(c))
    out = 0
    for index, x in enumerate(reversed(d)):
        out += x * pow(2, index)
    print(str(a_int) + " + " + str(b_int) + " = " + str(out))
    print("------------")
```

输出结果如图 11-8 和图 11-9 所示。可以看出中间结果还是错误的，但随着不断训练，误差逐渐变小，最终结果是正确的。

同时，我们也可以通过图 11-10 的流程图来进一步了解 RNN 实现二进制加法的具体步骤。

本节实现的只是简单的 RNN，除此之外，RNN 也有许多改进，大家可以尝试实现 LSTM 等 RNN 的改进神经网络模型。

```
Error:[3.63389116]              Error:[1.42589952]
Pred:[1 1 1 1 1 1 1 1]          Pred:[1 0 0 0 0 0 0 1]
True:[0 0 1 1 1 1 1 1]          True:[1 0 0 0 0 0 0 1]
28 + 35 = 255                   4 + 125 = 129
------------                    ------------
Error:[3.91366595]              Error:[0.47477457]
Pred:[0 1 0 0 1 0 0 0]          Pred:[0 0 1 1 1 0 0 0]
True:[1 0 1 0 0 0 0 0]          True:[0 0 1 1 1 0 0 0]
116 + 44 = 72                   39 + 17 = 56
------------                    ------------
Error:[3.72191702]              Error:[0.21595037]
Pred:[1 1 0 1 1 1 1 1]          Pred:[0 0 0 0 1 1 1 0]
True:[0 1 0 0 1 1 0 1]          True:[0 0 0 0 1 1 1 0]
4 + 73 = 223                    11 + 3 = 14
```

图 11-8 中间训练结果　　　　　　　图 11-9 最后训练结果

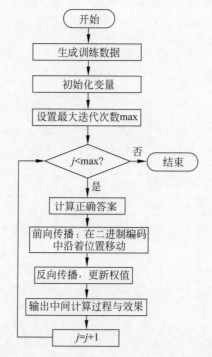

图 11-10 RNN 实现二进制加法程序流程图

11.6 习题

1. 试述循环神经网络的优缺点。
2. 梯度消失和爆炸的原因有哪些？
3. RNN 的应用有哪些？
4. RNN 的变种结构有哪些？它们通常用于哪些领域？
5. 请绘制出 RNN 的结构图，并根据结构图用公式表达出在 t 时刻隐藏层神经元状态，输出，以及最终模型的输出。

(用 x_t 表示输入,s_t 表示隐藏层神经元,o_t 表示输出,y_t^{hat} 是对 o_t 进行 softmax 计算后得到的预测值,U 是输入层到隐藏层的权重,W 是上一时刻隐藏层到当前时刻隐藏层的权重,V 是隐藏层到输出层的权重。)

6. 关于循环神经网络,以下说法错误的是(　　)。

    A. 循环神经网络可以根据时间轴展开

    B. LSTM 无法解决梯度消失的问题

    C. LSTM 也是一种循环神经网络

    D. 循环神经网络可以简写为 RNN

7. 判断对错。

(1) 深层循环网络能有效抽取更高层更抽象的信息,层数越深效果越好。　　(　　)

(2) 第 0 个循环单元的记忆细胞和循环单元的值不需要初始化。　　(　　)

8. 怎样把 CNN 和 RNN 结合起来对视频进行分类?请尝试实现 RNN。

第12章

生成式对抗网络

CHAPTER 12

生成式对抗网络(Generative Adversarial Network,GAN)作为一种典型的无监督学习的生成模型,自提出以来被广泛应用于多种领域,如图像生成、音乐生成、视频生成等。此外,它还可以提高图像质量、实现图像风格化或着色、面部生成以及其他数据生成任务。

下面将对生成式对抗网络进行详细的介绍。

12.1 生成式对抗网络概述

深度学习方法从模型训练的角度可分为监督学习、无监督学习和半监督学习三大类。生成式对抗网络作为一种无监督学习方法,最早由 Goodfellow 等于 2014 年提出,它的模型框架基于博弈论思想设计而成,主要包含两个模块:生成模型(generative model)和判别模型(discriminative model),其基本思想是通过生成模型和判别模型进行博弈,生成符合真实样本分布的数据。这种方法相比于传统的学习方法更能充分拟合数据且计算速度更快。自 Goodfellow 等提出生成式对抗网络之后,越来越多的科研工作者对 GAN 产生了兴趣,针对各自领域的特点对 GAN 模型进行了优化与改进,下面将对 GAN 的发展历程进行简要介绍。

2014 年,Mirza 等针对原始 GAN 模型不可控的问题提出了一种带有条件约束的 GAN 模型,即条件生成式对抗网络(Conditional Generative Adversarial Network,CGAN),该模型在生成模型和判别模型中引入了条件变量,通过将条件变量作为生成模型和判别模型输入层的一部分来进行调节,提高了模型的可控性。

2015 年,Radford 等在原始 GAN 的理论基础上首次将有监督的卷积神经网络和无监督的生成式对抗网络结合在一起,提出了一种用于处理图像的新模型,即深度卷积生成式对抗网络(Deep Convolutional Generative Adversarial Network,DCGAN),该模型使用卷积层代替全连接层,将 GAN 模型的生成模型和判别模型分别用 CNN 代替,在保证了生成图片的质量和多样性的同时,也证实了可以利用 GAN 模型从大量无标记的图像和视频数据集中学习良好的中间特征来处理图像类的任务(比如图像转换、图像生成等)的猜想。

2016 年,Perarnau 等将编码器和 CGAN 模型相结合,提出了可应用于图像编辑任务中的可逆 CGAN 模型。同年,Karacan 等利用反卷积神经网络和卷积神经网络设计出了新的 CGAN 模型,即属性-布局条件生成式对抗网络(Attribute-Layout Conditioned GAN,AL-CGAN)。Salimans 和 Goodfellow 针对 DCGAN 的训练过程提出了五种不同的增强方法,设计出了 Improved-DCGAN 模型,使得模型收敛能力相较于之前有所提高。Nowozin 等对 Nguyen 等提出的变散度估计框架进行了扩展,即将散度估计扩展到模型估计,设计了一种新的方法——变分发散最小化(Variable Dispersion Minimization,VDM)方法,并提出了 f-GAN 模型,证明了 GAN 模型的广泛应用性。

2017 年,Zhang 等在 CGAN 模型的基础上提出了 StackGAN(Stack Generative Adversarial Network,StackGAN)模型,该模型提高了生成样本的质量,被用于解决文本生成图像的问题。同年,Zhu 等提出了 CycleGAN 模型,该模型利用循环一致性损失函数(Cycle Consistency Loss)来解决图像到图像的迁移问题。Mao 等针对传统 GAN 模型生成的图片质量不高以及训练过程不稳定等问题提出了最小二乘生成式对抗网络(Least Squares Generative Adversarial Network,LSGAN)模型,保证了模型的收敛性和稳定性。Arjovsky 等针对 LSGAN 模型无法解决的散度距离测量问题提出了 WGAN(Wasserstein Generative Adversarial Networks),利用地球移动距离(Earth-Mover Distance,EMD)度量真实样本和生成样本之间的距离,解决了 GAN 模型训练不稳定、模式崩塌等问题。Gulrajani 等又针对 WGAN 模型为了满足 Lipschitz 连续性条件强行将权重剪切到一定范围使得出现梯度消失或者梯度爆炸等问题,在 WGAN 模型的基础上进行了改进,提出了 WGAN-GP 模型。在 WGAN-GP 的基础上,Mroueh 等再次进行改进,提出了 Fisher GAN(Fisher Generative Adversarial Networks,Fisher GAN)模型,该模型通过对判别器的二阶矩阵进行约束,使得模型训练更加稳定。

2018 年 5 月,Zhang 等提出将自注意力(self-attention)加入 GAN 模型中,提出了 SAGAN(Self-Attention Generative Adversarial Network),克服了传统 GAN 模型均在低分辨率特征图的空间局部点上生成高分辨率细节的缺陷。2018 年 9 月,Brock 等以 SAGAN 模型为原型提出了 BigGAN(Big Generative Adversarial Network),该模型使用截断(truncation trick)、正交正则化等技巧训练,提高了生成图像的逼真性和精细度,扩大了模型规模,主要用于生成超清晰图像。

2019 年,Zhang 等又针对 StackGAN 模型无法处理复杂文本的问题对该模型进行了改进,提出了 StackGAN++模型。

上述改进模型是近年来研究人员提出的较为经典的模型,其主要发展脉络如图 12-1 所示。由此可以看出生成式对抗网络的相关研究取得了快速的进展,研究人员针对模式崩塌、模型稳定性等问题进行了改进,部分改进后的模型在图像处理任务中也取得了诸多成果。

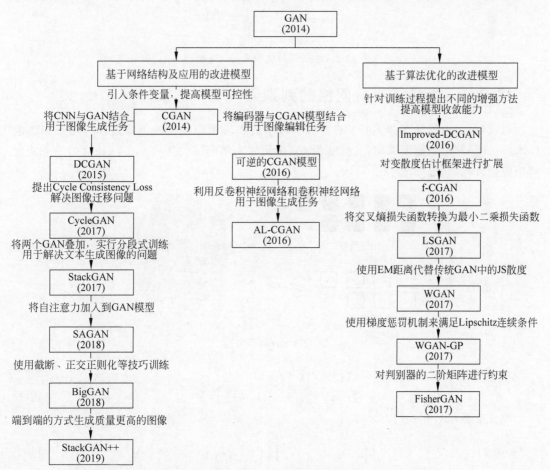

图 12-1　GAN 的发展脉络

12.2 生成式对抗网络的结构

生成式对抗网络自提出之后出现了多种改进版本,虽然随着模型的改进后续的模型变得越来越复杂,但其基本结构及计算流程与原始模型是相似的,下面将主要基于 2014 年 Goodfellow 提出的经典的生成式对抗网络基础模型进行详细的阐述。

生成式对抗网络在结构上由两部分构成,生成器 G 和判别器 D。生成器(生成模型)是给定某种隐含信息,来随机产生观测数据,对观测值和标注数据计算联合概率分布 $P(x,y)$ 来达到判定估算 y 的目的。判别器(判别模型)通过求解条件概率分布 $P(y|x)$ 或者直接计算 y 的值来预测 y。

生成器 G 接受隐变量 z 作为输入,参数为 θ。判别器 D 的输入为样本数据 x 或是生成样本 $\hat{x}:=G(z)$,参数是 Φ。生成式对抗网络的网络结构如图 12-2 所示。

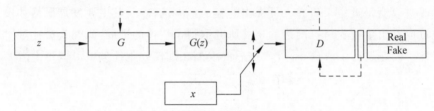

图 12-2　生成式对抗网络的网络结构

12.2.1 生成式对抗网络的判别器

训练判别器,就是在做类似于有监督学习中的逻辑回归模型的训练过程。用于训练的样本包括两部分,原始训练集(其标签为 1)、生成样本集(其标签为 0),使用极大似然方法便可以得到目标函数,如图 12-3 所示。

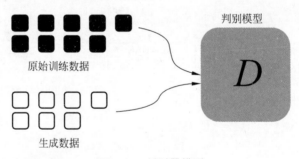

图 12-3　判别器模型

对于任意样本 x,其似然函数如式(12-1)所示。

$$[D_W(x)]^y [1-D_W(x)]^{(1-y)} \tag{12-1}$$

则总似然函数如式(12-2)所示。

$$\prod_{i=1}^{n_1} [D_W(x_{\text{data}}^i)] \prod_{j=1}^{n_2} [1-D_W(x_g^j)] \tag{12-2}$$

取对数如式(12-3)所示。

$$
\begin{aligned}
&\log \prod_{i=1}^{n_1} [D_W(x_{\text{data}}^i)] \prod_{j=1}^{n_2} [1 - D_W(x_g^j)] \\
&= \sum_{i=1}^{n_1} \log D_W(x_{\text{data}}^i) + \sum_{j=1}^{n_2} \log[1 - D_W(x_g^j)]
\end{aligned} \tag{12-3}
$$

将总似然函数最大化即可得到目标函数,如式(12-4)所示。

$$
\begin{aligned}
&\max_w \left\{ \sum_{i=1}^{n_1} \log D_W(x_{\text{data}}^i) + \sum_{j=1}^{n_2} \log[1 - D_W(x_g^j)] \right\} \\
&\Leftrightarrow \max_w E_{x\sim p_{\text{data}}} [\log D_W(x)] + E_{x_g} [1 - \log D_W(x)]
\end{aligned} \tag{12-4}
$$

12.2.2 生成式对抗网络的生成器

原始生成式对抗网络的生成器是全连接网络,通过判别器传来的误差不断地进行参数优化,使产生的样本尽量接近真实样本,从而让判别器难以分辨,如图 12-4 所示。

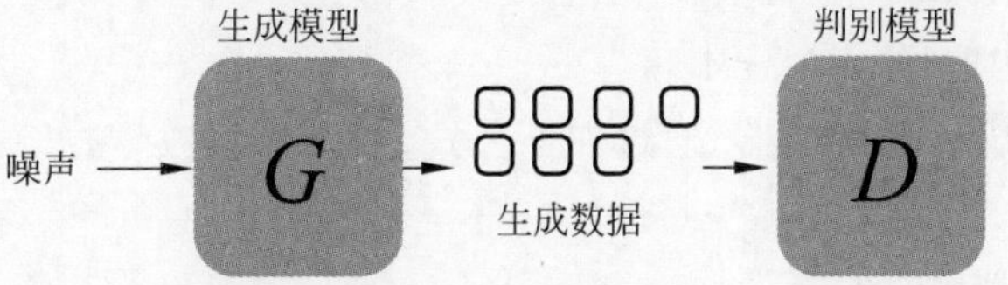

图 12-4　生成器模型

因为生成式对抗网络的判别器与生成器同步进行优化,所以此处以判别器最优的时刻为基础介绍生成器的目标函数,如式(12-5)所示。

$$
\begin{aligned}
&\min_w E_{x\sim p_{\text{data}}} \log[D^*(x)] + E_{z\sim p_z} \log[1 - D^*(G_w(Z))] \\
&= \min E_{x\sim p_{\text{data}}} \log[D^*(x)] + E_{z\sim p_g} \log[1 - D^*(x)] \\
&= \min E_{x\sim p_{\text{data}}} \left[\log \frac{p_{\text{data}}(x)}{\frac{p_{\text{data}}(x) + p_g(x)}{2}} \right] - \log 4 + E_{x\sim p_g} \left[\log \frac{p_g(x)}{\frac{p_{\text{data}}(x) + p_g(x)}{2}} \right] \\
&= \min D_{\text{KL}}\left(p_{\text{data}}(x) \parallel \frac{p_{\text{data}}(x) + p_g(x)}{2} \right) - \log 4 + D_{\text{KL}}\left(p_g(x) \parallel \frac{p_{\text{data}}(x) + p_g(x)}{2} \right) \\
&= \min 2D_{\text{JS}}(p_{\text{data}}(x) \parallel p_g(x)) - \log 4
\end{aligned} \tag{12-5}
$$

KL 散度又称为相对熵、信息散度、信息增益。KL 散度是两个概率分布 P 和 Q 差别的非对称性度量。KL 散度是用来度量使用基于 Q 的编码去编码来自 P 的样本平均所需的额外的位元数。典型情况下,P 表示数据的真实分布,Q 表示数据的理论分布、模型分布或 P 的近似分布,KL 散度不是对称的。

JS 散度度量了两个概率分布的相似度,是基于 KL 散度的变体,解决了 KL 散度非对称的问题。一般地,JS 散度是对称的,其取值为 0～1。

指导生成器进行训练的是隐式定义的分布和数据集真实分布的 JS 散度。当两个分布完全重合时,生成器的目标函数值达到最小 $-\log 4$,且此时的判别器也为最优,对任意输入,

均给出 $D(x)=0.5$。理论上可以证明,只要有足够的精度,模型一定能收敛到最优解。

12.2.3 生成式对抗网络的运行流程

由前文可知,生成式对抗网络的结构主要由两部分组成:生成器和判别器。根据生成式对抗网络的定义,其实际上是在完成这样一个优化任务:

$$\min_G \max_D V(D,G) = E_{P_{\text{data}}}(x)[\log D(x)] + E_{P_z}(z)[\log(1-D(G(z)))] \quad (12\text{-}6)$$

其中,G 表示生成器;D 表示判别器;V 是定义的目标函数,其数值越大代表性能越好;$P_{\text{data}}(x)$ 表示真实的数据分布;$P_z(z)$ 表示生成器的输入数据分布;E 表示期望。

在实际训练中,生成式对抗网络使用梯度下降法,对生成器和判别器做交替优化,具体步骤如下:

(1) 初始化生成器的训练参数 θ_g 与判别器的训练参数 θ_d;

(2) 在每轮训练迭代中,分别对判别器和生成器进行处理:

a. 训练判别器 D:

① 从数据库中取样 m 个实例 $\{x^1, x^2, \cdots, x^m\}$;

② 从某种分布中取样 m 个样本 $\{z^1, z^2, \cdots, z^m\}$;

③ 将 m 个样本输入到生成器,通过如下公式,生成数据 $\{\tilde{x}^1, \tilde{x}^2, \cdots, \tilde{x}^m\}$;

$$\tilde{x}^i = G(\tilde{z}^i), \quad i=1,2,\cdots,m \quad (12\text{-}7)$$

④ 通过以下公式更新 θ_d:

$$\tilde{V}(\theta_d) = \frac{1}{m}\sum_{i=1}^m \log D(x^i) + \frac{1}{m}\sum_{i=1}^m \log(1-D(\tilde{x}^i)) \quad (12\text{-}8)$$

$$\theta_d \leftarrow \theta_d + \eta \nabla \tilde{V}(\theta_d) \quad (12\text{-}9)$$

其中,η 表示学习率;$\nabla \tilde{V}(\theta_d)$ 表示 $\tilde{V}(\theta_d)$ 的梯度。

b. 训练生成器 G:

① 从某种分布中取样 m 个样本 $\{z^1, z^2, \cdots, z^m\}$;

② 通过以下公式更新 θ_g:

$$\tilde{V}(\theta_g) = \frac{1}{m}\sum_{i=1}^m \log(D(G(z^i))) \quad (12\text{-}10)$$

$$\theta_g \leftarrow \theta_g + \eta \nabla \tilde{V}(\theta_g) \quad (12\text{-}11)$$

其中,$\nabla \tilde{V}(\theta_g)$ 表示 $\tilde{V}(\theta_g)$ 的梯度。

12.3 改进的生成式对抗网络

生成式对抗网络可以学习真实数据的本质特征,可以用于在没有目标类标签信息的情况下捕捉数据的高阶相关性,从而刻画出数据的分布特征,生成与训练样本相似的新数据。生成式对抗网络可以发现并有效内化数据的本质,因此网络可以通过远远小于训练数据数量的参数生成数据。

12.3.1 生成式对抗网络的优势与缺陷

生成式对抗网络自 2014 年提出以来成了学术界的一个研究热点,基于生成式对抗网络思想设计的模型被应用于多个领域中,并取得了出色的成果。但是从任务的角度看,生成式对抗网络能处理的任务,都是传统深度神经网络能处理的任务,其相对于其他生成式模型的优势主要有以下几点:

(1) 生成式对抗网络的生成模型参数更新时不受样本数据的直接影响,而是使用来自判别器反向传播的误差进行更新。

(2) 生成式对抗网络不需要设计遵循任何种类的因式分解的模型,任何生成器和鉴别器都可以正常使用。

(3) 生成式对抗网络相比于玻耳兹曼机等生成模型,不需要利用马尔可夫链反复采样,不需要在学习过程中进行推断,回避了棘手的近似计算概率难题。

相对于其他深度神经网络,生成式对抗网络虽然在样本生成方面优势明显,但是其自身也存在着以下缺陷:

(1) 生成式对抗网络很难学习离散数据的特征分布,如文本类数据。

(2) 生成式对抗网络的训练过程不稳定,生成器和判别器真正达到纳什均衡较为困难。

(3) 生成式对抗网络的优化目标是一个极小极大(min max)问题,即 $\min\limits_{G}\max\limits_{D} V(G,D)$,也就是说,优化生成器时,最小化的是 $\max\limits_{D} V(G,D)$。由于要通过迭代保证 $V(G,D)$ 最大化,就需要迭代多次,导致训练时间较长。如果只迭代一次判别器,然后迭代一次生成器,不断循环迭代,原先的极小极大问题,就容易变成极大极小(max min)问题,可二者是不一样的,即式(12-12)

$$\min\limits_{G}\max\limits_{D} V(G,D) \neq \min\limits_{D}\max\limits_{G} V(G,D) \tag{12-12}$$

如果变化为极小极大问题,那么迭代过程就是生成器先生成一些样本,然后判别器给出错误的判别结果并惩罚生成器,于是生成器调整生成的概率分布。这将导致生成器只生成一些简单的、重复的样本,即缺乏多样性,也称模式崩塌。解决此类问题的优化方法将在12.3.2 节介绍。

12.3.2 生成式对抗网络的问题分析及改进

1. 针对训练不稳定的优化

生成式对抗网络的训练过程主要由两部分组成:一是训练判别器使其判别准确;二是训练生成器使其生成的数据更接近真实样本。但是当生成式对抗网络的判别器训练的比较好时,生成器的训练可以看作是计算真实数据概率分布 p_r 和生成数据概率分布 p_g 之间的 JS 散度。JS 散度可以衡量两个概率分布之间的相似程度,即优化生成器的 JS 散度可以看作生成数据的概率分布 p_g 逐渐拉近真实数据概率分布 p_r。

优化两个概率分布的 JS 散度的前提是两个概率分布有重叠部分,对此更直观的理解是两个概率分布之间有相似之处。但是当两个概率分布之间完全不相关时,两个概率分布之间的 JS 散度是常数 log2,基于梯度方法对生成器的参数进行更新时,此时的梯度是 0,即生成器出现梯度消失的问题。在生成式对抗网络中真实数据概率分布 p_r 和生成数据概率分布 p_g 之间不重叠或重叠部分可以忽略的可能性非常大。

为了解决这个问题，WGAN 提出了一种全新的距离度量方式——地球移动距离（Earth-Mover Distance，EM），也称 Wasserstein 距离。WGAN 通过用 Wasserstein 距离替代 JS 散度来优化训练的生成式对抗网络，Wasserstein 距离具体定义如式(12-13)：

$$W(p_{\text{data}}, p_g) = \inf_{\gamma \in \Pi(p_{\text{data}}, p_g)} E_{(x,y) \in \gamma}[\|x - y\|] \tag{12-13}$$

$\Pi(p_{\text{data}}, p_g)$ 表示一组联合分布，这组联合分布里的任一分布 γ 的边缘分布均为 $p_{\text{data}}(x)$ 和 $p_g(x)$。概率分布函数可以理解为随机变量在每一点的质量，所以 $W(p_{\text{data}}, p_g)$ 则表示把概率分布 $p_{\text{data}}(x)$ 搬到 $p_g(x)$ 需要的最小工作量。

Wasserstein 距离相比 KL 散度、JS 散度的优越性在于，即便两个分布没有重叠，Wasserstein 距离仍然能够反映它们的远近。采用 Wasserstein 距离的 GAN 神经网络将原始判别器计算真假的二分类任务，改变为拟合 Wasserstein 距离的回归任务。WGAN 也可以用最优传输理论来解释，WGAN 的生成器等价于求解最优传输映射，判别器等价于计算 Wasserstein 距离，即最优传输总代价。

WGAN 神经网络相对于原始的 GAN 神经网络在模型结构上只是改变了四点：

(1) 判别器最后一层去掉 Sigmoid 激活函数。
(2) 生成器和判别器计算 loss 时不取对数。
(3) 每次更新判别器的参数之后将其绝对值截断到一个固定常数以下。
(4) 尽量不使用基于动量的优化算法更新模型参数。

2. 生成样本单一问题的解决方案

1) 通过改进目标函数优化模型

为了解决前文中提到的由于优化 max min 导致模式不稳定的问题，UnrolledGAN 采用修改生成器损失函数来解决。具体而言，UnrolledGAN 在更新生成器时更新 k 次生成器，参考的损失函数不是某一次的损失函数，是判别器后面 k 次迭代的损失函数。判别器后面 k 次迭代不更新自己的参数，只计算损失函数用于更新生成器。这种方式使得生成器考虑到了后面 k 次判别器的变化情况，避免在不同模式之间切换导致的模式崩塌问题。这与迭代 k 次生成器，然后迭代一次判别器的更新方式不同。

面对同样的问题，DRAGAN 则引入博弈论中的无后悔算法，改造其损失函数以解决模式崩塌问题。DRAGAN 认为，目前广泛使用的生成式对抗网络的训练过程（G 和 D 交替使用 SGD 优化），并不能保证每一步的生成器 G 和判别器 D 都达到最优。而生成式对抗网络和 WGAN 证明其收敛性的一个重要前提是：对于所有的 G，判别器达到最优，即 $D^* = \arg\max_D V(G, D)$。显然，这个前提与实际训练过程是相悖的：在实际训练中，往往采用 D 和 G 交替优化的策略，并不能保证在优化 G 时 D 已经达到最优。

为此，DRAGAN 试图从另一角度解释生成式对抗网络的合理性。DRAGAN 把生成式对抗网络的训练过程看作是遗憾最小化（regret minimization）的方式。遗憾最小化就是每一步博弈双方都贪心地向自己的局部最优靠拢。

DRAGAN 的形式如式(12-14)和式(12-15)所示。

$$L_D = -E_{x \sim p_r}[\log D(x)] - E_{z \sim p_z}[\log(1 - D(G(z)))] +$$
$$\lambda E_{x \sim p_r, \sigma \sim N(0, cI)}[\| \nabla_x D(x+\sigma) \| - K]^2 \tag{12-14}$$
$$L_G = E_{z \sim p_z^*}[\log(1 - D(G(z)))] \tag{12-15}$$

2) 通过改进网络结构优化模型

为了解决模式崩塌问题,MAD-GAN(Multi Agent Diverse GAN)采用多个生成器和一个判别器,以保障样本生成的多样性。具体结构如图 12-5 所示。

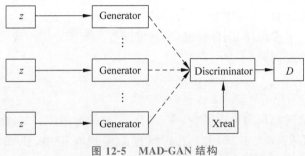

图 12-5　MAD-GAN 结构

相比于普通生成式对抗网络,MAD-GAN 生成器个数增加,且在损失函数设计时,加入一个正则项。正则项使用余弦距离惩罚三个生成器生成样本的一致性。

MRGAN 则添加了一个判别器来惩罚生成样本的模式崩塌问题。具体结构如图 12-6 所示。

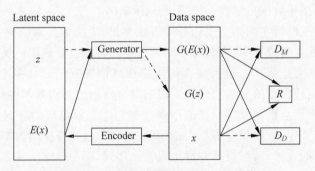

图 12-6　添加判别器的 MAD-GAN 结构

输入样本 x 通过一个 Encoder 编码为隐变量 $E(x)$,然后隐变量被 Generator 重构,训练时,损失函数有三个。D_M 和 R(重构误差)用于指导生成真实的样本。而 D_D 则对 $E(x)$ 和 z 生成的样本进行判别,显然二者的生成样本都是假样本,所以这个判别器主要用于判断生成的样本是否具有多样性,即是否出现模式崩塌。

3) 通过 Mini-batch Discrimination 方法优化模型

Mini-batch Discrimination 方法是在判别器的中间层建立一个 mini-batch 层,用于计算基于 L1 距离的样本统计量,通过建立该统计量去判别一个块内某个样本与其他样本的接近程度。这个信息可以被判别器利用,从而甄别出输入样本中缺乏多样性的样本。判别器对生成器缺乏多样性的样本进行惩罚,使其生成具有多样性的样本。

12.4 生成式对抗网络的应用

由于生成式对抗网络是一种生成模型,提供了一种具有创新性的数据生成方式,比传统生成模型所生成的数据质量显著提升,因此生成式对抗网络最直接且最广泛的应用就是数据生成,这些数据可以是图片、文本、音乐、视频等。生成式对抗网络可以凭借内部对抗训练机制解决传统机器学习数据不足的问题或者应用于强化学习中提高强化学习的学习效率。由此看来,生成式对抗网络的应用非常广泛,可以用于图像生成、文本生成、音频生成、视频预测、图像超分辨率、图像翻译、图像修复、新药发现等。下面介绍生成式对抗网络的几个经典应用场景以及具体实例。

1. 数据生成

由于生成式对抗网络作为生成模型,可以生成高质量的图像,并且在图像生成任务中被广泛使用,因此基于生成式对抗网络生成图像的模型有很多,比如 BigGAN、WGAN、WGAN-GP 等模型。基于图像生成任务的应用有很多,比如图像合成、利用文本描述生成图像、利用图像生成图像等。但是生成式对抗网络并不是单纯地复现真实数据,而是具备一定的数据内插和外插作用,因此也可以用于数据增强,为模型优化提供大量数据。比如利用生成式对抗网络生成一张图像,而生成式对抗网络生成图像的某些细节会和原图像有差别,使得一张图像就可以生成很多张不同的图像。与经过剪切、旋转生成的图像相比,使用生成式对抗网络生成的图像数据更加符合模型训练的需要。

虽然生成式对抗网络在图像生成任务中表现突出,大多数生成式对抗网络研究也侧重于图像数据,但是其在生成文本、音频等非图像数据的研究也受到广泛关注。在生成文本方面,SeqGAN 模型是将生成式对抗网络应用于生成离散数据的经典模型,借鉴了强化学习的方法,从整体上看该模型的架构和传统生成式对抗网络的架构基本一样,唯一的区别就是数据上的差异,判别器会根据真实世界的序列数据和生成器生成的序列数据进行训练。在生成音频方面,GANSynth 模型是谷歌大脑团队 Jesse Engel 等提出的用于生成高保真音乐的生成式对抗网络的变体,其特点是并行生成整个序列,而非顺序生成音频。该模型的音频生成速度相比于其他的语音生成模型(比如 WaveNet)有了显著的提升,同时可以控制音高、音色和音质。但值得注意的是,虽然生成式对抗网络可以处理文本、音频等序列数据,并应用于音乐生成、古诗词生成等场景中,但仍然面临困难,需要进一步研究。

2. 图像超分辨率

图像超分辨率是指将一张低分辨率的模糊图像或者图像序列进行某种变换,得到一张具有丰富细节的高分辨率的清晰图像,该任务一直是计算机视觉领域的研究热点。

一般在图像分辨率降低的过程中丢失的高频细节很难恢复,但是在某种程度上生成式对抗网络也可以学习到高分辨率图像的分布,从而生成较高质量的高分辨率图像。SRGAN 模型是生成式对抗网络应用于图像超分辨率任务中的典型模型,它基于相似性感知方法提出了一种新的损失函数(损失感知函数),有效解决了恢复后图像丢失高频细节的问题,提升了超分辨率之后的图像细节信息(比如纹理更加明显)。该模型从特征上定义损失项,将生成器生成的样本和真实样本分别输入 VGG-19 网络进行特征提取,然后根据得到的特征图的差异来定义损失项,最后将对抗损失、图像平滑项(生成图像的整体方差)和特征图差异这三个损失项作为模型的损失函数,取得了不错的效果。

图像超分辨率任务的应用场景有很多,比如可以通过图像超分辨率技术将低分辨率的老照片在一台高清显示器上播放,解决低分辨率照片和高分辨率显示设备之间的不匹配问题,提升视觉效果。此外,它还在数字成像技术、视频监控技术、深空卫星遥感技术、目标识别分析技术和医学成像分析技术等方面有所应用,具有广泛的实际需求。

3. 图像翻译

图像翻译就是将原始图像转换为另一种形式的图像,比如将一张黑白图片转换为彩色图片、将一张猫的图片转换为一张狗的图片等。该任务是近年来的一种基于深度学习的热门技术,最初使用卷积神经网络实现这一任务,并且取得了较好的效果。生成式对抗网络弥补了使用卷积神经网络完成图像翻译任务时存在的人工设计的统计信息复杂等缺陷,应用博弈论的思想实现图像到图像的转换。Pix2Pix 模型是典型的基于生成式对抗网络的图像翻译模型,它利用生成式对抗网络的特点将用户提供的原始图像作为输入,目标图像作为条件让生成器生成所期待的模型。但是由于 Pix2Pix 模型是一种有监督的模型,在训练时需要成对样本,为了解决这个问题,研究人员提出了一些不需要配对样本的模型,比如 CycleGAN、DualGAN 等模型,生成式对抗网络在图像翻译任务中具有重要的前景。

12.5 本章实践

微课视频

生成式对抗网络主要包括两个主要部分:生成器和判别器。生成器主要用来学习真实图像分布从而让生成的图像更加真实,以骗过判别器。判别器则需要对接收的图片进行真假判别。在整个过程中,生成器努力地让生成的图像更加真实,而判别器则努力地去识别出图像的真假,这个过程相当于一个二人博弈,随着时间的推移,生成器和判别器在不断地进行对抗,最终两个网络达到了一个动态均衡:生成器生成的图像接近于真实图像分布,而判别器识别不出真假图像,对于给定图像的预测为真的概率基本接近 0.5(相当于随机猜测类别)。其结构如图 12-7 所示。

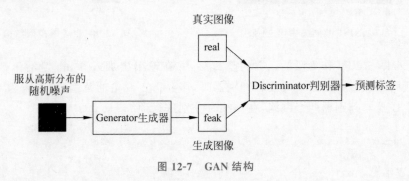

图 12-7 GAN 结构

给定真=1,假=0,则有:

对于给定的真实图片,判别器要为其打上标签1;

对于给定的生成图片,判别器要为其打上标签0;

对于生成器传给判别器的生成图片,生成器希望判别器打上标签1。

经此分析,可以采用 TensorFlow 使用 GAN 来生成手写数据。数据集仍然使用 MNIST 手写数字集,通过训练让 GAN 生成类似的手写数字图像。主要实现过程如下:

1. 加载 MNIST 数据集

使用 TensorFlow 中给定的 MNIST 数据接口加载数据,同时显示第 99 张图像,如图 12-8 所示。

```
from tensorflow.examples.tutorials.mnist import input_data
mnist = input_data.read_data_sets('/MNIST_data/')

img = mnist.train.images[99]
plt.imshow(img.reshape((28, 28)), cmap = 'Greys_r')
```

2. 定义生成器

生成器模型结构如图 12-9 所示。

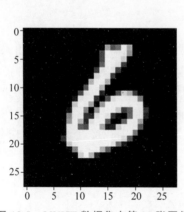

图 12-8 MNIST 数据集中第 99 张图像

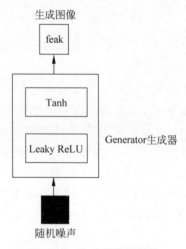

图 12-9 生成器模型结构

采用 Leaky ReLU 作为激活函数的隐藏层,并在输出层加入 Tanh 激活函数。下面是生成器的代码。注意在定义生成器和判别器时,需要指定变量的范围,这是因为 GAN 中实际上包含生成器与判别器两个网络,在训练时分别进行训练。

```
def get_generator(noise_img, n_units, out_dim, reuse = False, alpha = 0.01):
    """
    生成器
    noise_img: 生成器的输入
```

```
    n_units: 隐藏层单元个数
    out_dim: 生成器输出 tensor 的 size,这里应该为 28 * 28 = 784
    alpha: Leaky ReLU 系数
    """
    with tf.variable_scope("generator", reuse = reuse):
        # hidden layer
        hidden1 = tf.layers.dense(noise_img, n_units)
        # Leaky ReLU
        hidden1 = tf.maximum(alpha * hidden1, hidden1)
        # dropout
        hidden1 = tf.layers.dropout(hidden1, rate = 0.2)

        # logits & outputs
        logits = tf.layers.dense(hidden1, out_dim)
        outputs = tf.tanh(logits)

        return logits, outputs
```

在此网络中,使用了一个隐藏层,并加入 dropout 防止过拟合。通过输入噪声图片,生成器输出一个与真实图片一样大小的图像。

3. 定义判别器

判别器模型结构如图 12-10 所示。

图 12-10 判别器模型结构

判别器接收一张图片,并判断它的真假,同样隐藏层使用了 Leaky ReLU,输出层为 1 个结点,输出为 1 的概率。代码如下:

```
def get_discriminator(img, n_units, reuse = False, alpha = 0.01):
    """
    判别器
    n_units: 隐藏层结点数量
    alpha: Leaky ReLU 系数
```

```python
    """
    with tf.variable_scope("discriminator", reuse = reuse):
        # hidden layer
        hidden1 = tf.layers.dense(img, n_units)
        hidden1 = tf.maximum(alpha * hidden1, hidden1)
        
        # logits & outputs
        logits = tf.layers.dense(hidden1, 1)
        outputs = tf.sigmoid(logits)
        
        return logits, outputs
```

这里需要注意真实图片与生成图片是共享判别器的参数，在这里留了 reuse 接口方便后面调用。

4. 定义参数并构建 GAN 网络

img_size 是真实图片的 size=28×28=784。

```python
# 定义参数
# 真实图像的 size
img_size = mnist.train.images[0].shape[0]
# 传入给 generator 的噪声 size
noise_size = 100
# 生成器隐藏层参数
g_units = 128
# 判别器隐藏层参数
d_units = 128
# Leaky ReLU 的参数
alpha = 0.01
# learning_rate
learning_rate = 0.001
# label smoothing
smooth = 0.1
```

接下来构建网络，并获得生成器与判别器的返回变量。

```python
tf.reset_default_graph()

real_img, noise_img = get_inputs(img_size, noise_size)

# generator
g_logits, g_outputs = get_generator(noise_img, g_units, img_size)

# discriminator
d_logits_real, d_outputs_real = get_discriminator(real_img, d_units)
d_logits_fake, d_outputs_fake = get_discriminator(g_outputs, d_units, reuse = True)
```

获得了生成器与判别器的 logits 和 outputs。注意真实图片与生成图片共享参数，因此在判别器输入生成图片时，需要 reuse 参数。

5. 定义 loss 和 Optimizer

loss 的计算方式：由于上面构建了两个神经网络：生成器 generator 和判别器 discriminator，因此需要分别计算 loss。

判别器 discriminator：判别器 discriminator 的目的在于对给定的真实图片，识别为真(1)，对生成器 generator 生成的图片，识别为假(0)，因此它的 loss 包含了真实图片的 loss 和生成器图片的 loss 两部分。

生成器 generator：生成器 generator 的目的在于让判别器 discriminator 识别不出它的图片为假，如果用 1 代表真，0 代表假，那么生成器 generator 生成的图片经过判别器 discriminator 后要输出为 1，因为生成器 generator 想要骗过判别器 discriminator。

```
# discriminator 的 loss
# 识别真实图片
d_loss_real = tf.reduce_mean(tf.nn.sigmoid_cross_entropy_with_logits(logits = d_logits_real, labels = tf.ones_like(d_logits_real)) * (1 - smooth))
# 识别生成的图片
d_loss_fake = tf.reduce_mean(tf.nn.sigmoid_cross_entropy_with_logits(logits = d_logits_fake, labels = tf.zeros_like(d_logits_fake)))
# 总体 loss
d_loss = tf.add(d_loss_real, d_loss_fake)

# generator 的 loss
g_loss = tf.reduce_mean(tf.nn.sigmoid_cross_entropy_with_logits(logits = d_logits_fake, labels = tf.ones_like(d_logits_fake)) * (1 - smooth))
```

下面定义了优化函数，由于 GAN 中包含了生成器和判别器两个网络，因此需要分别进行优化，这也是之前定义 variable_scope 的原因。

```
train_vars = tf.trainable_variables()
# generator 中的 tensor
g_vars = [var for var in train_vars if var.name.startswith("generator")]
# discriminator 中的 tensor
d_vars = [var for var in train_vars if var.name.startswith("discriminator")]
# optimizer
d_train_opt = tf.train.AdamOptimizer(learning_rate).minimize(d_loss, var_list = d_vars)
g_train_opt = tf.train.AdamOptimizer(learning_rate).minimize(g_loss, var_list = g_vars)
```

6. 训练 GAN

训练部分记录了部分图像的生成过程，并记录了训练数据的 loss 变化。训练结果如图 12-11 所示。

```
Epoch 290/300... Discriminator Loss: 0.8628(Real: 0.4963 + Fake: 0.3665)... Generator Loss: 1.6974
Epoch 291/300... Discriminator Loss: 1.0085(Real: 0.6178 + Fake: 0.3908)... Generator Loss: 1.7755
Epoch 292/300... Discriminator Loss: 1.0169(Real: 0.6197 + Fake: 0.3971)... Generator Loss: 1.7226
Epoch 293/300... Discriminator Loss: 0.9311(Real: 0.5601 + Fake: 0.3710)... Generator Loss: 1.6926
Epoch 294/300... Discriminator Loss: 0.8141(Real: 0.3908 + Fake: 0.4233)... Generator Loss: 1.7304
Epoch 295/300... Discriminator Loss: 1.0330(Real: 0.5773 + Fake: 0.4557)... Generator Loss: 1.3645
Epoch 296/300... Discriminator Loss: 0.7458(Real: 0.4097 + Fake: 0.3362)... Generator Loss: 1.7761
Epoch 297/300... Discriminator Loss: 0.7604(Real: 0.4411 + Fake: 0.3193)... Generator Loss: 1.9419
Epoch 298/300... Discriminator Loss: 1.0736(Real: 0.4682 + Fake: 0.6054)... Generator Loss: 1.2967
Epoch 299/300... Discriminator Loss: 0.8294(Real: 0.4369 + Fake: 0.3925)... Generator Loss: 1.5634
Epoch 300/300... Discriminator Loss: 0.6932(Real: 0.4207 + Fake: 0.2725)... Generator Loss: 1.9876
```

图 12-11　训练运行结果

```python
# batch_size
batch_size = 64
# 训练迭代轮数
epochs = 300
# 抽取样本数
n_sample = 25
# 存储测试样例
samples = []
# 存储 loss
losses = []
# 保存生成器变量
saver = tf.train.Saver(var_list = g_vars)
# 开始训练
with tf.Session() as sess:
    sess.run(tf.global_variables_initializer())
    for e in range(epochs):
        for batch_i in range(mnist.train.num_examples//batch_size):
            batch = mnist.train.next_batch(batch_size)
            batch_images = batch[0].reshape((batch_size, 784))
            # 对图像像素进行 scale,这是因为 Tanh 函数输出的结果介于(-1,1),real 和 fake 图片共享 discriminator 的参数
            batch_images = batch_images * 2 - 1
            # generator 的输入噪声
            batch_noise = np.random.uniform(-1, 1, size = (batch_size, noise_size))
            # Run optimizers
            _ = sess.run(d_train_opt, feed_dict = {real_img: batch_images, noise_img: batch_noise})
            _ = sess.run(g_train_opt, feed_dict = {noise_img: batch_noise})
        # 每一轮结束计算 loss
        train_loss_d = sess.run(d_loss, feed_dict = {real_img: batch_images, noise_img: batch_noise})
        # real img loss
        train_loss_d_real = sess.run(d_loss_real, feed_dict = {real_img: batch_images, noise_img: batch_noise})
        # fake img loss
```

```
            train_loss_d_fake = sess.run(d_loss_fake,
                                         feed_dict = {real_img: batch_images,
                                                      noise_img: batch_noise})
            # generator loss
            train_loss_g = sess.run(g_loss, feed_dict = {noise_img: batch_noise})
            print("Epoch {}/{}...".format(e + 1, epochs), "Discriminator Loss: {:.4f}(Real: {:.4f} + Fake: {:.4f})...".format(train_loss_d, train_loss_d_real, train_loss_d_fake), "Generator Loss: {:.4f}".format(train_loss_g))
            # 记录各类 loss 值
            losses.append((train_loss_d, train_loss_d_real, train_loss_d_fake, train_loss_g))
            # 抽取样本后期进行观察
            sample_noise = np.random.uniform(-1, 1, size = (n_sample, noise_size))
            gen_samples = sess.run(get_generator(noise_img, g_units, img_size, reuse = True), feed_dict = {noise_img: sample_noise})
            samples.append(gen_samples)
            # 存储 checkpoints
            saver.save(sess, './checkpoints/generator.ckpt')
# 将 sample 的生成数据记录下来
with open('train_samples.pkl', 'wb') as f:
    pickle.dump(samples, f)
```

7. 结果

1）查看过程结果

整个训练过程记录了 25 个样本在不同阶段的 samples 图像，以序列化的方式进行了保存，samples 的 size＝epochs×2×n_samples×784，迭代次数为 300 轮，因此，samples 的 size＝300×2×25×784。将最后一轮的生成结果打印出来，也就是 GAN 通过学习真实图片的分布后生成的图像结果，如图 12-12 所示。

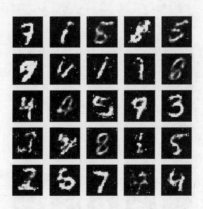

图 12-12　最后一轮的生成结果

2）显示整个生成过程图片

前面训练时，已经记录了 samples 的生成数据，存储了每一轮迭代的结果，因此可以挑选几次迭代,把对应的图像打印出来,如图 12-13 所示。

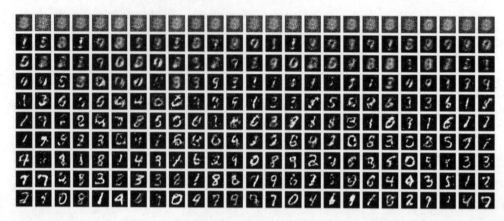

图 12-13　生成过程图片

这里挑选了第 0、5、10、20、40、60、80、100、150、250 轮的迭代效果图,在此图中,可以看到最开始时只有中间是白色,背景黑色块中存在着很多噪声。随着迭代次数的不断增加,生成器制造"假图"的能力也越来越强,它逐渐学到了真实图片的分布,最明显的一点就是图片区分出了黑色背景和白色字符的界限。

3) 生成新的图片

如果想重新生成新的图片,需要将之前保存好的模型文件加载进来,如图 12-14 所示。

```
# 加载我们的生成器变量
saver = tf.train.Saver(var_list = g_vars)
with tf.Session() as sess:
    saver.restore(sess, tf.train.latest_checkpoint('checkpoints'))
    sample_noise = np.random.uniform( -1, 1, size = (25, noise_size))
gen_samples = sess.run(get_generator(noise_img, g_units, img_size, reuse = True), feed_dict
    = {noise_img: sample_noise})
_ = view_samples(0, [gen_samples])
```

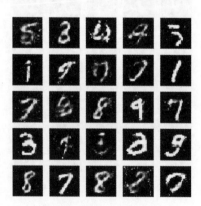

图 12-14　GAN 生成新图片

除此之外,还可以通过图 12-15 程序流程图来进一步梳理简单 GAN 的实现过程。

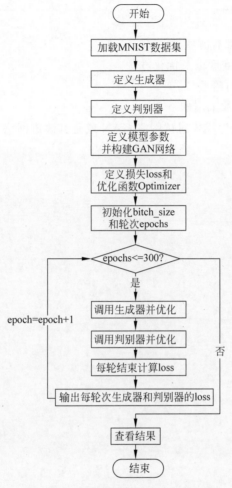

图 12-15 实现简单 GAN 程序流程图

本节基于 MNIST 数据集构造了一个简单的 GAN 模型,可以对 GAN 有一个初步的了解。从最终的模型结果来看,生成的图像能够将背景与数字区分开,黑色块噪声逐渐消失,但从显示结果来看还是有很多模糊区域。感兴趣的同学可以尝试实现 GAN,或者实现 GAN 的改进网络。

12.6 习题

1. 下面对生成式对抗网络描述不正确的是(　　)。
   A. GAN 包含生成网络和判别网络两个网络
   B. GAN 是一种生成学习模型
   C. GAN 是一种区别学习模型
   D. 生成网络和判别网络分别依次迭代优化
2. GAN 网络结构主要分为_____类,_____(都是什么模型)。

3. 关于 GAN 的流行框架都有哪些？请至少写出五个。
　　_____、_____、_____、_____、_____。
4. GAN 是什么？
5. GAN 存在的问题都有哪些？
6. 简述 GAN 存在的问题以及优化方法。
7. GAN 的应用主要有哪些？
8. 简述 GAN 训练时常采用的技巧。
9. 请同学们尝试实现生成式对抗网络 GAN 或是其改进网络。

第13章

图神经网络

CHAPTER 13

虽然传统深度学习方法在欧氏空间中具有不错的数据特征提取能力,并在一些领域中取得了瞩目的成就,但随着深度学习应用领域的拓展,许多学习任务都需要处理包含关系信息的非欧氏空间的图数据,这些传统的方法在处理非欧氏空间的图结构数据上的表现却不理想。针对这些复杂、不规则的非欧氏空间图结构数据,图神经网络被提出,接下来本章将对图神经网络进行详细的介绍。

13.1 图神经网络概述

近年来,随着深度学习技术的发展,许多机器学习任务(比如目标检测、机器翻译、图片分类等任务)的数据特征提取方式发生了转变,即由传统的人工设计特征工程提取数据特征的方式转变为利用神经网络自动学习数据提取特征的方式,神经网络的成功利用推动了模式识别和数据挖掘等领域的进步,同时其在处理常规的欧氏空间数据方面也取得了不错的成果。

但是随着应用领域的扩展,许多实际应用场景中的数据是非欧氏空间的图结构数据,比如社交网络数据、经济网络数据、生物医学网络数据、信息网络(互联网网站、学术引用)数据、生物神经网络数据等。图作为一种能够有效且抽象地表达信息和数据中实体以及实体之间关系的重要数据结构被广泛使用,但由于图数据的结构具有复杂和不规则等特点,即每个图都有大小可变的无序结点,图中的每个结点都有不同数量的相邻结点,使得传统的神经网络在处理非欧氏空间的图结构数据上的表现差强人意。因此,定义和设计一种用于处理图数据的图神经网络(Graph Neural Networks,GNN),成为一个新的研究热点,并受到广泛关注。

在深度学习技术的推动下,研究人员通过借鉴卷积神经网络、循环神经网络和深度自动编码器的思想,面向各个领域的图数据相关任务设计并实现了多种图神经网络模型,如图卷积神经网络(Graph Convolutional Networks,GCN)、图注意力网络(Graph Attention Networks,GAT)、图自编码器(Graph Autoencoders,GA)、图生成网络(Graph Generative Networks,GGN)以及递归图神经网络(Recurrent Graph Neural Networks,RecGNNs)等。在学习图神经网络模型之前,首先简单介绍图数据结构的相关知识。

13.2 图

13.2.1 图的基本定义

在数学中,图由顶点(vertex)以及连接顶点的边(edge)构成。顶点表示研究的对象,边表示两个对象之间特定的关系。图可以表示为顶点和边的集合,记为 $G=(V,E)$,其中 V 是顶点集合,E 是边的集合。设图 G 的顶点数为 N,边数为 M(如无特殊说明,本书中的图均如此表示)。一条连接顶点 $v_i,v_j \in V$ 的边记为 (v_i,v_j) 或者 e_{ij}。如图 13-1 所示,$V=\{v_1,v_2,v_3,v_4,v_5\}$,$E=\{(v_1,v_2),(v_1,v_3),(v_2,v_3),(v_2,v_4),(v_3,v_4),(v_4,v_5)\}$。

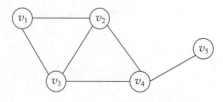

图 13-1 图 G 的定义

13.2.2 图的基本类型

1. 有向图和无向图

如果图中的边存在方向性,则称这样的边为有向边,表示为 $e_{ij}=\langle v_i,v_j\rangle$,其中 v_i 是这条有向边的起点,v_j 是这条有向边的终点,包含有向边的图称为有向图,如图 13-2 所示。

与有向图相对应的是无向图,无向图中的边都是无向边,我们可以认为无向边是对称的,即同时包含两个方向:$e_{ij}=\langle v_i,v_j\rangle=\langle v_j,v_i\rangle=e_{ji}$,如图 13-3 所示。

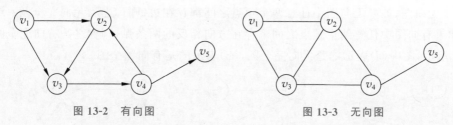

图 13-2 有向图   图 13-3 无向图

2. 加权图与非加权图

如果图结构中的每条边都有一个实数与之对应,我们称这样的图为加权图,如图 13-4 所示,该实数称为对应边上的权重。在实际场景中,权重可以代表两地之间的路程或运输成本等。一般情况下,我们习惯把权重抽象成两个顶点之间的连接强度。与加权图相反的是非加权图,如图 13-5 所示,我们可以认为非加权图各边上的权重是一样的。

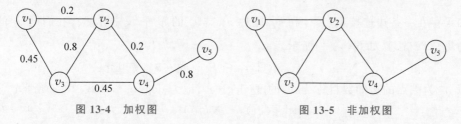

图 13-4 加权图   图 13-5 非加权图

3. 连通图与非连通图

在一个无向图 G 中,若从顶点 v_i 到顶点 v_j 有路径相连(当然从顶点 v_j 到顶点 v_i 也一定有路径相连),则称顶点 v_i 和顶点 v_j 是连通的。如果图中任意两个顶点都是连通的,那么图被称作连通图,如图 13-6 所示。如果图中存在顶点之间没有边相连的情况,那么这种图被称作非连通图,如图 13-7 所示。

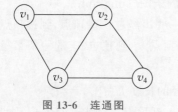 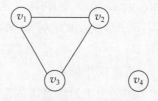

图 13-6 连通图   图 13-7 非连通图

4. 二部图

二部图是一类特殊的图。我们将 G 中的顶点集合 V 拆分成两个子集 A 和 B，如果对于图中的任意一条边 e_{ij} 均有 $v_i \in A, v_j \in B$ 或者有 $v_i \in B, v_j \in A$，则称图 G 为二部图，如图 13-8 所示。二部图是一种十分常见的图数据结构，描述了两类对象之间的交互关系，比如：用户与商品、作者与论文。

5. 完全图

对于无向图，如果无向图中任意两个顶点之间都存在边，则称之为无向完全图；对于有向图，如果有向图中任意两个顶点之间都存在方向相反的两条弧，则称之为有向完全图。如图 13-9 所示，图中(a)表示的是无向完全图，(b)表示的是有向完全图。

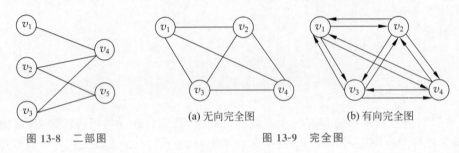

图 13-8　二部图　　　　　　图 13-9　完全图

13.2.3　邻居和度

如果存在一条边连接顶点 v_i 和 v_j，则称 v_j 是 v_i 的邻居，反之亦然。我们记 v_i 的所有邻居为集合 $N(v_i)$，如式(13-1)所示。

$$N(v_j) = \{v_j \mid \exists e_{ij} \in E \text{ 或 } e_{ji} \in E\} \tag{13-1}$$

以 v_i 为端点的边的数目称为 v_i 的度(degree)，记为 $\deg(v_i)$，如式(13-2)所示。

$$\deg(v_i) = |N(v_i)| \tag{13-2}$$

在有向图中，我们同时定义出度(outdegree)和入度(indegree)，顶点的度数等于该顶点的出度与入度之和。其中，顶点 v_i 的出度是以 v_i 为起点的有向边的数目，顶点 v_i 的入度是以 v_i 为终点的有向边的数目。

13.2.4　子图与路径

若图 $G'=(V',E')$ 的顶点集和边集分别是另一个图 $G=(V,E)$ 的顶点集的子集和边集的子集，即 $V' \subseteq V$，且 $E' \subseteq E$，则称图 G' 是图 G 的子图(subgraph)。

在图 $G=(V,E)$ 中，若从顶点 v_i 出发，沿着一些边经过一些顶点，到达顶点 $v_{p1}, v_{p2}, \cdots, v_{pm}$，则称边序列 $P_{ij}=(e_{v_i p_1}, e_{p_2 p_3}, e_{p_m v_j})$ 为从顶点 v_i 到顶点 v_j 的一条路径(通路)，其中 $e_{v_i p_1}, e_{p_2 p_3}, e_{p_m v_j}$ 是图 G 中的边。

路径的长度：路径中边的数目通常称为路径的长度 $L(P_{ij}) = |P_{ij}|$。

顶点的距离：若存在至少一条路径由顶点 v_i 到顶点 v_j，则定义点 v_i 到点 v_j 的距离如式(13-3)所示。

$$d(v_i,v_j) = \min(|P_{ij}|) \tag{13-3}$$

两个顶点之间的距离由它们的最短路径的长度决定。我们设 $d(v_i,v_i)=0$，结点到自身的距离为 0。

k 阶邻居：若 $d(v_i,v_j)=k$，我们称 v_j 为 v_i 的 k 阶邻居。

k 阶子图（k-subgraph）：我们称一个顶点 v_i 的 k 阶子图为：

$$\begin{cases} G_{vi}^{(k)} = (V',E') \\ V' = \{V_j \mid \forall v_j, d(v_i,v_j) \leqslant k\} \\ E' = \{e_{ij} \mid \forall v_j, d(v_i,v_j) \leqslant k\} \end{cases} \tag{13-4}$$

有时，我们也称 k 阶子图为 k-hop。图 13-10 中的阴影部分就是顶点 v_1 的 2 阶子图。

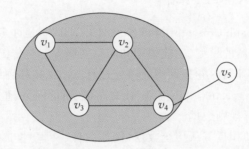

图 13-10　图 G 的 2 阶子图

13.3　图神经网络模型

1997 年，Sperduti 等首次将神经网络应用于有向无环图，推动了图神经网络早期的研究。2005 年，图神经网络的概念首次被 Gori 等提出，他借鉴神经网络领域的成果，设计了一种用于处理图结构数据的模型。之后，Scarselli 等在 2009 年又对该模型做了进一步的阐述。这些早期的研究属于递归神经网络的范畴，即通过迭代的方式传播近邻信息来学习目标结点的表示，直到达到稳定状态。虽然这些模型存在训练过程的计算成本高等问题，但是许多研究人员仍在不断进行研究去解决这些难题。

随后由于卷积神经网络在计算机视觉领域取得了瞩目的成就，研究人员受此启发和激励，提出了许多属于图卷积神经网络范畴的方法，使得卷积神经网络适用于图数据。图卷积神经网络主要分为基于谱域的图卷积神经网络和基于空间的图卷积神经网络，基于空间的图卷积神经网络的提出要早于基于谱域的图卷积神经网络。2009 年 Micheli 等在继承递归神经网络的消息传递思想的同时，首次通过架构上的非递归层来解决图的相互依赖问题，提出了基于空间的图卷积神经网络——NN4G。2013 年 Bruna 等首次提出了基于谱域的图卷积神经网络模型。此后，越来越多的研究人员对图卷积神经网络进行了改进和扩展。比如 Bengio 团队在图卷积神经网络的基础上引入了 masked self-attention，提出了图注意力网络。2016 年 Kipf 等提出了基于图的（变分）自动编码器，图自动编码器凭借其高效的编码能力和编码-解码结构被应用于多个领域。基于图卷积神经网络的图神经网络模型还有图生成模型，比如 2018 年提出的分子生成式对抗网络（Molecular Generative Adversarial

Networks,MolGAN)和深度图生成模型(Deep Generative Models of Graphs,DGMG)。

随着研究人员对图结构数据方面的兴趣不断增加,图神经网络的研究方向得到了很大的拓展,有关于图神经网络的新模型及应用研究相继被提出。2018年,Battaglia等在关系归纳偏置和深度学习技术的基础上,提出面向关系推理的图网络概念,将深度学习的端到端学习方式与图结构的关系归纳推理理论相结合,解决深度学习无法处理的关系推理问题。2019年,Zhang等从半监督和无监督角度对基于图结构的深度学习技术进行综述,Zhou等从传播规则和网络结构等角度分析图神经网络模型及其应用。针对图神经网络存在的问题,研究人员给出了很多解决方案,图神经网络领域得到了更加深入的研究。下面将对图卷积神经网络、图注意力网络、图自动编码器、图生成网络和递归图神经网络进行详细介绍。

13.3.1 图卷积神经网络

图卷积神经网络(Graph Convolutional Networks,GCN)是许多复杂图神经网络模型的基础,包括基于自动编码器的模型、生成模型和时空网络等。与传统作用于欧氏空间的网络模型 LSTM 和 CNN 等不同,图卷积网络能够处理具有广义拓扑图结构的数据,并深入发掘数据特征和规律,例如 PageRank 引用网络、社交网络、通信网络、蛋白质分子结构等一系列具有空间拓扑图结构的不规则数据。

图卷积神经网络将卷积运算从传统数据(例如图像、文本)推广到图数据。其核心思想是学习一个函数映射 $f(\cdot)$,通过该映射使得图中的结点 v_i 可以聚合它自己的特征 x_i 与它的邻居特征 $x_j (j \in N(v_i))$ 来生成结点 v_i 的新表示。如图 13-11 直观地展示了图神经网络学习结点表示的步骤。

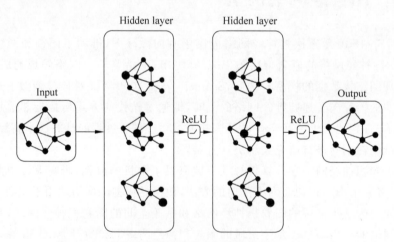

图 13-11 具有一阶滤波器的多层图卷积神经网络(GCN)

GCN 方法又可以分为两大类,基于谱域(spectral-based)的图卷积和基于空间(spatial-based)的图卷积。基于谱域的方法从图信号处理的角度引入滤波器来定义图卷积,其中图卷积操作被解释为从图信号中去除噪声。基于空间的方法将图卷积表示为从邻域聚合特征信息,当图卷积神经网络的算法在结点层次运行时,图池化模块可以与图卷积层交错,将图粗化为高级子结构。如图 13-12 所示,这种架构设计可用于提取图的各级表示和执行图分类任务。

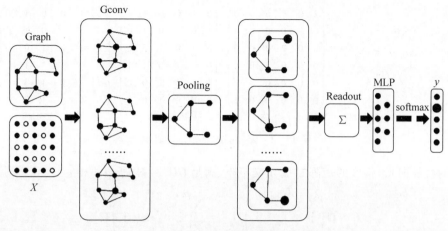

图 13-12 GCN 池化

GCN 模型具有四个特征:
(1) GCN 是卷积神经网络在图领域上的自然推广;
(2) 对结点特征信息和结构信息进行端到端的学习;
(3) 对图拓扑结构适用性较强;
(4) 在结点和边预测等任务上,GCN 在公开数据集上的表现优于其他方法。

图卷积神经网络与卷积神经网络的不同在于卷积神经网络的卷积核是在欧氏空间的表达,以图像为代表的欧氏空间中结点的邻居数量是固定的,以图数据为代表的非欧氏空间中结点的邻居数量是不固定的,因此在非欧氏空间中无法用固定的卷积核来抽取数据的特征。

设图数据中心结点为 i,在非欧氏空间中图卷积算子计算如式(13-5)所示。

$$h_i^{l+1} = \sigma\left(\sum_{j \in N_i} \frac{1}{C_{ij}} h_i^l w_{R_i}^l\right) \tag{13-5}$$

其中,h_i^l 表示结点 i 在第 l 层的特征表达;C_{ij} 为归一化因子(如取结点度的倒数);N_i 为结点 i 的邻居且包含自身;R_i 表示结点 i 的类型;w_{R_i} 表示 R_i 类型结点的变换权重参数。

图卷积算法主要有三个步骤:
(1) 结点特征信息的变换抽取:每一个结点将自身的特征信息经过变换后发送给邻居结点。
(2) 融合结点的局部信息:每个结点将邻居结点的特征信息进行聚集。
(3) 特征的非线性变换:将聚合的信息做非线性映射,增加模型的表达能力。

1. 基于谱域的图神经网络

通过引入傅里叶变换将时域信号转换到频域进行分析,进而完成一些在时域上无法完成的操作,这也是基于谱的图卷积神经网络的核心思想。

1) 拉普拉斯矩阵

对于一个无向图采用拉普拉斯矩阵表达如图 13-13 所示。
因为拉普拉斯矩阵是半正定对称矩阵,可以进行特征分解,且一定有 n 个线性无关相

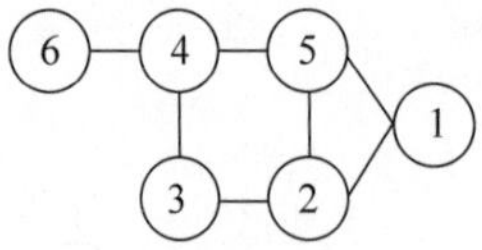

$$
\begin{pmatrix} 2&0&0&0&0&0\\ 0&3&0&0&0&0\\ 0&0&2&0&0&0\\ 0&0&0&3&0&0\\ 0&0&0&0&3&0\\ 0&0&0&0&0&1 \end{pmatrix} \quad \begin{pmatrix} 0&1&0&0&1&0\\ 1&0&1&0&1&0\\ 0&1&0&1&0&0\\ 0&0&1&0&1&1\\ 1&1&0&1&0&0\\ 0&0&0&1&0&0 \end{pmatrix} \quad \begin{pmatrix} 2&-1&0&0&-1&0\\ -1&3&-1&0&-1&0\\ 0&-1&2&-1&0&0\\ 0&0&-1&3&-1&-1\\ -1&-1&0&-1&3&0\\ 0&0&0&-1&0&1 \end{pmatrix}
$$

无向图　　　　　度矩阵　　　　　邻接矩阵　　　　　拉普拉斯矩阵

图 13-13　无向图的拉普拉斯表示

互正交的特征向量，构成的矩阵 U 为正交矩阵，满足 $UU^T = E$，所以可得：

$$L = U \begin{pmatrix} \lambda_1 & \cdots & 0 \\ \vdots & \ddots & \vdots \\ 0 & \cdots & \lambda_n \end{pmatrix} U^{-1} = U \begin{pmatrix} \lambda_1 & \cdots & 0 \\ \vdots & \ddots & \vdots \\ 0 & \cdots & \lambda_n \end{pmatrix} U^T \tag{13-6}$$

2）傅里叶变换

傅里叶变换实际上是将时域上的函数转换为频域上的函数，是一个函数在不同视角的表达，可以表示为式(13-7)。

$$F(w) = F(f(t)) = \int f(t) e^{-iwt} dt \tag{13-7}$$

式(13-7)表示为傅里叶变换是时域信号 $f(t)$ 与基函数 e^{-iwt} 的积分，这个基函数是拉普拉斯算子 Δ 的特征函数，拉普拉斯算子即笛卡儿坐标 x_i 中的所有非混合二阶偏导数之和，对于 n 维笛卡儿坐标系，其表达式如式(13-8)所示。

$$\Delta = \sum_{i=1}^{n} \frac{\partial^2}{\partial x_i^2} \tag{13-8}$$

拉普拉斯算子的特征方程为 $\Delta g = \lambda g$，e^{-iwt} 则为该特征方程的解，如式(13-9)所示。

$$\Delta e^{-iwt} = \frac{\partial^2}{\partial x_i^2} e^{-iwt} = -w^2 e^{-iwt} \tag{13-9}$$

其中，特征值 $\lambda = -w^2$，即特征值 λ 与 w 有关，因此可以得出傅里叶变换就是时域信号与拉普帕斯算子特征函数的积分。

在基于谱域的图神经网络中，图被假定为无向图，无向图的一种鲁棒数学表示是正则化图拉普拉斯矩阵，即

$$L = I_n - D^{-\frac{1}{2}} A D^{-\frac{1}{2}} \tag{13-10}$$

其中，I 为单位矩阵；A 为图的邻接矩阵；D 为对角矩阵且

$$D_{ii} = \sum_j (A_{i,j}) \tag{13-11}$$

正则化的拉普拉斯矩阵具有实对称半正定的性质。利用这个性质，正则化拉普拉斯矩阵可以分解为：

$$L = U \Lambda U^T \tag{13-12}$$

其中

$$U = [u_0, u_1, \cdots, u_{n-1}] \in \mathbf{R}^{N \times N} \tag{13-13}$$

其中，U 是由 L 的特征向量构成的矩阵，Λ 是对角矩阵，对角线上的值为 L 的特征值。正则

化拉普拉斯矩阵的特征向量构成了一组正交基。

在图信号处理过程中,一个图的信号 $x \in \boldsymbol{R}^N$ 是一个由图的各个结点组成的特征向量,x_i 代表第 i 个结点。对图的傅里叶变换由此被定义为:

$$\mathcal{F}(x) = \boldsymbol{U}^\mathrm{T} \boldsymbol{x} \tag{13-14}$$

傅里叶反变换则为:

$$\mathcal{F}^{-1}(\hat{x}) = \boldsymbol{U}\hat{x} \tag{13-15}$$

其中,$\hat{x}$ 为傅里叶变换后的结果。

为了更好地理解图的傅里叶变换,从它的定义可以看出,它将输入的图信号投影到正交空间,而这个正交空间的基则是由正则化的拉普拉斯的特征向量构成的。

转换后得到的信号 $\hat{x}$ 的元素是新空间中图信号的坐标,因此原来的输入信号可以表示为:

$$x = \sum_i \hat{x}_i \boldsymbol{u}_i \tag{13-16}$$

这是傅里叶反变换的结果。接下来定义对输入信号 x 的图卷积操作,如式(13-17)所示:

$$x * \boldsymbol{G} g = \mathcal{F}^{-1}(\mathcal{F}(x) \odot \mathcal{F}(g)) = \boldsymbol{U}(\boldsymbol{U}^\mathrm{T} \boldsymbol{x} \odot \boldsymbol{U}^\mathrm{T} \boldsymbol{g}) \tag{13-17}$$

其中,$g \in \boldsymbol{R}^N$ 是定义的滤波器。定义一个滤波器如式(13-18)所示。

$$\boldsymbol{g}_\theta = \mathrm{diag}(\boldsymbol{U}^\mathrm{T} \boldsymbol{g}) \tag{13-18}$$

那么图卷积操作可以简化表示为式(13-19)。

$$x * \boldsymbol{G} \boldsymbol{g}_\theta = \boldsymbol{U} \boldsymbol{g}_\theta \boldsymbol{U}^\mathrm{T} \boldsymbol{x} \tag{13-19}$$

基于谱域的图卷积网络都遵循这样的模式,它们之间关键的不同点在于选择的滤波器不同。例如一些经典的图卷积神经网络模型:

(1) Spectral CNN(SCNN);

(2) Chebyshev Spectral CNN (ChebNet);

(3) Adaptive Graph Convolution Network (AGCN)。

基于谱域的图卷积神经网络方法有一个常见缺点:它们需要将整个图加载到内存中以执行图卷积,导致处理大型图时效率过低。

2. 基于空间的图卷积神经网络

基于空间的图卷积神经网络的思想主要源自传统卷积神经网络对图像的卷积运算,不同的是基于空间的图卷积神经网络是基于结点的空间关系来定义图卷积。

为了将欧氏空间的图像与非欧氏空间的图关联起来,可以将图像视为图的特殊形式,每一像素代表该结点,如图 13-14(a)所示,每一像素直接连接到其附近的像素。通过一个 3×3 的窗口,每个结点的邻域均是其周围的 8 像素。这 8 像素的位置表示一个结点的邻居顺序。然后,通过对每个通道上的中心结点及其相邻结点的像素值进行加权平均,对该 3×3 窗口应用一个滤波器。由于相邻结点的特定顺序,可以在不同的位置共享可训练权重。同样,对于一般的图,基于空间的图卷积将中心结点表示和相邻结点表示进行聚合,以获得该结点的新表示,但是由于邻居的结点个数不固定,所以不适用固定卷积核,如图 13-14(b)所示。

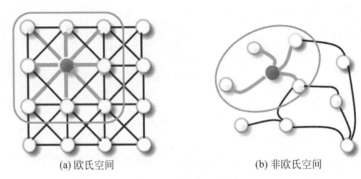

(a) 欧氏空间　　　　　　　　(b) 非欧氏空间

图 13-14　卷积操作

基于空间的图卷积网络将多个图卷积层叠加在一起。根据卷积层叠加的方式不同，基于空间的图卷积网络根据是否使用相同的图卷积层来更新隐藏表示被分为两类：基于循环（recurrent-based）的方法，该方法使用相同的图卷积层来更新隐藏表示；基于组合（composition-based）的方法，该方法使用不同的图卷积层来更新隐藏表示。图 13-15 说明了这种差异。

(a) 递归图神经网络，RecsGNNs在更新节点表示时使用相同的图递归层(Grec)

(b) 卷积图神经网络(ConvGNNs)在不同的Gconv层中使用不同的卷积图表示

图 13-15　RecsGNNs 和 ConvGNNs

1) 空域卷积

首先，定义一个有权重的无向图 $G=(\Omega, W)$，其中 Ω 表示结点，大小为 m；W 表示边，大小为 $m \times m$，是一个对称的非负矩阵，因此结点 j 的相邻结点可以表示为 $N_\delta = \{i \in \Omega: W_{ij} > \delta\}$，其中 δ 为设定邻居距离参数。

对结点 v 做卷积操作如式(13-20)所示。

$$o_v = \sum_{u \in N_\delta[v]} w_{u,v} x_u \tag{13-20}$$

卷积输入的结点特征可能是一个向量，维度记为 f_{k-1}。一次卷积操作可能包含多个卷积核，即卷积的通道数为 f_k。因此，对输入特征的每一个维度做卷积操作，然后累加求和，可得某个通道 j 的卷积结果如式(13-21)所示。

$$o_{v,j} = h\left(\sum_{i=1}^{f_{k-1}} \sum_{u \in N_\delta[v]} w_{i,j,u,v} x_{u,i}\right) \quad (j=1,2,\cdots,f_k) \tag{13-21}$$

2) 空域池化

在 CNN 中通过池化操作完成下采样，可以减少特征图像的尺寸。在图数据上同样可以采用多尺度聚类的方式获得层次结构。根据图的聚类结果可以构建一个矩阵 L，矩阵的行表示聚类类别，列表示结点，矩阵元素表示每个结点到聚类中心的权重，可以通过矩阵 L

获得不同池化方法的结果。

3. 对比谱域的图卷积神经网络和空间的图卷积神经网络

作为最早的图卷积神经网络,基于谱域的图卷积模型在许多与图相关的分析任务中取得了令人满意的结果。这些模型在图信号处理方面有一定的理论基础,通过设计新的图信号滤波器,可以得到新的图卷积神经网络。然而,基于谱的模型有着一些难以克服的缺点,下面将从效率、通用性和灵活性 3 方面来阐述。

在效率方面,基于谱域的图卷积模型的计算成本随着图规模的增大而急剧增加,因为它需要执行特征向量计算或同时处理整个图,这使得它很难适用于大型图。基于空间的图卷积模型有能力处理大型图,因为它通过聚集相邻结点直接在图域中执行卷积,计算可以在一批结点中执行,而并非在整个图中执行。当相邻结点数量增加时,可以引入采样技术来提高效率。

在通用性方面,基于谱域的模型假定一个固定的图,使得它们很难处理图的变换问题,一旦图结构发生变换,邻接矩阵和结点的度矩阵就会发生变化,进而导致拉普拉斯矩阵发生变化,拉普拉斯矩阵的特征向量 U 也会发生变化,原有训练好的参数失效。另一方面,基于空间的模型在每个结点本地执行图卷积,可以在不同的位置和结构之间共享权重。

在灵活性方面,基于谱域的模型仅限于在无向图上工作,有向图上的拉普拉斯矩阵没有明确的定义,因此将基于谱的模型应用于有向图的方法是将有向图转换为无向图。基于空间的模型可以更灵活地处理多源输入,这些输入可以合并到聚合函数中。因此,近年来基于空间的模型越来越受到关注和应用。

13.3.2 图注意力网络

1. 图注意力网络机制

注意力机制如今已经被广泛地应用到了基于序列的任务中,它的优点是能够放大数据中最重要的部分的影响。注意力机制的这个特性已经被证明对许多任务有用,例如机器翻译和自然语言理解等。图神经网络也受益于此,它在聚合过程中使用注意力机制,整合多个模型的输出,并生成面向重要目标的随机游走。

图注意力网络是一种基于空间的图卷积神经网络的变体,它的注意力机制作用于聚合特征信息阶段,将注意力机制用于确定结点邻域的权重。图注意力网络优化了图卷积神经网络的几个缺陷:

(1) 图卷积神经网络擅长处理转导推理任务,无法完成归纳推理任务。图卷积神经网络进行图卷积操作时需要拉普拉斯矩阵,而拉普拉斯矩阵需要知道整个图的结构,故无法完成归纳推理任务,而图注意力网络仅需要一阶邻居结点的信息。(转导推理指的是测试使用的图数据在训练阶段使用过,归纳推理是指训练、测试使用不同的图数据)。

(2) 图卷积神经网络对于同一个结点的不同邻居在卷积操作时使用的是相同的权重,而图注意力网络则可以通过注意力机制针对不同的邻居采用不同的权重。

结点 i 的单层图注意力网络的其中一个邻域结点 j 的结构表示如图 13-16 所示。

假设图 G 有 N 个结点,结点的 F 维特征集合可以表示成式(13-22)的形式。

$$h = \{h_1, h_2, \cdots, h_N\}, \quad h_i \in \mathbf{R}^F \tag{13-22}$$

注意力层的目的是输出新的结点特征集合如式(13-23)的形式。

$$h' = \{h'_1, h'_2, \cdots, h'_N\}, \quad h'_i \in \mathbf{R}^{F'} \tag{13-23}$$

在这个过程中特征向量的维度可能会改变,即 $F \to F'$,为了保留足够的表达能力,将输入特征转化为高阶特征,至少需要一个可学习的线性变换。例如,对于结点 i、j,对它们的特征 h_i、h_j,应用线性变换 $W \in \mathbf{R}^{F' \times F}$,从 F 维转化为 F' 维,新特征为 h'_i、h'_j。

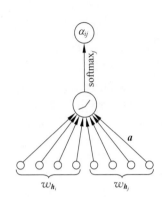

图 13-16 GAT Attention 示意图

$$e_{ij} = a(w_{h_i}, w_{h_j}) \tag{13-24}$$

将输入特征运用线性变换转化为高阶特征后,使用自注意力机制为每个结点分配注意力(权重),如式(13-24)所示。其中 a 表示一个共享注意力机制,是 $\mathbf{R}^{F'} \times \mathbf{R}^{F'} \to \mathbf{R}$ 的映射,用于计算注意力系数 e_{ij},也就是结点 i 对结点 j 的影响力标量系数。

上面的注意力计算考虑了图中任意的两个结点,即图中每个结点对目标结点的影响都被考虑在内,这样就损失了图结构信息。为了减少这种影响采用 masked attention,对于目标结点来说,只计算其邻域内的结点对目标结点的相关度(包括自身的影响)。为了更好地在不同结点之间分配权重,我们需要将目标结点与所有邻居计算出来的相关度进行统一的归一化处理,如用 softmax 归一化如式(13-25)所示。

$$\alpha_{ij} = \text{softmax}_j(e_{ij}) = \frac{\exp(e_{ij})}{\sum_{k \in N_i} \exp(e_{ik})} \tag{13-25}$$

关于 a 的选择,可以用向量的内积来定义一种无参形式的相关度计算 $\langle w_{h_i}, w_{h_j} \rangle$,也可以定义成一种带参的神经网络层,只要满足 $a : \mathbf{R}^{d^{(l+1)}} \times \mathbf{R}^{d^{(l+1)}} \to \mathbf{R}$,即输出一个标量值表示二者的相关度即可。

经过 Attention 后结点 i 的特征向量如式(13-26)所示。

$$h'_i = \sigma\left(\sum_{j \in N_i} \alpha_{ij} w h_j\right) \tag{13-26}$$

GAT 也可以采用多头注意力机制,如将 k 个 Attention 的生成向量拼接在一起,如式(13-27)所示。

$$h'_i = \text{concat}\left(\sigma\left(\sum_{j \in N_i} \alpha_{ij}^k w^k h_j\right)\right) \tag{13-27}$$

如果是最后一层,则 k 个 Attention 的输出不进行拼接,而是求平均,则可得式(13-28)。

$$h'_i = \sigma\left(\frac{1}{k} \sum_{k=1}^{K} \sum_{j \in N_i} \alpha_{ij}^k w^k h_j\right) \tag{13-28}$$

2. 门控注意力网络

门控注意力网络(Gated Attention Network,GaAN)不同于传统的多头注意力机制(它均衡地消耗所有的注意头),它使用一个卷积子网络来控制每个注意头的重要性。

门控注意力网络采用了多头注意力机制来更新结点的隐藏状态。然而,GaAN 并没有给每个头部分配相等的权重,而是引入了一种自注意机制,该机制为每个头计算不同的权重。更新规则定义,如式(13-29)所示。

$$h_i^t = \phi_0 \Big(x_i \oplus \|_{k=1}^{K} g_i^k \Big(\sum_{j \in N_i} \alpha_k (h_i^{t-1}, h_j^{t-1}) \phi_v(h_j^{t-1}) \Big) \Big) \tag{13-29}$$

其中,$\phi_0(\cdot)$ 和 $\phi_v(\cdot)$ 是反馈神经网络,而 g_i^k 是第 k 个注意力头的注意力权重。

3. 图形注意力模型

图形注意力模型(Graph Attention Model,GAM)提供了一个循环神经网络模型,以解决图形分类问题,通过自适应地访问一个重要结点的序列来处理图的信息。

GAM 模型被定义如式(13-30)所示。

$$h_t = f_h(f_s(r_{t-1}, v_{t-1}, g; \theta_s), h_{t-1}; \theta_h) \tag{13-30}$$

其中,$f_h(\cdot)$ 是 LSTM 网络,$f_s(\cdot)$ 是一个阶梯网络,它会优先访问当前结点,v_{t-1} 将优先级高的邻居信息进行聚合。

除了在聚集特征信息时将注意力权重分配给不同的邻居结点,还可以根据注意力权重将多个模型集合起来,以及使用注意力权重引导随机游走。尽管 GAT 和 GaAN 在图注意力网络的框架下进行了分类,但它们也可以同时被视为基于空间的图卷积网络。GAT 和 GaAN 的优势在于,它们能够自适应地学习邻居的重要性权重。然而,计算成本和内存消耗随着每对邻居之间的注意权重的计算而迅速增加。

13.3.3 图自动编码器

图自动编码器(Graph Autoencoders,GAE)是一种深层的神经网络结构,它将图中结点编码映射到一个潜在的特征空间,并从潜在的表示中解码图形信息。图自动编码器可以将图嵌入网络并生成新的图,因此图自动编码器的研究与图嵌入网络和图生成密切相关,其中图嵌入网络旨在保留图的拓扑信息的同时,将图中结点表示为低维向量,以便后续处理,图生成可以根据具体任务重构出拥有原始图特点的新图。图自动编码器的过程如图 13-17 所示。

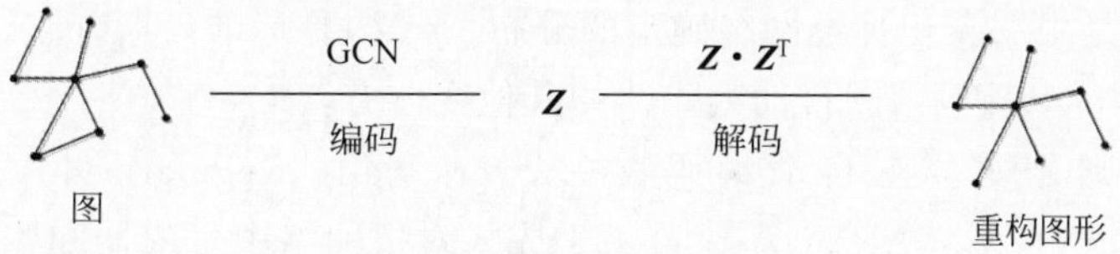

图 13-17 图自动编码器

图自动编码器的编码器由两个图卷积层组成,其同时对结点结构信息和结点特征信息进行编码,具体编码过程如式(13-31)所示。

$$\boldsymbol{Z} = \text{enc}(\boldsymbol{X}, \boldsymbol{A}) = \text{Gconv}(f(\text{Gconv}(A, X; \theta_1)); \theta_2) \tag{13-31}$$

其中,$\boldsymbol{Z}$ 表示图的网络嵌入矩阵;$\boldsymbol{A}$ 是给定的实邻接矩阵;$f(\cdot)$ 是 ReLU 激活函数;

Gconv(·)是图卷积函数,这里图卷积网络就相当于一个以结点特征和邻接矩阵为输入、以结点嵌入为输出的函数,目的只是为了得到数据嵌入。

图自动编码器和解码器的目的是通过重构图的邻接矩阵,对嵌入的结点关系信息进行解码,具体解码过程如式(13-32)所示。

$$\hat{A}_{v,u} = \text{dec}(z_v, z_u) = \sigma(z_v^T z_u) \tag{13-32}$$

其中,z_v 和 z_u 分别是结点 v 和 u 的嵌入;$\hat{A}$ 为重构邻接矩阵。

最后通过最小化负交叉熵来训练图自动编码器,损失函数如式(13-33)所示。

$$L = -\frac{1}{N} \sum_y \log \hat{y} + (1-y) \log(1-\hat{y}) \tag{13-33}$$

其中,y 代表邻接矩阵 A 中某个元素的值(0 或 1);$\hat{y}$ 代表重构邻接矩阵 $\hat{A}$ 中相应元素的值(0~1)。由损失函数的公式可知,重构邻接矩阵与原始邻接矩阵越接近、越相似越好。

图自动编码器的原理简明清晰,较容易训练,但是可训练的参数较少,并且由于自动编码器的容量有限,简单地重建图邻接矩阵可能会导致过拟合。在图自动编码器的编码部分,一旦 θ_1 和 θ_2 确定,那么图卷积神经网络提供的就是一个确定的函数,给定 X 和 A,输出的 Z 就是确定的。

变分图自动编码器(Variational Graph Autoencoders,VGAE)是用于学习数据分布的图自动编码器的一个可变版本。在变分图自动编码器的编码部分,输出的 Z 从一个多维的高斯分布中采样得到,具体过程如下:

通过图卷积网络分别计算均值和方差,从而唯一确定一个高斯分布,如式(13-34)和式(13-35)所示。

$$u = \text{Gconv}_u(X, A) \tag{13-34}$$

$$\log \sigma = \text{Gconv}_\sigma(X, A) \tag{13-35}$$

其中,在求均值和方差时,θ_1 是相同、共享的,θ_2 是不同的,因此使用下标 u 和 σ 来做区分。

得到均值向量和协方差矩阵后,就可以通过重参数化的方式采样得到 Z。变分自动编码器的解码部分和自动编码器的解码部分并无区别。变分自动编码器依然希望重构出的图和原始的图尽可能相似,同时希望计算出的分布与标准高斯分布尽可能相似,因此其损失函数由交叉熵和 KL 散度两部分构成,如式(13-36)所示。

$$L = E_{q(Z|X,A)}[\log p(A \mid Z)] - \text{KL}[q(Z \mid X, A) \| p(Z)] \tag{13-36}$$

其中,$q(Z|X,A)$ 是由图卷积神经网络确定的分布;$p(Z)$ 是标准高斯分布。

除了变分图自动编码器,图自动编码器的其他变体有:

(1) 对抗正则化变分图自动编码器(Adversarially Regularized Variational Graph Autoencoders,ARVGA):ARVGA 借鉴了生成式对抗网络中生成器和鉴别器相互竞争博弈的思想,采用生成对抗的方式训练网络,该网络的编码器产生一个经验分布 q,尽量使其与先验分布 p 不可区分。

(2) 对抗正则化自编码器网络(Network Representations with Adversarially Regularized Autoencoders,NetRA):NetRA 是与 ARVGA 思想相似的一种图自动编码器框架,通过对抗训练,将学习到的网络嵌入规则化为先验分布。NetRA 的编码器和解码器是 LSTM 网络,以每个结点上的随机游走作为输入,虽然忽略了 LSTM 网络的结点排列变异问题,但该网络依然具有良好的性能。

13.3.4 图生成网络

图生成网络(Graph Generative Networks，GGN)的目标是在给定一组观察到的图的情况下生成新的图。图生成网络的许多方法都是应用于特定的领域，例如，图生成网络可以解决药物发现领域的新分子生成问题。图生成网络使用的方法主要有两种，分别是以全局的方式提出一个新的图和以顺序的方式提出一个新的图。全局方法一次输出一个图形，主要代表有图变量自动编码器(Graph Variational Autoencoders，Graph VAE)、分子生成式对抗网络(Molecular Generative Adversarial Networks，MolGAN)等。顺序方法通过逐步地提出结点和边来生成图，主要代表有图的深层生成模型(Deep Generative Models of Graphs，DeepGMG)等。下面对两种代表性的图生成网络模型进行详细说明。

1. 分子生成式对抗网络(Molecular Generative Adversarial Networks，MolGAN)

MolGAN 将图卷积网络、生成式对抗网络和强化学习目标整合在一起，以生成具有所需属性的图。MolGAN 由一个生成器和一个鉴别器组成，它们相互竞争以提高生成器的真实性。在 MolGAN 中，生成器试图提出一个伪图及其特征矩阵，而鉴别器的目标是区分伪样本和经验数据。此外，MolGAN 还引入了一个与鉴别器并行的奖励网络，以鼓励根据外部评价器生成的图拥有某些属性。

2. 图的深度生成模型(Deep Generative Models of Graphs，DeepGMG)

DeepGMG 利用基于空间的图卷积网络来获得现有图的隐藏表示。生成结点和边的决策过程是以整个图的表示为基础。简而言之，DeepGMG 递归地在一个图中产生结点，直到达到某个停止条件。在添加新结点后的每一步，DeepGMG 都会反复决定是否向添加的结点添加边，直到决策的判定结果变为假。如果决策为真，则评估将新添加结点连接到所有现有结点的概率分布，并从概率分布中抽取一个结点。将新结点及其边添加到现有图形后，DeepGMG 将更新图的表示。

3. GGN 的其他变体

本部分主要介绍两种图生成网络的变体 GraphRNN 和 NetGAN。

1) GraphRNN

GraphRNN 提出通过图层次的 RNN 和边层次的 RNN 来建模结点和边的生成过程。图层次的 RNN 每次向结点序列添加一个新结点，而边层次的 RNN 生成一个二进制序列，指示新添加的结点与序列中以前生成的结点之间的连接。为了将一个图线性化为一系列结点来训练图层次的 RNN，GraphRNN 采用了广度优先搜索策略。为了建立训练边层次的 RNN 的二元序列模型，GraphRNN 假定序列服从多元伯努利分布或条件伯努利分布。

2) NetGAN

NetGAN 将 LSTM 与 Wasserstein-GAN 结合在一起，使用基于随机游走的方法生成图形。NetGAN 训练的生成器尽最大努力在 LSTM 网络中生成合理的随机游走序列，而鉴别器则试图区分伪造的随机游走序列和真实的随机游走序列。训练完成后,对一组随机游走中结点的共现矩阵进行正则化,得到一个新的图。

13.3.5 递归图神经网络

递归图神经网络(Recurrent Graph Neural Networks,RecGNNs)的思想是在图中的结点上循环的使用同一组参数来提取高级结点表示,但由于计算能力有限,早期的研究主要集中在有向无环图,典型的 RecGNN 模型有 GNN*、GraphESN、GGNN 和 SSE。

1. GNN*

GNN* 是 RNN 模型的扩展,基于信息扩散机制,通过递归交换邻域信息来更新结点状态直到各个结点的状态达到稳定平衡。GNN* 属于有监督模型,可以处理一般类型的图,比如无环图、循环图、有向图和无向图等,并且不需要预处理阶段,多适用于图任务和结点类型任务。

结点的隐藏状态根据式(13-37)递归更新,其中 $f(\cdot)$ 是参数函数,$h_v^{(0)}$ 是随机初始化的数值,求和运算使得 GNN* 模型在邻域数量不同或者邻域顺序未知的情况下也可以适用于所有结点。为了确保收敛,递归函数 $f(\cdot)$ 必须是一个压缩映射(contraction mapping),即缩小映射后两点之间的距离。

$$h_v^{(t)} = \sum_{u \in N(v)} f(x_v, x_{(v,u)}^e, x_u, h_u^{(t-1)}) \tag{13-37}$$

2. GraphESN

图回声状态网络(Graph Echo State Network,GraphESN)模型是回声状态网络在图结构上的扩展,为递归神经网络提供了一种有效处理循环图、无环图、有向图、无向图等一般类型图的方法。GraphESN 模型由编码器和输出层组成,其中编码器是随机初始化的,不需要进行训练,通过一个收缩状态转移函数周期性的更新结点状态,直到全局图状态收敛,然后将固定结点的状态作为输出层的输入进行训练。

3. GGNN

门控图神经网络(Gated Graph Neural Networks,GGNN)是基于门控循环单元(GRU)的空间域信息传播模型,采用 GRU 作为递归函数,利用结点来建立邻结点之间的聚合信息,通过 GRU 控制网络传播过程中固定步数的迭代循环来实现 GGNN 结构。循环过程中每个结点的隐藏状态依据其先前的隐藏状态和其相邻的隐藏状态进行更新,如式(13-38)所示。

$$h_v^{(t)} = \text{GRU}\Big(h_v^{(t-1)}, \sum_{u \in N(v)} W\Big) \tag{13-38}$$

其中,$h_v^{(0)} = x_v$,GGNN 与 GNN* 和 GraphESN 不同的是其采用基于时间的反向传播算法(Back-Propagation through time,BPTT)来学习模型参数,下面具体描述 GGNN 模型的传播过程和输出过程。

假设存在有向图 $G = (V, E)$,如图 13-18(a)所示,其中结点 $v \in V$ 中存储 D 维向量,边

$e \in E$ 存储 $D \times D$ 维矩阵。

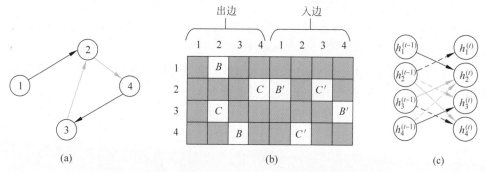

图 13-18　有向图 G、邻接矩阵 A 及信息双向传递过程图

门控图神经网络在图 G 中传播如式(13-39)至式(13-44)所示。

$$h_v^{(1)} = [x_v^{\mathrm{T}}, 0]^{\mathrm{T}} \tag{13-39}$$

$$a_v^{(t)} = A_{v:}^{\mathrm{T}} [h_1^{(t-1)\mathrm{T}} \cdots h_{|v|}^{(t-1)\mathrm{T}}]^{\mathrm{T}} + b \tag{13-40}$$

$$z_v^t = \sigma(W^z a_v^{(t)} + U^Z h_v^{(t-1)}) \tag{13-41}$$

$$r_v^t = \sigma(W^r a_v^{(t)} + U^r h_v^{(t-1)}) \tag{13-42}$$

$$\widetilde{h_v^{(t)}} = \tanh(W a_v^{(t)} + U(r_v^t \odot h_v^{(t-1)})) \tag{13-43}$$

$$h_v^{(t)} = (1 - z_v^t) \odot h_v^{(t-1)} + z_v^t \odot \widetilde{h_v^{(t)}} \tag{13-44}$$

在式(13-39)中，$h_v^{(1)}$ 是结点 v 的起始状态，维度为 D，当结点初始输入特征 x_v^{T} 维度小于 D 时在后面补 0。

在式(13-40)中，A 是邻接矩阵，表示入度和出度两部分，维度为 $D|V| \times 2D|V|$，如图 13-18(b)所示（B、C、B'、C' 表示边的特征），$A_{v:}$ 是邻接矩阵 A 中与结点 v 相关的两列，维度为 $D|V| \times 2D$，$[h_1^{(t-1)\mathrm{T}} \cdots h_{|v|}^{(t-1)\mathrm{T}}]^{\mathrm{T}}$ 是将 $t-1$ 时刻所有结点状态进行连接构成的向量，因此隐状态 $a_v^{(t)}$ 是双向传播的结果，维度为 $2D$，表示图中每个结点与上一时刻结点传播产生的向量，信息双向传递过程如图 13-18(c)所示。

式(13-41)~式(13-44)类似 GRU 的计算过程，z_v^t 表示遗忘门，控制上一结点的遗忘信息，r_v^t 是更新门，控制当前隐状态保留的信息。$\widetilde{h_v^{(t)}}$ 是经过更新门之后得到的信息，$h_v^{(t)}$ 是最终更新的结点状态。在式(13-43)中，$r_v^t \odot$ 决定从哪些过去的信息中产生新信息。在式(13-44)中，$(1-z_v^t) \odot$ 选择遗忘哪些过去的信息，$z_v^t \odot$ 选择记住哪些新产生的信息。

门控图神经网络更新完成之后，有两种输出方式：分别输出各个结点的向量和对整张图输出。

对于分别输出各个结点的向量如式(13-45)所示。

$$o_v = g(h_v^{(T)}, x_v) \tag{13-45}$$

其中，g 是函数，利用逐个结点的最终状态 $h_v^{(T)}$ 和初始输入 x_v 分别求输出向量 o_v。

对于整张图的输出，如式(13-46)所示。

$$H_G = \tanh\left(\sum_{v \in V} \sigma(i(\boldsymbol{h}_v^{(T)}, \boldsymbol{x}_v))) \odot \tanh(j(\boldsymbol{h}_v^{(T)}, \boldsymbol{x}_v)\right) \tag{13-46}$$

其中,i 和 j 表示两个全连接神经网络,$\sigma(i(\boldsymbol{h}_v^{(T)}, \boldsymbol{x}_v))\odot$ 表示一种 Attention 机制,用于计算当前结点的更新比例,选出哪些结点和整个图输出最相关。

GGNN 模型虽然相较于 GNN * 与 GraphESN 模型有了改进,不再需要约束参数来确保模型收敛,但也存在局限性:由于该模型需要在所有结点上多次运行递归函数,因此需要将所有结点的中间状态存储在内存中,使得 GGNN 模型不适用于处理大型图类数据。

4. SSE

随机稳态嵌入(Stochastic Steady-state Embedding,SSE)提出了一种对大型图类数据更具有扩展性的算法,以随机和异步的方式循环更新结点隐藏状态。该模型可以采样一批结点用于状态更新,也可以采样一批结点用于梯度计算,同时为了确保稳定性,采用结点历史状态和新状态的加权平均定义递归函数,如式(13-47)所示。

$$\boldsymbol{h}_v^{(t)} = (1-\alpha)\boldsymbol{h}_v^{(t-1)} + \alpha \boldsymbol{W}_1 \sigma\left(\boldsymbol{W}_2\left[\boldsymbol{x}_v, \sum_{u \in N(v)}[\boldsymbol{h}_u^{(t-1)}, \boldsymbol{x}_u]\right]\right) \tag{13-47}$$

其中,α 是超参数,$\boldsymbol{h}_v^{(0)}$ 是随机初始化的数值。这里有一个问题值得注意:SSE 在理论上并没有反复应用式(13-47)证明结点状态会逐渐收敛到固定结点。

13.4 GNN 的应用

由于图结构数据无处不在,因此图神经网络具有广泛的应用,包括计算机视觉、自然语言处理、智能交通、生命科学、知识图谱、推荐系统等,下面选取这些经典应用领域的部分应用场景来介绍图神经网络的应用。

1. 计算机视觉

计算机视觉领域是图神经网络的主要应用领域之一,例如 3D 点云形状分类与分割、场景图生成图像等。3D 点云分类中的点云图是指由 3D 扫描器产生的某个坐标系下的点的集合,包含了三维坐标信息、颜色等,它不是网格状的数据结构,相比 2D 图片具有更多的几何信息。基于图神经网络结构的 3D 点云分类与分割模型 PointNet 具有开创性的意义,它直接将原始的无规则点云数据作为模型输入,通过对单个数据点的分析,最终实现对整体数据的分类目标,该模型相比于之前传统的点云分类模型具有更好的表现效果,并且在 PonitNet 模型之后,越来越多的类似模型被提出,比如 PointNet＋＋模型。

对于图像生成任务来说,由于图结构相比传统的线性结构包含了更多有价值的语义信息,使用场景图生成图像的效果要好于文本生成图像,因此场景图生成图像任务具有重要意义。其中场景图的结点表示对象,边表示对象之间的关系,因此可以使用图神经网络进行场景图建模生成图像。

目前,图神经网络在计算机视觉领域已经实现的应用包括动作识别、图像分类、语义分割、视觉推理和问答等,相信未来该网络在计算机视觉领域上的应用还会不断增加。

2. 知识图谱

知识图谱是目前学术界和工业界广泛使用的一种知识库,它以图的形式来表现客观世界中的实体及实体之间的关系,其中结点表示实体,边表示实体之间的各种语义关系。考虑到知识图谱是一种图结构数据,因此引入图神经网络可以更好地对其学习。现阶段,图神经网络主要以编码器的形式应用于知识图谱推理任务,利用其在学习结点和边表示上的优势,更好地捕捉知识图谱中的结构信息,从而提升知识图谱推理的性能。图神经网络和知识图谱的结合已经成为解决知识图谱推理的新手段。除此之外,图神经网络与知识图谱结合的应用也有很多,比如知识图谱的表示学习、链接预测等。近年来,知识图谱和图神经网络的融合已经成为人工智能领域的研究热点之一,这种融合应用,借助知识图谱的表示形式,利用图神经网络进行知识的推断或者推理,实现人工智能技术从感知到认知的跨越,具有发展前景。

3. 推荐系统

由于推荐系统中使用的大部分数据本质上是图结构的,并且图神经网络在捕获结点之间的连接和图形数据表示学习方面的功能强大,因此图神经网络被广泛应用于推荐系统。基于图神经网络的推荐系统以物品和用户为结点,利用用户与物品的属性信息以及两者之间的关系信息,提供高质量的推荐。例如在电子购物应用场景中,通常使用用户-商品的二部图描述业务数据,用户和商品存在的关系包括浏览、收藏、购买等,对于这类复杂的数据形式,可以通过图神经网络迭代传播交互商品的信息、更新用户(商品)向量、增强用户(商品)表示,从而提高推荐性能。图神经网络在推荐系统领域中的应用引起了人们的广泛关注。

4. 交通预测

城市交通拥堵问题是当今社会的一个热点问题。准确预测交通网络中的车速、车流量或者道路密度,从而进行路线规划和流量控制是缓解交通拥堵的必要手段。其中交通网络可看作一个时空图,从时间和空间两个角度进行建模,结点表示在道路中放置的传感器,边表示结点之间的物理距离,每个结点还包含一个时间序列作为特征。针对交通预测问题,研究人员相继提出了交通图卷积长短时记忆网络(LGC-LSTM)、图门递归单元(GGRU)、时空图卷积神经网络(STGCN)等网络模型。目前,使用图神经网络进行交通预测的相关应用场景有很多,比如出租车需求预测,通过考虑出租车需求的历史信息、位置信息、天气数据和事件特征,结合 LSTM、CNN 和由 LINE 训练的网络嵌入,形成每个位置的联合表示,预测一个时间间隔内某个位置的出租车需求数量。基于图神经网络进行交通预测有助于提升资源利用率,节约能源。

5. 生物化学

生物化学领域主要集中于对分子拓扑结构的建模,比如药物分子化合物、蛋白质等结构。同时这些结构天然就是一种图结构数据,以蛋白质为例,可以用结点表示蛋白质,边表示相互作用,又因为在生物化学领域需要解决的问题中,许多分子的结构和性质体现在图本身的结构特性上,因此图神经网络也被广泛应用于生物化学领域,例如新药发现、药物分类、蛋白质相互作用点检测、化合物筛选以及化学反应预测等。目前,国内外有很多研究团队致力于图神经网络在生物化学领域上的研究,图神经网络的引入加快了人工智能技术与医疗的融合。

除了上述提到的几个领域外,图神经网络还被应用于其他问题,如程序验证与推理、社会网络分析、对抗性攻击预防、电子健康记录建模、事件检测等,具有广泛的应用前景。

下面将介绍图神经网络在推荐方面的应用实例。

面对互联网信息过载严重的问题,如何从大量的信息中精准的抽取出满足用户个性化需求的信息是推荐算法主要解决的问题。目前对于景点的推荐主要采用协同过滤、基于内容的推荐等,这些方法面对交互信息少、数据稀疏等问题时较为乏力,因此推荐效果差强人意。将用户和景点的交互数据形式化为图结构数据,在图结构上使用图神经网络显示的建模用户-景点异构图中的高阶连接性,从而可以更好地学习用户和景点的表示,可以用来解决海量旅游资源下的景点推荐问题,如图13-19所示。

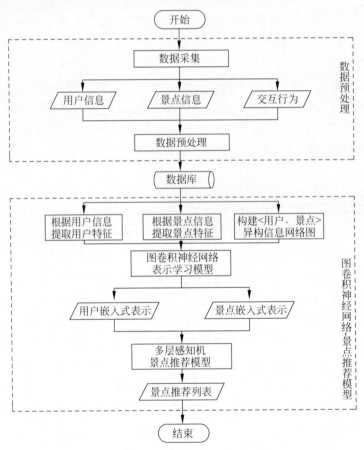

图13-19 图卷积神经网络-景点推荐模型图

首先是数据预处理过程：经过数据预处理，根据用户数据得到用户的初始特征向量表示，根据景点数据得到景点的初始特征向量表示，根据用户和景点交互数据构建用户景点异构信息网络图。其次是图卷积神经网络模型搭建过程：依据搭建的网络模型，通过图卷积神经网络的消息传递机制，学习同时具有图结构信息和结点本身信息的用户和景点结点更新后的嵌入式表示。然后是多层感知机推荐过程：将得到的用户和景点更新后的嵌入式表示进行连接操作，创建多层感知机模型，将连接后的嵌入式表示作为模型的输入，通过多层感知机去学习用户和景点之间的非线性交互关系，从而计算用户和景点的链接概率，同时使用优化算法来训练损失函数，获得参数优化后的推荐模型。最后是景点列表推荐过程：使用训练后的景点推荐模型来生成最终的景点推荐列表，并作为整个模型的输出，展示给用户。

基于图卷积神经网络的景点推荐算法

输入：用户集 U，景点集 A，用户景点交互集 E

输出：景点推荐列表

1. 根据用户集获取用户的特征，得到用户初始特征集 M_1；
2. 根据景点集获取景点的特征，得到景点初始特征集 M_2；
3. 根据用户景点的交互关系构建异构信息网络图 G；
4. 搭建图卷积神经网络模型 D_1；
5. 根据用户初始特征集 M_1，景点初始特征集 M_2，以及异构信息网络图 G，通过多层图卷积神经网络模型 D_1 中的消息传递机制，得到结构信息和结点特征信息相结合的用户特征表示 u 和景点特征表示 a；
6. 创建多层感知机推荐模型 D_2；
7. 将更新后的用户特征表示 u 和景点特征表示 a 进行连接，然后输入到多层感知机推荐模型 D_2 中，计算用户 u 和景点 a 的匹配概率；
8. 使用优化算法训练损失函数，得到优化后的图卷积神经网络模型 D_1，多层感知机推荐模型 D_2；
9. 使用训练后的景点推荐模型来生成最终的景点推荐列表。

13.5 本章实践

微课视频

1. 依赖库

- DGL 0.1.3
- PyTorch 0.4.1
- networkX 2.2

2. 数据集

本实践主要基于"Zachary 的空手道俱乐部"数据集来实现。空手道俱乐部是一个由 34 名成员组成的社交网络，记录了俱乐部外部互动的成员之间的成对链接。俱乐部分为两个社区，分别由教员（结点 0）和俱乐部主席（结点 33）领导，社交网络图如图 13-20 所示。

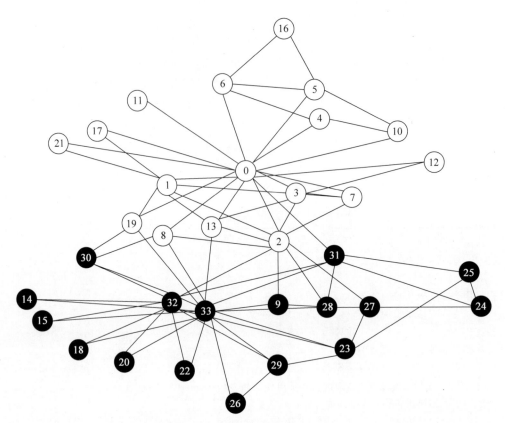

图 13-20　空手道俱乐部网络图

3. 实现过程

目标任务是预测出给定的社交网络中的每个成员更倾向于加入哪一个社区（0 或 33）。主要实现步骤如下：

1）在 DGL 中创建图形

DGL 是一个致力于在图上进行深度学习的 Python 软件包，其建立在现有的张量 DL 框架（例如 PyTorch、MXNet）之上，简化了基于图的神经网络的实现。

将 Zachary 的空手道俱乐部网络图转化为图结构表示的代码如下所示。

```
import dgl
import numpy as np

def build_karate_club_graph():
    # 所有的 78 条边都存储在两个 numpy 数组中
    # 一个用于存储出结点，另一个用于存储入结点
    src = np.array([1, 2, 2, 3, 3, 3, 4, 5, 6, 6, 6, 7, 7, 7, 7, 8, 8, 9, 10, 10,
        10, 11, 12, 12, 13, 13, 13, 13, 16, 16, 17, 17, 19, 19, 21, 21,
        25, 25, 27, 27, 27, 28, 29, 29, 30, 30, 31, 31, 31, 31, 32, 32,
        32, 32, 32, 32, 32, 32, 32, 32, 33, 33, 33, 33, 33, 33,
        33, 33, 33, 33, 33, 33, 33, 33, 33])
```

```
    dst = np.array([0, 0, 1, 0, 1, 2, 0, 0, 0, 4, 5, 0, 1, 2, 3, 0, 2, 2, 0, 4,
        5, 0, 0, 3, 0, 1, 2, 3, 5, 6, 0, 1, 0, 1, 0, 1, 23, 24, 2, 23,
        24, 2, 23, 26, 1, 8, 0, 24, 25, 28, 2, 8, 14, 15, 18, 20, 22, 23,
        29, 30, 31, 8, 9, 13, 14, 15, 18, 19, 20, 22, 23, 26, 27, 28, 29, 30,
        31, 32])
    # 边在 DGL 中是有方向性的；使它们双向
    u = np.concatenate([src, dst])
    v = np.concatenate([dst, src])
    # 构造一个 DGL Graph
    return dgl.DGLGraph((u, v))
```

同时，在新建的图形下打印出结点和边的数量：

```
G = build_karate_club_graph()
print('We have %d nodes.' % G.number_of_nodes())
print('We have %d edges.' % G.number_of_edges())
```

运行结果如图 13-21 所示：

```
We have 34 nodes.
We have 156 edges.
```

图 13-21　打印结点和边的数量

2）将特征分配给结点或边

图神经网络将特征与结点和边关联以进行训练。对于分类示例来说，由于没有输入功能，因此给每个结点分配了可学习的嵌入向量。

```
import torch
import torch.nn as nn
import torch.nn.functional as F

embed = nn.Embedding(34, 5)                    # 34 个结点的嵌入维度等于 5
G.ndata['feat'] = embed.weight
```

打印出结点特征以进行验证：

```
# 打印出结点 2 的输入特征
print(G.ndata['feat'][2])

# 打印出结点 10 和 11 的输入特征
print(G.ndata['feat'][[10, 11]])
```

运行结果如图 13-22 所示。

```
tensor([ 0.3107, -2.0168,  1.4337,  0.7548, -0.5764], grad_fn=<SelectBackward>)
tensor([[-1.6682,  0.3355,  0.6481,  0.9634,  0.5064],
        [-1.6408,  0.0524,  0.7338, -1.7645,  1.8697]],
       grad_fn=<IndexBackward>)
```

图 13-22　结点特征

3) 定义图卷积神经网络 GCN

GCN 框架的最简单定义：

- 在 GCN 的第 l 层，每个结点 v_i^l 带有特征向量 h_i^l。
- GCN 的每一层都试图将 u_i^l（其中 u_i^l 是邻域结点）的特征聚合到下一层表示 v_i^{l+1} 中，然后进行具有一定非线性的仿射变换。

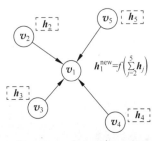

图 13-23 结点迭代改变

上面的 GCN 定义适用于消息传递范例：每个结点将使用从相邻结点发送的信息来更新其自身的功能，一个简单的例子如图 13-23 所示，即每个结点的特征值更新为所有指向它的结点的特征值之和，然后使用一个激活函数 f 映射后的结果。

在 DGL 中，dgl.<backend>.nn 子包下提供了流行的 Graph Neural Network 层的实现。GraphConv 模块实现一个图卷积层。利用该模块定义一个包含两个 GCN 层的更深入的 GCN 模型。

```
from dgl.nn.pytorch import GraphConv
class GCN(nn.Module):
    def __init__(self, in_feats, hidden_size, num_classes):
        super(GCN, self).__init__()
        self.conv1 = GraphConv(in_feats, hidden_size)
        self.conv2 = GraphConv(hidden_size, num_classes)

    def forward(self, g, inputs):
        h = self.conv1(g, inputs)
        h = torch.relu(h)
        h = self.conv2(g, h)
        return h
#第一层将大小为 5 的输入要素转换为隐藏的大小 5
#第二层转换隐藏层并产生以下特征
#大小 2,对应于空手道俱乐部的两组
net = GCN(5, 5, 2)
```

4) 数据预处理和初始化

使用可学习的嵌入方式初始化结点特征。由于这是半监督设置，因此仅为教练(结点 0)和俱乐部主席(结点 33)分配标签。该实现如下：

```
inputs = embed.weight
labeled_nodes = torch.tensor([0, 33])      #仅标记了教练和俱乐部主席结点
labels = torch.tensor([0, 1])              #他们的标签是不同的 0/1
```

5) 模型训练与可视化

模型训练本质与其他 PyTorch 模型没有区别：①创建一个优化器；②将输入提供给模型；③计算损失；④使用 Adam 优化算法优化模型。代码与输出结果如下所示。

```
import itertools

optimizer = torch.optim.Adam(itertools.chain(net.parameters(), embed.parameters()), lr=0.01)
all_logits = []
for epoch in range(50):
    logits = net(G, inputs)
    # we save the logits for visualization later
    all_logits.append(logits.detach())
    logp = F.log_softmax(logits, 1)
    # we only compute loss for labeled nodes
    loss = F.nll_loss(logp[labeled_nodes], labels)

    optimizer.zero_grad()
    loss.backward()
    optimizer.step()

    print('Epoch %d | Loss: %.4f' % (epoch, loss.item()))
```

运行结果如图 13-24 所示。

```
Epoch 36 | Loss: 0.1218
Epoch 37 | Loss: 0.1072
Epoch 38 | Loss: 0.0936
Epoch 39 | Loss: 0.0812
Epoch 40 | Loss: 0.0701
Epoch 41 | Loss: 0.0602
Epoch 42 | Loss: 0.0517
Epoch 43 | Loss: 0.0443
Epoch 44 | Loss: 0.0380
Epoch 45 | Loss: 0.0326
Epoch 46 | Loss: 0.0281
Epoch 47 | Loss: 0.0242
Epoch 48 | Loss: 0.0209
Epoch 49 | Loss: 0.0182
```

图 13-24　训练运行结果

由于模型为每个结点生成维度为 2 的输出特征，因此可以通过在 2D 空间中绘制输出特征来实现可视化。以下代码使训练过程从最初的猜测（根本没有正确分类结点）到最终的结果（线性可分离结点）实现动画化。

```
import matplotlib.animation as animation
import matplotlib.pyplot as plt

def draw(i):
    cls1color = '#00FFFF'
    cls2color = '#FF00FF'
    pos = {}
    colors = []
    for v in range(34):
```

```
            pos[v] = all_logits[i][v].numpy()
            cls = pos[v].argmax()
            colors.append(cls1color if cls else cls2color)
    ax.cla()
    ax.axis('off')
    ax.set_title('Epoch: %d' % i)
    nx.draw_networkx(nx_G.to_undirected(), pos, node_color = colors,
            with_labels = True, node_size = 300, ax = ax)

fig = plt.figure(dpi = 150)
fig.clf()
ax = fig.subplots()
draw(0)                          # 绘制出初始图像
plt.close()

# 动画显示了经过一系列训练后,模型如何正确预测社区
ani = animation.FuncAnimation(fig, draw, frames = len(all_logits), interval = 200)
```

分类初始图和分类最终图如图 13-25 和图 13-26 示。

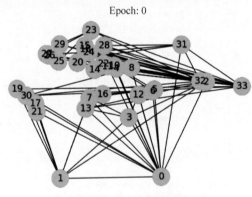

图 13-25　分类初始图

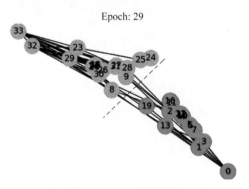

图 13-26　分类最终图

由于执行出的结果是以动图形式展现的,所以这里只展示初始结果和最终结果。从图 13-26 可以明显地看出,结点 19 右下部分的结点(包括结点 19)属于一类,而另外左上部

分的结点则分为了另一类。

除此之外,还可以通过图 13-27 程序流程图来进一步梳理简单 GCN 模型的实现过程。

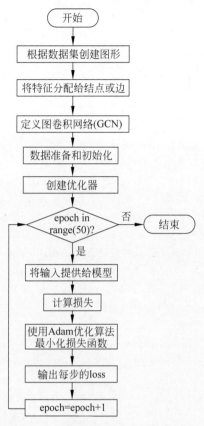

图 13-27　实现简单 GCN 程序流程图

当然,本节实现的只是简单的 GCN,可以在此基础上进一步拓展,尝试实现更加复杂的 GCN,或者其他种类的 GNN 模型,比如 GAN 等。

13.6　习题

1. 什么是图神经网络?
2. 简述图神经网络的分类。
3. 什么是哈达玛积?
4. GNN 的理论基础是什么?
5. GNN 与 RNN 的区别是什么?
6. GNN 的局限性是什么?
7. GCN(图卷积神经网络)分哪几类?
8. 图神经网络适用于哪些场景?
9. 请尝试实现 GNN 的任意一种类型网络。

参 考 文 献

[1] 马锐. 人工神经网络原理[M]. 北京：机械工业出版社, 2010.
[2] 邱锡鹏. 神经网络与深度学习[M]. 北京：机械工业出版社, 2020.
[3] 陈海虹. 机器学习原理及应用[M]. 成都：电子科技大学出版社, 2017.
[4] 陈仲铭, 彭凌西. 深度学习原理与实践[M]. 北京：人民邮电出版社, 2018.
[5] 王晓梅. 神经网络导论[M]. 北京：科学出版社, 2016.
[6] 李航. 统计学习方法[M]. 2版. 北京：清华大学出版社, 2019.
[7] Marsland S. 机器学习[M]. 高阳, 译. 北京：机械工业出版社, 2019.
[8] 吴岸城. 神经网络与深度学习[M]. 北京：电子工业出版社, 2016.
[9] McCulloch W S, Pitts W H. A Logical Calculus of Ideas Immanent in Nervous Activity[J]. The Bulletin of Mathematical Biophysics, 1942, 5: 115-133.
[10] Rosenblatt F. The Perceptron: A Probabilistic Model for Information Storage and Organization in the Brain[J]. Psychological Review, 1958, 65(6): 386.
[11] Hopfield J J. Neural Networks and Physical Systems with Emergent Collective Computational Abilities[J]. Proceedings of the National Academy of Sciences, 1982, 79(8): 2554-2558.
[12] Hinton G E, Sejnowski T J. Learning and Relearning in Boltzmann Machines[J]. Parallel Distributed Processing: Explorations in the Microstructure of Cognition, 1986, 1(282-317): 2.
[13] Goodfellow I, Pouget-Abadie J, Mirza M, et al. Generative Adversarial Nets[J]. Advances in Neural Information Processing Systems, 2014: 27.
[14] Hochreiter S, Schmidhuber J. Long Short-term Memory[J]. Neural Computation, 1997, 9(8): 1735-1780.
[15] Graves A, Wayne G, Danihelka I. Neural Turing Machines[J]. arXiv Preprint arXiv: 2010, 5401: 2014.
[16] Kohonen T. Self-organized Formation of Topologically Correct Feature Maps[J]. Biological Cybernetics, 1982, 43(1): 59-69.
[17] Nair V, Hinton G E. Rectified Linear Units Improve Restricted Boltzmann Machines[C]// Icml, 2010.
[18] Goodfellow I, Warde-Farley D, Mirza M, et al. Maxout Networks[C]//International Conference on Machine Learning. PMLR, 2013: 1319-1327.
[19] Minsky M, Papert S. An Introduction to Computational Geometry[J]. Cambridge TIASS, HIT, 1969, 479: 480.
[20] Gallant S I. Perceptron-based Learning Algorithms[J]. IEEE Transactions on Neural Networks, 1990, 1(2): 179-191.
[21] Rumelhart D E, Hinton G E, Williams R J. Learning Representations by Back-propagating Errors[J]. Nature, 1986, 323(6088): 533-536.
[22] Kohonen T. The Self-organizing Map[J]. Proceedings of the IEEE, 1990, 78(9): 1464-1480.
[23] Sattarov B, Baskin I I, Horvath D, et al. De Novo Molecular Design by Combining Deep Autoencoder Recurrent Neural Networks with Generative Topographic Mapping[J]. Journal of Chemical Information and Modeling, 2019, 59(3): 1182-1196.
[24] Hinton G E, Osindero S, Teh Y W. A Fast Learning Algorithm for Deep Belief Nets[J]. Neural

Computation,2006,18(7):1527-1554.
[25] Hinton G E,Salakhutdinov R R. Reducing the Dimensionality of Data with Neural Networks[J]. Science,2006,313(5786):504-507.
[26] Waibel A,Hanazawa T,Hinton G,et al. Phoneme Recognition Using Time-delay Neural Networks[J]. IEEE Transactions on Acoustics,Speech,and Signal Processing,1989,37(3):328-339.
[27] LeNet-5,Convolutional Neural Networks[EB/OL]. [2022-10-25]:http://yann.lecun.com/exdb/lenet/index.html.
[28] Srivastava N,Hinton G,Krizhevsky A,et al. Dropout:A Simple Way to Prevent Neural Networks from Overfitting[J]. The Journal of Machine Learning Research,2014,15(1):1929-1958.
[29] Krizhevsky A,Sutskever I,Hinton G E. Imagenet Classification with Deep Convolutional Neural Networks[J]. Advances in Neural Information Processing Systems,2012:25.
[30] Schuster M,Paliwal K K. Bidirectional Recurrent Neural Networks[J]. IEEE Transactions on Signal Processing,1997,45(11):2673-2681.
[31] Salimans T,Goodfellow I,Zaremba W,et al. Improved Techniques for Training GARs[J]. Advances in Neural Information Processing Systems,2016:29.
[32] Nowozin S,Cseke B,Tomioka R. F-GAN:Training Generative Neural Samplers Using Variational Divergence Minimization[J]. Advances in Neural Information Processing Systems,2016,29:1606.
[33] Micheli A. Neural Network for Graphs:A Contextual Constructive Approach[J]. IEEE Transactions on Neural Networks,2009,20(3):498-511.

图书资源支持

感谢您一直以来对清华版图书的支持和爱护。为了配合本书的使用,本书提供配套的资源,有需求的读者请扫描下方的"书圈"微信公众号二维码,在图书专区下载,也可以拨打电话或发送电子邮件咨询。

如果您在使用本书的过程中遇到了什么问题,或者有相关图书出版计划,也请您发邮件告诉我们,以便我们更好地为您服务。

我们的联系方式:

地　　址: 北京市海淀区双清路学研大厦 A 座 714

邮　　编: 100084

电　　话: 010-83470236　010-83470237

客服邮箱: 2301891038@qq.com

QQ: 2301891038(请写明您的单位和姓名)

资源下载: 关注公众号"书圈"下载配套资源。

资源下载、样书申请

书圈

图书案例

清华计算机学堂

观看课程直播